Spring
Security
原理与实战
构建安全可靠的微服务

邹　炎◎编著

U0261578

中国铁道出版社有限公司
CHINA RAILWAY PUBLISHING HOUSE CO., LTD.

北　京

内 容 简 介

作为保障微服务安全的重要框架，Spring Security 功能丰富且支持多种认证方式，但是它也有着学习曲线陡峭、配置复杂等不足。本书立足于作者多年实践，意在通过串联使用安全框架 Spring Security 核心功能来构建安全可靠的微服务。

在图书的讲解脉络方面，本书着重于安全框架 Spring Security 的原理解析与对应实践，同时基于经验分享模块将各核心功能进行示例展示，以期让读者循序渐进地了解与掌握 Spring Security 的关键技术，并借助其快速有效地构建安全可靠的微服务。

本书主要面向软件开发工程师，旨在帮助其系统全面地了解与掌握安全框架 Spring Security，并将构建安全微服务的实现思路应用于日常开发工作中。

图书在版编目（CIP）数据

Spring Security 原理与实战：构建安全可靠的微服务/邹炎
编著. —北京：中国铁道出版社有限公司，2023.7
ISBN 978-7-113-30235-1

Ⅰ.①S… Ⅱ.①邹… Ⅲ.①JAVA 语言-程序设计 Ⅳ.①TP312.8

中国国家版本馆 CIP 数据核字（2023）第 082632 号

书　　名：Spring Security 原理与实战——构建安全可靠的微服务
　　　　　Spring Security YUANLI YU SHIZHAN：GOUJIAN ANQUAN KEKAO DE WEIFUWU
作　　者：邹　炎

责任编辑：荆　波　　　　编辑部电话：（010）63549480　　　　电子邮箱：the-tradeoff@qq.com
封面设计：MXK DESIGN STUDIO
责任校对：安海燕
责任印制：赵星辰

出版发行：中国铁道出版社有限公司（100054，北京市西城区右安门西街 8 号）
印　　刷：北京联兴盛业印刷股份有限公司
版　　次：2023 年 7 月第 1 版　　2023 年 7 月第 1 次印刷
开　　本：787 mm×1 092 mm　1/16　印张：20.25　字数：408 千
书　　号：ISBN 978-7-113-30235-1
定　　价：99.00 元

前　言

伴随着互联网的迅猛发展，各种软件应用的使用频率越来越高，这使得软件安全无论在软件开发还是应用运行过程中都体现出越来越重要的地位，尤其是在软件开发过程中，完备的软件安全设计方案已成为软件开发项目实践中的重要组成部分。

对于软件安全的表现形式，相信读者或多或少地都遇到或接触过一些，如十分常见的弱密码、数据的明文传输等；而对于软件安全问题如何防范处理，可能就会存在一系列的疑问，比如说如何针对常见的软件安全风险进行相应地处理，在使用目前主流的微服务架构时如何防范软件中的安全风险，如何使用安全框架来快速完成软件安全的处理等。

针对以上疑问，本书从软件开发的角度切入来讲解软件安全的防范处理，主要基于日常工作过程中对于主流微服务架构日益增加的软件安全需求，同时结合主流的安全框架来快速有效地构建安全可靠的微服务。

具体到本书的讲解脉络，本书着重于目前主流安全框架 Spring Security 的原理解析与对应实践，在梳理安全风险与经验对策的基础上，力求将 Spring Security 的核心功能及其常用子功能解析透彻，同时基于经验分享将各子功能进行示例展示，以便于读者能够了解并掌握 Spring Security，之后借助于安全框架 Spring Security 来快速有效地构建安全可靠的微服务。

笔者在写作本书时，借鉴了自己近几年从事企业技术讲师和面试官工作中的经验，力争把复杂的 Spring Security 安全框架以功能为依据进行切分讲解，同时又注重不同功能之间的逻辑关联；集点为线，聚线成面，步步为营地帮助读者透彻理解关键技术并平稳过渡到实践层面。

本书章节安排

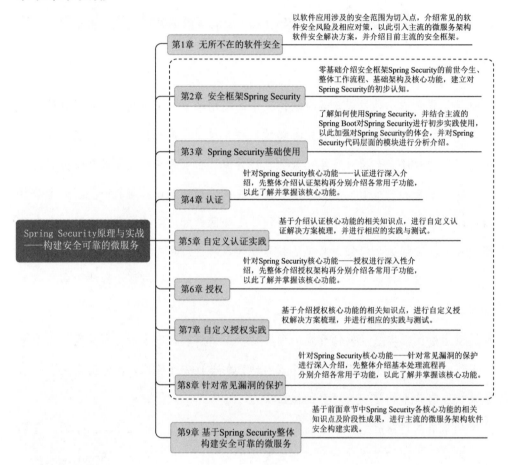

以软件应用涉及的安全范围为切入点，介绍常见的软件安全风险及相应对策，以此引入主流的微服务架构软件安全解决方案，并介绍目前主流的安全框架。

第1章 无所不在的软件安全

零基础介绍安全框架Spring Security的前世今生、整体工作流程、基础架构及核心功能，建立对Spring Security的初步认知。

第2章 安全框架Spring Security

了解如何使用Spring Security，并结合主流的Spring Boot对Spring Security进行初步实践使用，以此加强对Spring Security的体会，并对Spring Security代码层面的模块进行分析介绍。

第3章 Spring Security基础使用

针对Spring Security核心功能——认证进行深入介绍，先整体介绍认证架构再分别介绍各常用子功能，以此了解并掌握该核心功能。

第4章 认证

基于介绍认证核心功能的相关知识点，进行自定义认证解决方案梳理，并进行相应的实践与测试。

第5章 自定义认证实践

针对Spring Security核心功能——授权进行深入性介绍，先整体介绍授权架构再分别介绍各常用子功能，以此了解并掌握该核心功能。

第6章 授权

基于介绍授权核心功能的相关知识点，进行自定义授权解决方案梳理，并进行相应的实践与测试。

第7章 自定义授权实践

针对Spring Security核心功能——针对常见漏洞的保护进行深入介绍，先整体介绍基本处理流程再分别介绍各常用子功能，以此了解并掌握该核心功能。

第8章 针对常见漏洞的保护

基于前面章节中Spring Security各核心功能的相关知识点及阶段性成果，进行主流的微服务架构软件安全构建实践。

第9章 基于Spring Security整体构建安全可靠的微服务

Spring Security原理与实战——构建安全可靠的微服务

本书读者对象

本书中细致的知识讲解、丰富的示例分析以及翔实的防范经验，可让以下三类读者在阅读中受益。

（1）在校学生与初级软件开发工程师

安全框架 Spring Security 本身与应用实践中包含的知识点较多，通常刚开始接触时，难以理解并无从下手，希望本书能够帮助在校学生与初级软件开发工程师细致了解与掌握该安全框架的相关知识点，并能够初步完成构建安全可靠的微服务。

（2）中高级软件开发工程师与软件架构师

微服务架构日益增加的软件安全需求与安全框架 Spring Security 的强大功能，使得在日常实际工作过程中使用安全框架 Spring Security 来处理微服务安全的项目越来越多，希望本书能够帮助中高级软件开发工程师与软件架构师全面了解安全框架 Spring Security 的底层原理与微服务安全所涉及的相关内容，通过示例了解思路或获得启发，继而在软件设计与开发过程中更好地使用该安全框架来处理微服务安全。

（3）对安全框架 Spring Security 与微服务安全感兴趣的管理者

随着软件安全重要性的凸显，同时结合软件应用项目敏捷开发的需求，利用安全框架来快速完成软件应用项目的开发十分常见且可靠，希望本书能够帮助对安全框架 Spring Security 与微服务安全感兴趣的管理者了解软件开发层面的主流技术，并对项目安全问题做到心中有数。

示例代码下载

为了便于读者对本书代码示例的参考，笔者将书中相应的示例代码统一整理打包相赠，读者可通过以下链接地址获取使用。

链接地址：

http://www.m.crphdm.com/2023/0526/14604.shtml

交流反馈

由于笔者水平有限，书中内容难免存在疏漏，抑或是错误、不准确的地方，在此恳请各位读者能够批评指正，多提意见，以促进提高，相关反馈可以发送邮件到笔者的工作邮箱 cloudnativesmile@163.com。另外，若在阅读本书的过程中存在任何疑问，也可以通过以上方式联系，笔者会在看到后第一时间进行回复。

感谢

感谢中国铁道出版社有限公司全体工作人员对本书的支持与付出，尤其感谢责任编辑老师贯穿始终地投入，对本书章节安排及内容的指导与建议。

邹　炎

2022年9月于武汉

目 录

第 3 章 Spring Security 基础使用

第 4 章 认证

第 5 章　自定义认证实践

第 6 章　授权

第 7 章　自定义授权实践

第 8 章　针对常见漏洞的保护

第 9 章　基于 Spring Security 整体构建安全可靠的微服务

后记

第1章　无所不在的软件安全

近年来，互联网发展如火如荼，我们的生活因此发生了很多的改变。比如，我们通过软件应用在网络上进行在线聊天、购物、听音乐、玩游戏、看电影等。与此同时，伴随着移动互联网的迅猛发展以及智能手机、平板电脑等移动终端设备的广泛普及，互联网对于我们生活的影响越来越大。现如今，可以看到各种各样的软件应用出现在我们的日常工作和生活中，并且分别占据着重要的角色，我们的生活越来越离不开这些软件应用。

在软件应用如此高频次使用的今天，软件应用正所谓"无所不在"，软件应用包含的内容变得越来越丰富，功能也变得越来越多；除此之外，多个软件应用之间还可能存在着相互引用、相互关联、数据共享等情况；作为软件开发人员，首要的工作是满足软件应用越来越复杂的需求，但是在实现软件应用的过程中，软件应用的安全问题也是一个不可忽视的重要方面，软件应用"无所不在"，软件安全也是"无所不在"，试想，如果一个软件应用连基本的软件安全都不能保证，那么何谈良好的用户体验？

本章笔者将从软件应用所涉及的安全范围角度出发，为大家介绍一些常见的软件安全风险及应对策略，然后再以目前主流的微服务技术为例，介绍微服务架构下的软件安全解决方案，最后为大家介绍目前主流的安全框架。

1.1　软件应用涉及的安全范围

软件应用涉及的安全范围很多，比如说身份认证、访问控制、数据加密等，不一而足。作为开发人员，需要注意的是，在提到软件应用所涉及的安全范围时，要知道软件应用涉及的安全范围并不仅仅局限于软件层面，还包含硬件层面。

在软件应用涉及的安全范围中，不能将软硬件理解为完全分割的，软硬件层面应各司其职，只有当软硬件层面相互配合才能确保软件应用安全的最大化，没有硬件部分就不存在软件部分的正常运行，没有软件部分就不存在硬件部分的发挥之地。

接下来，笔者将从基础设施之硬件层面与公共服务之软件层面分别为大家介绍软件应用所涉及的安全范围。

1.1.1　基础设施之硬件层面

基础设施是确保软件应用能够部署运行的先行条件，主要为软件应用提供部署运行的基础支撑部分，软件应用的安全范围首先就会涉及作为基础设施的硬件层面。

作为基础设施的硬件层面在安全上主要包括硬件设备、物理环境以及网络环境三部分。

1．硬件设备

硬件设备指的是保障软件应用运行相关的一系列物理设备，比如说服务器主机、交换机、路由器等。这些硬件设备首先为软件应用提供了基础运行环境，其次这些硬件设备自身一般都具有身份认证、访问控制等安全措施。对于软件应用的安全来说，硬件设备可以确保软件应用的基础运行环境安全。

2．物理环境

物理环境指的是硬件设备所在的物理机房所处的相关环境，比如说机房的分布与出入管控、机房内的温度湿度、电源供配、消防等。

物理机房所处的相关环境直接关系到硬件设备的安全，比如说对机房内温湿度进行相应调节，确保硬件设备正常工作。采用主备电源方式，电源发生故障时自动切换确保对硬件设备的不间断供电。采取烟雾传感器对机房内进行防火监测及自动消防等。不难看出，物理环境对于硬件设备的安全起着至关重要的作用，对于软件应用的安全来说，物理环境不可或缺，可以确保软件运行所使用的硬件设备安全。

3．网络环境

网络环境指的是软件应用运行所涉及的基础网络环境。比如说，网络防火墙、仅供内部使用的内网、对外提供服务的外网等。

网络环境可以有效地抵御软件应用运行时所遇到的网络攻击，比如说通过设置防火墙的安全策略禁止指定端口的通信、限制访问地址、对内外网间采取网络隔离进行访问控制等，对于软件应用的安全来说，可以减少或预防软件运行时遭受网络攻击等。

从以上所述的硬件设备、物理环境以及网络环境三方面可以看到，软件应用的安全完全离不开作为基础设施的硬件层面，硬件层面的各个部分在软件应用的安全中都发挥着重要作用。

1.1.2　公共服务之软件层面

相较于前面的硬件层面，对于开发人员来说，软件层面的软件应用安全或多或少接触过一些，比如说使用用户名密码登录网站、App 等。

作为提供公共服务的软件层面，在安全上主要包括身份认证、访问控制以及数据安全三部分。

1．身份认证

身份认证指的是在用户使用软件应用的过程中对用户身份进行确认，比如说在电商网站上进行商品挑选时需要先登录才能将商品加入购物车，在进行登录时软件应用就会对用户的登录信息进行验证。

身份认证的方式、方法有很多，比如说通过用户名密码进行身份认证、通过邮件短信验证码进行身份认证以及配合硬件设备进行身份认证等。不同的身份认证方式对应着不同的认证安全等级，对于软件应用的安全来说，身份验证不仅可以确保用户账号的安全性还可以提升软件功能的用户体验。

2．访问控制

访问控制指的是在用户进行身份认证后，对用户权限的校验，确定用户可以访问、可以操作的资源以及不可访问、不可操作的资源，比如说普通用户登录网站或 App 后可以对自身信息进行修改、删除，而对其他用户的信息则不能修改、删除，但是管理员用户可以对所有用户的信息进行修改、删除。

访问控制的关键在于对不同的用户进行不同的权限授予，以此实现软件应用内较细颗粒度的资源控制，对于软件应用的安全来说，访问控制可以对软件应用内的资源起到很好的防护作用。

3．数据安全

数据安全指的是软件应用内数据的存储安全与数据的加密，比如说对数据进行备份、冗余确保存储的数据不会丢失，对数据进行加密确保数据不被篡改。

数据安全存储策略与加密方式有很多，比如对数据进行异地灾备、使用非对称加密算法进行数据加密等。与身份认证方式类似，不同的数据安全处理方式对应着不同的数据安全级别，对于软件应用的安全来说，数据安全对软件应用内用户信息与重要业务数据可以进行很好的保护，确保软件应用数据不丢失或泄露等。

通过以上可以看出，身份认证、访问控制以及数据安全几乎是每个软件应用都应该具备的，软件层面在软件应用安全上的重要性不言而喻。

因此，在进行软件应用开发时，都应该从软硬件两方面来关注软件应用的安全性。不过，在如今工作岗位职责分工不断细化的情况下，作为开发人员，我们可以重点关注软件层面的软件安全，对于硬件层面有所了解即可，如果自身很感兴趣，也可以深入研究。

下面笔者将围绕开发人员需要重点关注的软件层面，为大家介绍软件层面的安全风险与经验对策。

1.2　软件层面的安全风险与经验对策

软件安全所涉及的软件层面对我们来说很重要，但是针对软件层面中包含的身份认证、访问控制以及数据安全三方面，各自常见的风险都是怎样的表现，对于这些风险应该采取怎样的处理措施呢？

对于上述问题，本节会基于前面介绍的身份认证、访问控制以及应用数据这三方面进行展开，首先会对这三方面常见的一些安全风险进行描述，之后会根据安全风险以及结合自身经验，对如何处理这些安全风险进行一些经验对策的分享。

1.2.1　身份认证

前面已经介绍过，身份认证是在用户使用软件应用的过程中对用户身份进行确认，但是在对用户身份进行确认的过程中，很容易出现安全风险，比如说假冒用户身份。

在身份认证的常见安全风险中，最典型的有以下两种：

（1）弱密码

（2）session 或 token 异常

接下来，我们在简单了解这两种常见安全风险的基础上，通过经验分享的形式重点说明应对策略。

问题：弱密码是什么？

顾名思义，弱密码就是较弱的密码，通常也会叫作弱口令，我们可以将其理解为容易被破解的密码。比如说在设置软件应用的用户名密码时将密码设置的与用户名完全一样、设置的密码是很简单的纯数字组合、设置的密码是常见常用的英文单词等。

常见的弱密码有很多，比如说 admin、000000、111111、123456、password、qwerty等。

影响：弱密码有什么危害？

在使用软件应用的过程中，通过用户名与密码来进行登录操作是最为常见的方式，但是如果登录所使用的密码为弱密码，其他人通过字典工具以及暴力破解就很容易获取到我们的密码，继而冒充用户身份信息进行登录并进行软件应用内的系统操作，这样一方面会造成系统内信息泄露；另一方面，恶意的系统操作可能会引发一系列始料未及的问题，对软件应用及用户造成严重的后果。

经验分享：如何应对弱密码

对于弱密码的防范，软件应用可以考虑采取如下措施：

（1）限定用户使用高强度的复杂密码，比如说设置的密码长度必须 8 位以上，同时密码必须由大写字母（A～Z）、小写字母（a～z）、数字（0～9）以及特殊字符（~、!、@、#、￥、%等）组成。

（2）在系统生成用户的初始化密码以及当用户进行密码修改时，一定要严格执行高强度的复杂密码校验。

（3）限定登录失败的次数，在规定的时间段内，对于登录失败的次数进行严格的限制，比如说 15 分钟内若登录失败次数超过三次就临时锁定该账号，同时将登录失败的相关信息进行记录。

（4）在校验用户名及密码错误时，返回相同的响应结果，比如用户名或密码错误，不要返回诸如用户名不存在、用户名错误、密码错误这样明显的提示信息。

（5）定期要求用户进行密码修改，比如说每隔 90 天提示用户必须对密码进行一次更改。

除了以上措施之外，在身份认证方面，在使用用户名、密码进行身份认证时，软件应用还可以采取双重认证的方式，比如说当用户登录时除了填写用户名、密码外，还需要输入用户登记的手机号码实时接收到的短信验证码等。

在对弱密码的安全风险与相应对策有一定的了解后，可以想想在日常工作中，自己开发的软件应用是否在弱密码方面有所防护，如果没有，可以参考弱密码的防范措施，进行弱密码安全加固。

问题：session 或 token 异常是什么？

session 即常说的用户会话，指的是当我们在前端访问软件应用时，软件应用相应的后端（即服务端）会创建一个会话对象，与此同时，还会为每一个会话都分配一个唯一的会话 ID（即 sessionID）；在此之后，当用户在发起其他前端请求时就不需要再带上用户名和密码了，只需要带上这个 sessionID 即可，后端通过这个 sessionID 即可知道是哪个用户。

token 即认证令牌，它与 session 类似，指的是当我们在前端登录软件应用后，软件应用的服务端在校验通过登录信息时就会生成一个用户令牌返回至前端，在此之后，当用户发起请求时只需带上该 token 即可，同样，服务端通过 token 即可知道是哪个用户。

session 或 token 异常一般指 sessionID 或 token 的冒用。在用户使用软件应用的过程中，原本软件应用的服务端是通过 sessionID 或 token 来辨识用户身份的，但是如果其他人通过修改 sessionID 或 token 的方式发起调用请求，就会造成系统对用户身份的误判。

这种异常使用的情况，也不一定非要通过修改 sessionID 或 token 的方式，有些时候仅仅是用户登录软件应用后忘记注销退出也会发生，比如说当用户在公共的电脑上登录访问了软件应用，而后直接关闭了页面，有可能下一位用户使用该电脑访问该软件应用时，就会发现在该软件应用中还存在着此前的登录状态信息。

影响：session 或 token 异常有什么危害？

session 或 token 异常的危害与弱密码类似，都是处于身份认证层面，一方面会造成系统内信息泄露；另一方面如果被冒用身份信息，可能会造成未知的严重后果。

经验分享：如何应对 session 或 token 异常

对于 session 或 token 异常的防范，软件应用可以考虑采取如下措施：

（1）在生成 sessionID 或 token 时采用随机生成的方式。

（2）对 sessionID 或 token 的默认名称进行修改。

（3）在传输 sessionID 或 token 时不要在请求的 URL 链接中直接以明文形式带上 sessionID 或 token。

（4）在用户注销登录时，及时对用户的 session 或 token 进行删除销毁操作。

（5）根据系统实际的业务情况、请求所需响应时间等要素，合理地预估及设置 session 或 token 的超时时间，一旦超过超时时间，即可将 session 或 token 设置为失效状态。

在了解了身份认证的常见安全风险以及预防这些风险的相应对策后，接下来，我们来看看访问控制方面又存在哪些常见的安全风险与相应的防范措施。

1.2.2　访问控制

在前面介绍时说过，访问控制指的是在用户进行身份认证后，对用户权限的校验，确立用户可以访问、可以操作的资源以及不可访问、不可操作的资源。从其定义不难看出，访问控制的安全风险主要是在于访问或操作了不可访问与不可操作的资源，比如说用户没有发布系统公告的权限，但是却发布了系统公告。

在访问控制的常见安全风险中，最典型的就是非法访问这一种，接下来详细介绍这种典型的安全风险。

问题：非法访问是什么？

非法访问主要包含两方面内容：一方面是在用户没有登录软件应用的情况下就访问了系统内受保护的资源；另一方面是在用户登录软件应用的情况下，虽然用户已经登录，但是却访问了未经授权的系统资源。

这两方面具体的表现其实非常常见，比如说在使用软件应用的过程中，当其他人提前获取了访问相应页面的 URL 链接时，若系统内没有进行严格的访问控制，那么此时就可以直接通过修改访问软件应用时的 URL 链接等方式，查看原本需要经过身份认证才可查看的页面；还有就是当普通用户登录了软件应用后，通过修改相应的请求参数，越权查看原本只有系统管理员才能查看的页面。

影响：非法访问有什么危害？

非法访问的危害主要体现在横纵两个方向上：横向上一般是对某个或者某些用户的重要信息、业务数据造成破坏；纵向上一般都会涉及普通用户直接越权至系统管理员，这个时候不仅仅是对某个或者某些用户的信息与数据造成破坏，还可能对整个系统造成毁灭性的伤害。

经验分享：如何应对非法访问

对于非法访问的防范，软件应用可以考虑采取如下措施：

（1）在软件应用需求阶段就明确各个系统资源的访问范围。

（2）在软件应用开发过程中，严格要求开发团队显式声明各个系统资源的访问权限。

（3）通过用户权限控制的方式，在系统中设定用户、用户组、角色等对应的访问及操作权限。

（4）对于用户权限控制的使用进行严格的测试及演练。

（5）在软件应用中，除了指定的资源默认公开外，其他的系统资源一律采取默认情况下拒绝访问的措施。

除了以上对应措施之外，在非法访问方面，若有必要的话，还可以加强系统管理员的访问措施，比如对于系统管理员等特定的用户采取更加严格的网络及设备限定、对异常的访问进行记录与告警等。

在了解了访问控制的常见安全风险以及预防这些风险的对策后，接下来看看应用数据方面又存在哪些常见的安全风险与相应的防范措施。

1.2.3　应用数据

应用数据指的是由软件应用提供、获取、存储的相关系统数据与用户数据的合集，数据可以算是软件应用的灵魂，没有数据做支撑的软件应用不会具有丰富的价值体验。

在应用数据的常见安全风险中，最典型的有以下两种：

（1）数据的明文传输

（2）数据的明文存储

接下来，我们同样先了解这两种常见安全风险，然后在经验分享中了解它们的应对策略。

问题：数据的明文传输是什么？

数据的明文传输指的是用户与软件应用在交互的过程中，当应用数据通过网络进行传输时，传输的数据是一段没有采取任何加密措施的数据。

一般情况下，数据的明文传输很好判断，比如通过发起的请求与响应的相应报文中，查看请求或响应的详情时，就可以看到数据是否为明文传输。

影响：数据的明文传输有什么危害？

当用户与软件应用在交互的过程中，如果传输的数据是明文显示的，这个时候如果其他人对交互过程进行了监听，也就是将相应的网络流量进行了监测，那么在此过程中传输的数据将会被直接获取并看到，于用户来说将毫无隐私可言，并且其他人还可以修改传输的数据，严重的话可能导致系统内部处理异常。

经验分享：如何应对数据的明文传输

对于数据的明文传输的防范，软件应用可以考虑采取如下措施：

（1）在传输协议的选择上，选择 HTTPS 协议来进行数据的传输；相较于 HTTP 来说，HTTPS 是在 HTTP 的基础上加了一层 SSL/TLS，以此来确保传输过程中的数据都是加密后的数据。

（2）对系统内的数据进行安全等级划分，对于重要的用户数据与系统数据，在进行数据传输之前就进行数据加密。

（3）在对数据进行加密时，数据加密算法尽量选择安全性高的非对称加密算法等。

问题：数据的明文存储是什么？

简而言之，数据的明文存储就是将数据以明文的形式进行存储。比如说，将用户身份认证所需要的用户名、密码等数据不经过任何处理措施就直接保存到数据库中。

在用户层面，数据的明文存储是不好判断的，因为用户不知道后台数据的存储形式是怎样的，但是对于软件应用来说，直接通过数据库表中存储的字段信息，就可以很直观地看到对应的信息是否是明文存储。

影响：数据的明文存储有什么危害？

数据的明文存储看似没有什么影响，但是一旦出现数据泄露的情况，那对软件应用来说无异于致命性打击，比如说当软件应用受到了 SQL 注入攻击，即通过在软件应用中使用事先定义好的查询语句的结尾添加额外的 SQL 语句以实现数据库的非法查询，与此同时又没有很好地防范措施的话，这个时候直接就会导致数据泄露，而泄露的数据又是以明文的形式来存储的，那么后果可想而知。

经验分享：如何应对数据的明文存储

对于数据的明文存储的防范，软件应用可以考虑采取如下措施：

（1）对系统内的数据进行安全等级划分，对于重要的用户数据与系统数据进行数据加密后再进行存储，比如说用户身份认证所用的用户名、密码等数据进行加密存储。

（2）不要保留一些临时性的、非必要的重要数据，对于此类数据及时做到物理性删除，一方面尊重用户隐私；另一方面彻底屏蔽数据存储风险。

（3）在对数据进行加密时，选择安全性高的非对称加密算法等。比如说，选择诸如加盐哈希、bcrypt 等加密算法来对数据进行加密处理。

在对软件层面的身份认证、访问控制以及应用数据这三方面的安全风险以及预防这些风险的对应对策了解后，还需注意的是，除了在软件应用上要进行安全加固之外，对于服务器上的操作系统、数据库等也需要定期进行安全漏洞检查与修复，以确保整体的安全性。

关于软件安全的重要性，以及基本的软件安全风险与对策，不再赘述。接下来，看看当使用目前主流的微服务技术时，对于微服务架构下的软件安全需求应该如何满足。

1.3　微服务的软件安全解决方案

在如今普遍使用微服务技术进行软件开发的时代,相信读者对于微服务技术一定不会陌生,但是相比于此前使用单体架构进行的软件开发,在微服务架构下,软件应用的安全应该如何处理呢?

磨刀不误砍柴工,在对微服务架构下的软件安全进行设计前,我们需要先理清楚思路才行,先要对微服务架构与单体架构的不同之处有所了解,继而分项考虑不同之处应该如何处理,最后才能处理好微服务架构下整体的软件安全。

1.3.1　微服务架构与单体架构下软件安全的不同

在介绍微服务架构与单体架构中关于软件安全的不同之前,我们先简单梳理一下单体架构和微服务架构的不同,这些不同也正是各个软件安全的着眼点。

简单来说,单体架构就是软件应用内的所有功能单元都集中在一个归档包中,在进行软件应用部署时,只需部署一个应用进程即可,这个应用进程提供软件应用所有的功能。图 1-1 为单体架构的简易运行图。

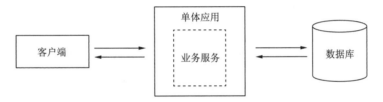

图 1-1　单体架构的简易运行图

从图 1-1 中可以看到,在单体架构时,客户端直接与单体应用进行交互,并且单体应用对应着一个数据库。

微服务架构就是将软件应用内的功能单元拆分成不同的服务,不同的服务放在不同的归档包中,不同的服务之间可以通过指定的协议进行通信,在进行软件应用部署时,会部署多个应用进程,这些应用进程组合起来提供软件应用所有的功能。关于微服务架构的运行机制,如图 1-2 所示。

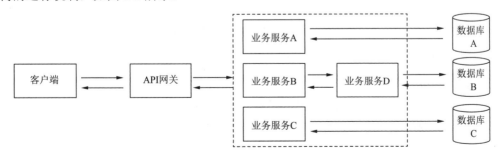

图 1-2　微服务架构的运行机制

从图 1-2 中可以看到，在微服务架构中，客户端与 API 网关进行交互，而 API 网关负责将客户端请求分发至不同的业务服务，不同的业务服务之间可能存在相互调用的情况，与此同时，不同的业务服务可能对应着不同的数据库。

在对单体架构与微服务架构简单回顾后，再来看这两种架构在软件安全方面的不同之处。我们还是从前面介绍过的身份认证、访问控制与应用数据这三方面来看。

首先看一下单体架构时软件安全从身份认证、访问控制与应用数据这三方面应该如何做，对于单体架构时的软件安全处理，如图 1-3 所示。

图 1-3　单体架构下的软件安全处理

从图 1-3 中可以看到，在单体架构下，由于应用程序是一个整体，在身份认证与访问控制方面，可以直接放在整体应用程序中进行处理。在应用数据方面，首先在客户端与单体应用的交互过程中及单体应用与数据库的交互过程中进行数据传输安全处理，其次在数据库层面进行数据存储安全处理。

接下来，看一下在微服务架构下，软件安全从身份认证、访问控制与应用数据这三方面应该如何做，对于微服务架构时的软件安全，如图 1-4 所示。

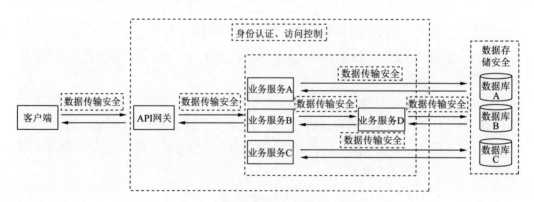

图 1-4　微服务架构时的软件安全图

从图 1-4 中可以看到，微服务架构下，在应用数据方面，首先客户端与 API 网关的交互过程、API 网关与不同的业务服务的交互过程、不同业务服务之间的交互过程以及业务服务与数据库的交互过程中会进行数据传输安全处理；其次在数据库层面会进行数据存储安全处理。微服务架构在应用数据方面的安全处理与单体架构下是一样的，没有什么不同。

但是，需要注意的是，在身份认证与访问控制方面，由于微服务架构将软件应用内的功能单元拆分成了不同的服务，此时的身份认证与访问控制的安全处理与单体架构时就存在着很大的不同了。

需要在此声明的是，在图 1-4 中，身份认证与访问控制画得比较粗略，这么做的原因，一方面是为了突出微服务架构与单体架构在软件安全的身份认证与访问控制方面的不同，另一方面是由于在微服务架构时，处理软件安全的身份认证与访问控制存在着多种解决方案的选择，并且每一种解决方案的选择所对应的身份认证与访问控制的处理在图中位置都不一样，为了防止在理解上混乱，所以暂时没有画出。

之所以说在软件安全方面单体架构与微服务架构最主要的不同之处在于身份认证与访问控制，主要原因是单体架构下身份认证与访问控制的处理方式不太适用于微服务架构。

在单体架构中，软件应用是一个整体，客户端发起的业务请求，可以在业务处理前进行统一的身份认证与访问控制。但是，在微服务架构中，由于软件应用不再是一个整体，而是由多个小的业务服务组成，此时，除了要考虑客户端发起的业务请求在业务处理前需要进行身份认证与访问控制，还需要考虑诸如各个小的业务服务之间相互调用时的身份认证与访问控制等情况。

只有先了解清楚了微服务架构与单体架构软件安全的不同之处后，才能更好地进行微服务架构的软件安全处理。那么，在微服务架构中，应该如何处理身份认证与访问控制呢？

1.3.2　微服务架构下身份认证

微服务架构下身份认证的原理其实与单体架构下的身份认证类似，都是对客户端发起的请求进行身份校验。不过在微服务架构下，处理身份认证时需要考虑在什么地方进行身份认证，这不仅关系到如何进行代码层面的实现，还关系到整体微服务的安全性保障以及微服务架构下的各种业务的处理能力。

在微服务架构中处理身份认证主要有以下两种典型的解决方案。

（1）前置处理：在服务端接收到客户端发起的业务请求后，直接在前置的 API 网关处就进行身份认证的处理。

（2）后置处理：在服务端接收到客户端发起的业务请求后，前置的 API 网关不会进行身份认证的处理，而是交由后置的业务服务进行身份认证的处理。

下面我们详细介绍使用这两种解决方案时，身份认证在微服务架构的整体体现。

1．前置处理

当使用前置处理的解决方案时，身份认证在微服务架构的整体体现如图 1-5 所示。

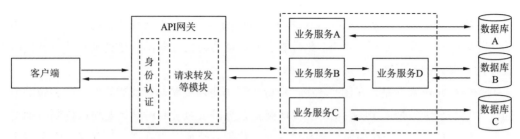

图 1-5 微服务架构下身份认证前置处理体现图

需要说明的是，为了突出身份认证在微服务架构中的体现，在图 1-5 中已将此前画出的数据传输安全、数据存储安全去除。

从图 1-5 中可以看到，当使用前置处理的解决方案时，业务服务没有任何变动，但是 API 网关相对于之前来说，增加了身份认证的处理能力。

在使用前置处理的解决方案时，业务请求的交互流程具体为：

（1）客户端发起业务请求，服务端进行接收。

（2）业务请求首先会经过 API 网关，在 API 网关中会对该请求进行身份认证处理，即对用户的身份进行确认。

（3）若身份确认无误，则将该业务请求转发至对应的业务服务中进行业务处理；若身份确认不通过，则直接返回错误信息，不进行该业务请求的转发。

不过，需要注意的是，在业务请求的交互流程中，若 API 网关对身份确认无误，在 API 网关将业务请求转发至对应的业务服务时，也会将用户身份信息转发给对应的业务服务。

2．后置处理

当使用后置处理的解决方案时，身份认证在微服务架构的整体体现如图 1-6 所示。

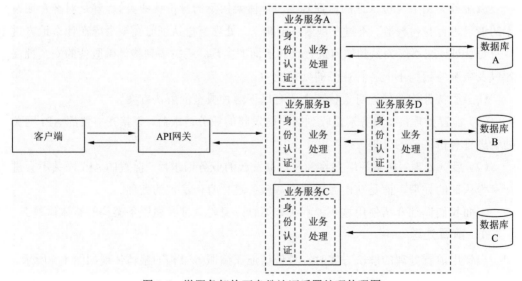

图 1-6 微服务架构下身份认证后置处理体现图

为了突出身份认证在微服务架构中的体现，与图 1-5 一样，已将此前画出的数据传输安全、数据存储安全去除。

从图 1-6 中可以看到，当使用后置处理的解决方案时，API 网关没有任何变动，但是各个业务服务相对于之前来说，增加了身份认证的处理能力。

在使用后置处理的解决方案时，业务请求的交互流程会变为：

（1）客户端进行业务请求的发起，服务端进行接收。

（2）业务请求首先会经过 API 网关，但是在 API 网关中没有对该请求进行身份认证处理，而是直接根据业务请求将该请求转发至对应的业务服务。

（3）业务服务接收到相应请求后，首先会对该请求进行身份认证的处理，若身份确认无误，则继续进行后续的业务处理；若身份确认不通过，则直接返回错误信息。

在后置处理的业务请求交互流程中，需要注意的是，在各个业务服务中增加身份认证的能力，这一点看起来与单体架构时的身份认证处理非常类似，但是其有着本质的不同，在单体架构中，业务服务都集中在一个单体应用内，经过确认的用户身份信息可以直接在单体应用内进行全局共享；而在微服务架构中，各个业务服务都是彼此独立的，经过确认的用户身份信息不能直接像单体应用时那样进行全局共享，因为各个业务服务验证后的身份信息放置在各自的内存安全上下文中。

经验分享：不同的身份认证解决方案应该如何选择

在对微服务架构下身份认证的前置、后置两种不同的解决方案有所了解后，接下来看看这两种不同的解决方案在方案实现的复杂性、安全性保障以及业务处理能力方面的一个简单对比，具体见表 1-1。

表 1-1　微服务架构下身份认证前置、后置解决方案对比

解决方案	前置处理	后置处理
实现复杂性	较低，只需要在 API 网关内部实现身份认证即可	较高，需要在各个业务服务内部都实现身份认证，由于不同的业务服务可能采用不同的编程语言或技术框架，若不能统一复用的话，还需要针对不同的编程语言或技术框架进行重复开发实现
安全性保障	较高，在 API 网关内部统一实现身份认证，对于身份认证的 bug 或漏洞可以统一把控、处理	较低，各个业务服务内部分别实现身份认证，容易出现各不相同的身份认证 bug 或漏洞，无法统一进行修复处理
业务处理能力	较高，各个业务服务只需专注于自身的业务处理，无需进行额外的身份认证处理	较低，各个业务服务除了要进行自身的业务处理，还需进行额外的身份认证处理

通过微服务架构下身份认证前置、后置解决方案对比，相信在微服务架构下使用何种身份认证的解决方案会一目了然。

不过，在身份认证方面还需注意的是，在单体架构时，服务端在进行身份认证后一

般会返回给客户端 sessionID 作为此后交互的用户标识，但是在微服务架构中，在使用身份认证前置处理时，API 网关在进行身份认证后一般会返回给客户端访问令牌作为用户标识。

1.3.3 微服务架构下的访问控制

在微服务架构下的访问控制，与身份认证类似，也是需要考虑在什么地方进行访问控制，因为在不同的地方进行访问控制对应着不同的权限颗粒度、不同安全性保障以及不同的业务契合度。

在微服务架构中处理访问控制主要也有前置与后置这两种典型的解决方案。

（1）前置处理：在服务端接收到客户端发起的业务请求后，直接在前置的 API 网关处就对用户权限进行校验。

（2）后置处理：在服务端接收到客户端发起的业务请求后，前置的 API 网关不会对用户权限进行校验，而是交由后置的业务服务对用户权限进行校验。

下面我们来详细介绍使用这两种不同的解决方案时，访问控制在微服务架构的整体体现。

1. 前置处理

在前置处理的解决方案下，访问控制在微服务架构的整体体现如图 1-7 所示。

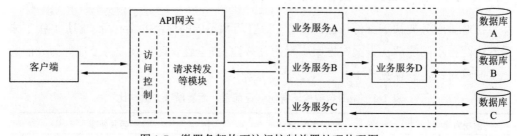

图 1-7　微服务架构下访问控制前置处理体现图

为了突出访问控制在微服务架构中的体现，与图 1-5、图 1-6 一样，已将此前画出的数据传输安全、数据存储安全去除。

对比图 1-7 和图 1-5 不难看出，微服务架构下的访问控制前置处理与身份认证前置处理除了 API 网关处的身份认证变为了访问控制，其余部分是一模一样的；同样是业务服务没有任何变动，但是 API 网关相对于之前来说，增加了访问控制的处理能力。

在使用前置处理的解决方案时，业务请求的交互流程具体为：

（1）客户端进行业务请求的发起，服务端进行接收。

（2）业务请求首先会经过 API 网关，在 API 网关中会对该请求进行用户权限的校验。

（3）若用户权限校验成功，则将该业务请求转发至对应的业务服务中进行业务处理；若用户权限校验失败，则直接返回错误信息。

在此交互流程中，需要注意的是，在使用前置处理时，API 网关对于用户权限的校验一般是基于用户访问请求的 URL 路径进行匹配校验。

2. 后置处理

我们再来看使用后置处理解决方案时访问控制在微服务架构下的整体体现，如图 1-8 所示。

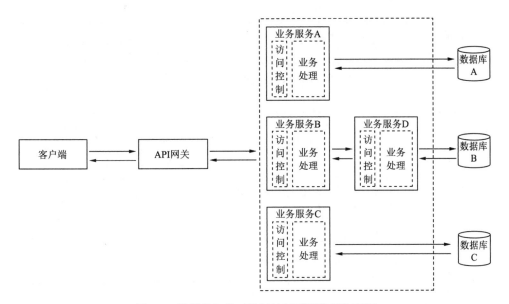

图 1-8　微服务架构下访问控制后置处理体现图

从图 1-8 中可以看到，微服务架构下的访问控制后置处理与身份认证后置处理的体现图类似，只是将各个业务服务的身份认证变为了访问控制，当使用后置处理的解决方案时，API 网关没有任何变动，但是各个业务服务相对于之前来说，增加了访问控制的处理能力。

在使用后置处理的解决方案时，业务请求的交互流程会变为：

（1）客户端发起业务请求，服务端进行接收。

（2）业务请求首先会经过 API 网关，但是在 API 网关中没有对该请求进行用户权限的校验，而是直接根据业务请求将该请求转发至对应的业务服务。

（3）业务服务接收到相应请求后，首先会对该请求进行用户权限的校验，若用户权限校验成功，则继续进行后续的业务处理；若用户权限校验失败，则直接返回错误信息。

在此交互流程中，需要注意的是，在使用后置处理时，当各个业务服务进行用户权限的校验时，不仅可以实现对用户访问请求的 URL 路径进行匹配校验，还可以实现对用户访问请求的具体方法进行匹配校验。

经验分享：不同的访问控制解决方案应该如何选择

在对微服务架构下访问控制的前置、后置两种不同解决方案有所了解后，接下来看看这两种不同的解决方案在权限颗粒度、安全性保障以及业务契合度方面的一个简单对比，具体见表 1-2。

表 1-2　微服务架构下访问控制前置、后置解决方案对比

解决方案	前置处理	后置处理
权限颗粒度	较粗，在 API 网关中对用户权限的校验一般是基于用户访问请求的 URL 路径进行匹配校验	较细，各个业务服务对用户权限的校验不仅可以基于用户访问请求的 URL 路径进行匹配校验，还可以基于访问请求的具体方法进行匹配校验
安全性保障	较高，在 API 网关内部统一对用户权限进行校验，对于访问控制的 bug 或漏洞可以统一把控、处理	较低，各个业务服务内部分别实现访问控制，容易出现各不相同的访问控制 bug 或漏洞，无法统一进行修复处理
业务契合度	较低，API 网关处一般只实现粗粒度权限校验，与业务契合度较低，若业务契合度太高又易造成与业务服务的高耦合	较高，各个业务服务在实现用户权限校验时，一般只会基于自身的业务需求进行实现

通过微服务架构下访问控制前置、后置解决方案对比，在安全性保障方面，访问控制的前置处理会高于后置处理，但是在权限颗粒度与业务契合度方面后置处理明显优于前置处理，软件应用的前提肯定是为业务服务，所以在微服务架构下访问控制还是可以优先考虑后置处理的解决方案，当然也可以结合使用。

不过需要注意的是，虽然软件应用的前提是为业务服务，但是安全性保障也不可或缺，当选用后置处理的解决方案时，也需要适时将安全性保障进行提升。如果后置处理想要达到前置处理一样的安全性保障，那么就必须严格规范各个业务服务内部的访问控制实现，同时在出现相关 bug 或漏洞时多投入资源进行个性化、针对性地修复处理。

在了解了微服务架构下如何处理访问控制后，对于微服务架构软件安全方面身份认证与访问控制两大块也就相对比较清晰了，接下来，我们以全局的视角来看一下如何处理微服务架构下的软件安全。

1.3.4　如何处理微服务架构下的软件安全

之前已经介绍过，微服务架构下的软件安全从身份认证、访问控制与应用数据这三方面来看，与单体架构最主要的不同之处在于身份认证与访问控制，所以在微服务架构下应用数据方面采取与单体架构相同的处理措施。

与此同时，结合前面刚介绍过的微服务架构下的身份认证与访问控制的解决方案，在微服务架构下对于身份认证方面采取前置处理的解决方案，在访问控制方面采取后置处理的解决方案。

对于微服务架构下的整体软件安全处理如图 1-9 所示。

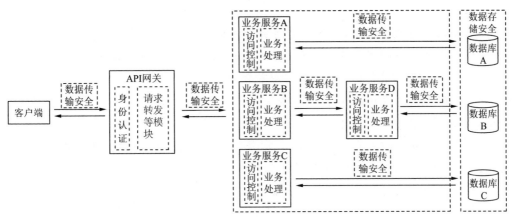

图 1-9 微服务架构下整体软件安全处理图

从图 1-9 中可以看到，在微服务架构下，身份认证由 API 网关进行处理，访问控制由各个业务服务进行处理，数据存储安全在数据库层面进行处理，而数据传输安全贯穿于所有的通信交互中。

这样一来，微服务架构下的业务交互流程会变为如图 1-10 所示的样子。

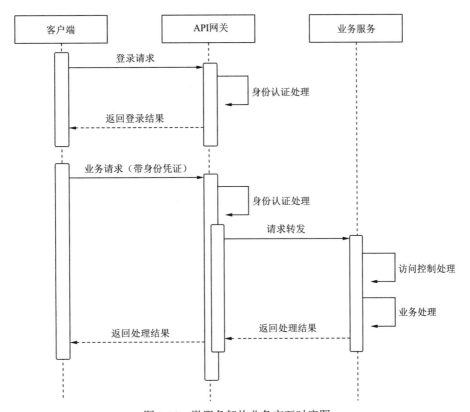

图 1-10 微服务架构业务交互时序图

结合图 1-10，业务请求的交互流程具体变为：

（1）客户端发起登录请求。

（2）API 网关接收到登录请求后进行身份认证处理。

（3）API 网关返回登录结果，若身份认证成功，则返回身份凭证。

（4）客户端发起业务请求，此时请求中会带上身份凭证。

（5）API 网关接收到业务请求后，先对身份凭证进行校验，若校验成功，则将该业务请求转发至对应的业务服务。

（6）业务服务接收到业务请求后，先根据身份凭证进行访问控制处理，若用户权限校验通过，则进行业务处理。

（7）业务处理完毕后，返回处理结果至客户端。

至此，相信大家对于如何处理微服务架构下的软件安全，以及在这种解决方案下业务的交互流程都有了一定的了解。不过，还需要说明的是，对于微服务架构的身份认证与访问控制的整体解决方案，并非仅此一种，还存在很多其他的方式，比如使用 sso、session 共享等都可以实现。

在本节中介绍的解决方案相对较宽泛，还没有特别的细化，比如说还没有介绍到在具体实现方面使用哪种身份凭证、如何结合 OAuth 2.0 实现认证授权等。至于更进一步的细化，也不用担心，在后续真正动手构建安全可靠的微服务时会一一介绍到，目前主要是先理清楚基本的思路，了解在微服务架构下，不论使用哪种解决方案，都需要将身份认证、访问控制等考虑清楚，这样才能确保基本的软件应用安全。

最后，从微服务架构的安全处理来看，身份认证与访问控制在软件安全方面十分重要，在日常的工作中，作为软件开发人员，势必需要投入更多的精力去实现与完善相关功能以确保应用程序的安全性。不过，虽然可以自己实现这些功能，但是需要知道的是，自己实现起来需要从头开始考虑方方面面的安全问题，并且有一些问题实现起来也较为复杂，不仅会花费大量的时间还可能因为不够完善需要持续优化。

所以，在日常的工作中应该综合考虑如何实现软件应用的安全性问题。其实在当下，已经有很多现成的成熟安全框架，都可以直接拿来使用，接下来就为大家介绍目前主流的安全框架。

1.4　主流的安全框架

在 Java 技术栈中，主流的安全框架主要有 Apache Shiro 与 Spring Security，这两个成熟的开源安全框架各有千秋，都可以直接用于日常的工作项目中。但是，在安全框架的选择上，应该选择 Apache Shiro 还是 Spring Security 呢？

1.4.1　简单易用的轻量级安全框架——Apache Shiro

Apache Shiro 一开始并不叫作 Apache Shiro，而是名为 JSecurity，起始于 2004 年左右，经过几年的发展，在 2008 年，该项目被列入 Apache Incubator 中进行孵化，到 2010 年，成为 Apache 顶级项目之一。

Apache Shiro 提供了身份认证、访问控制等软件安全方面的实现，我们通过图 1-11 来直观地了解一下 Apache Shiro 都有哪些特性。

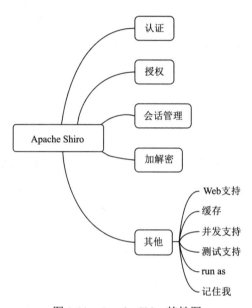

图 1-11　Apache Shiro 特性图

图 1-11 中认证、授权等特性前面已经介绍过，这里不再赘述，这里主要解释未介绍过的特性，具体见表 1-3。

表 1-3　Apache Shiro 特性

特　　性	描　　述
会话管理	针对用户会话进行管理，比如对用户的会话进行创建、删除
加解密	提供加密算法确保数据安全
Web 支持	对于 Web 环境的支持，这里需要注意的是，Shiro 不仅可以在 Web 环境下进行使用，当不在 Web 环境下时也可以使用 Shiro
缓存	对数据的缓存，比如用户认证后的身份信息可以进行缓存，以此提高处理效率
并发支持	对于软件应用的并发支持，比如支持多人同时登录的场景，在不同的线程之间传递上下文
测试支持	提供单元测试的支持，比如在编写单元测试或集成测试中使用 Shiro

续表

特　　性	描　　述
run as	指的是对用户身份切换的支持，允许用户切换为其他的身份权限来进行一些操作，类似于在使用 Windows 系统时普通用户可以通过鼠标右键来选择以管理员身份运行某个应用程序
记住我	一般也叫作 Remember Me，指的是保持用户的认证状态，比如在一些网站登录界面输入用户名、密码后，下方有一个"下次自动登录"的选项，该选项即为记住我

在表 1-3 的这些特性中，根据官网的介绍，Shiro 的核心特性主要是认证、授权、会话管理、加解密，而图 1-11 中其他的几个特性主要用于支持与强化这些核心特性。

当然，Shiro 的特性也不仅仅局限于图 1-11 中所列出的这些，比如还可以集成 CAS 服务器等，如果对 Shiro 感兴趣的话，可以访问其官网（Shiro 官网地址：https://shiro. apache.org）进行进一步的学习与探索。

1.4.2　功能强大的重量级安全框架——Spring Security

Spring Security 刚开始也不叫作 Spring Security，而是名为 Acegi Security，这一点与 Apache Shiro 有点儿不谋而合的意味，其起始于 2003 年，随着不断地发展，在此之后被归为 Spring 官方的子项目之一，在 2008 年以新名称 Spring Security 发布了第一个正式版本 Spring Security 2.0.0。

Spring Security 与 Apache Shiro 类似，也提供了身份认证、访问控制等软件安全方面的实现，但是 Spring Security 的功能相对来说更丰富，并且在与 Spring Boot 集成时更便捷。图 1-12 可以清楚展示 Spring Security 有哪些特性。

图 1-12　Spring Security 特性图

图 1-12 中的认证、授权、加解密、并发支持等特性前面已经介绍过，不再赘述，

这里主要解释另外的特性，具体见表 1-4。

表 1-4　Spring Security 特性

特　　性	描　　述
针对常见漏洞的保护	对于一些常见的攻击的安全防范处理，比如说对于 CSRF（跨站请求伪造）攻击的防范、在请求响应头中添加对缓存的控制等
与 Spring Data 集成	对 Spring Data 的集成支持，在使用 Spring Security 时能够无缝集成 Spring Data，使用起来非常便捷
Jackson 支持	在使用 Spring Security 时提供了 Jackson 序列化的支持，这可以提高处理效率
本地化支持	可以让 Spring Security 在使用过程中采用本地化语言，比如身份认证时的相关异常信息可以通过中文显示。不过，这里需要注意的是，对于开发人员的一些异常信息与日志信息是没有本地化支持的

在 Spring Security 的这些特性中，其官网并没有像 Apache Shiro 那样标注哪些是核心特性，不过在笔者看来，在 Spring Security 中认证、授权、针对常见漏洞的保护以及相关集成都属于核心特性。

可能在看了 Spring Security 的特性图后，并没有觉得 Spring Security 的功能更丰富，诸如会话管理、记住我等在 Spring Security 的特性图中都没有找到，其实这些 Spring Security 都具备，只是没有画在特性图中，没有画出的原因是在 Spring Security 中会话管理、记住我等都包含在认证特性中，这个在后续的章节中会介绍到。

对于类似会话管理、记住我等特性是否应该独立于认证特性还是包含在认证特性中，这只是在特性划分上的差异，无须太过在意，清楚这些特性都具备即可。

在对 Apache Shiro 与 Spring Security 有了一个大体的认识后，接下来看看两者之间的相同与不同之处。

对于 Apache Shiro 与 Spring Security 的相同之处，简单来说，两者所具备的功能类似，都提供了软件安全方面所需的重要的认证、授权、加解密等特性，并且两者都是目前主流的安全框架，使用的人较多。

下面主要看看这两者之间的不同之处，认识到两者的不同才更有利于选择，对于 Apache Shiro 与 Spring Security 的不同之处，见表 1-5。

表 1-5　Apache Shiro 与 Spring Security 对比

框架名称	Apache Shiro	Spring Security
功能	提供了核心功能，但功能相较少一些	除提供核心功能之外，还提供一些诸如漏洞保护等其他功能，核心功能上也有更多的扩展
学习成本	较低，概念较简单，上手相对容易	较高，概念较复杂，上手相对困难
集成 Spring Boot	需使用官方提供的 Starter 集成，或集成时定义配置	无缝集成，集成时无须过多配置
框架量级类型	轻量级	重量级

框架名称	Apache Shiro	Spring Security
Web 环境局限性	无局限性	旧版本存在 Web 环境局限性，新版本已无局限性
扩展性	相对较低	相对较高
社区支持	相对较低	相对较高

通过 Apache Shiro 与 Spring Security 的对比，不难看出两者之间的差异，相对来说，笔者更推荐 Spring Security，虽然 Spring Security 学习成本会更高一些，但是 Spring Security 的功能更丰富，并且与 Spring Boot、Spring Data 等的集成十分便捷，在目前主流的微服务架构之下，Spring Security 具有更大的优势。

不过，建议也不要形成固化思维，并不一定在任何情况下都首选 Spring Security，如果在日常工作项目中，项目里没有使用 Spring Boot 的话，并且项目属于较简单的项目时，选择 Apache Shiro 也是一种明智之举。

——本章小结——

本章围绕着"无所不在"的软件安全介绍了软件应用的安全范围、常见的安全风险与相应对策，同时介绍了微服务架构下的软件安全解决方案，并针对解决方案提出：要综合考虑实现软件应用的安全性问题，采用成熟的安全框架不失为一种更便捷的办法。基于此，本章最后对目前主流的安全框架进行了简要介绍，在接下来的章节中将进一步介绍 Spring Security 安全框架，以便于在后续能够更好、更快地构建安全可靠的微服务。

第 2 章　安全框架 Spring Security

上一章中我们已经介绍了目前主流的安全框架，基于要构建安全可靠的微服务，已将安全框架选定为 Spring Security，所以从本章开始会逐步深入地介绍 Spring Security 的方方面面，让读者切实体会到 Spring Security 强大且丰富的功能，了解其处理流程与相关原理，同时知道如何去使用 Spring Security。

一个框架功能越多、越强大，势必会越复杂，学习起来相对会困难一些，但是也不要因此望而生畏，虽然 Spring Security 有一定的学习成本，但是也没有想象中的那么复杂，只要抓住其核心，就能快速上手掌握。

本章笔者会先梳理 Spring Security 的发展历史以及现状，之后再依次对 Spring Security 的整体工作流程、架构实现原理以及核心功能进行阐述，以期让读者在脑海中对 Spring Security 形成一个大体认识框架，便于在后续的章节中更进一步地深入了解及使用此框架。

2.1　Spring Security 的前世今生

Spring Security 的历史和 Spring 息息相关。

提到 Spring 不得不提 SourceForge，Spring 最开始就发布在 SourceForge 上，SourceForge 是大型的软件项目开发平台与仓库，目前主流的代码托管平台如 Github 等上线推出的时间都晚于 SourceForge，SourceForge 开始于 1999 年左右，GitHub 在 2008 年左右上线。

到目前为止，通过 SourceForge 还可以找到最开始的 Spring Framework 项目，Spring Framework 在 2003 年时还处于 0.9～1.0 版本，当时在 Spring Framework 的开发者邮件列表中有人询问基于 Spring 的安全方面的问题，Spring 开发团队对于这一问题其实也比较关注，之后基于这一问题做了 Spring 安全方面的简单实现，后来将这一块的代码分享给了一些用户，后来这些用户结合其他人一起在 SourceForge 上创建了一个新项目，即 Spring Security 的前身 Acegi Security System for Spring。

现在 SourceForge 上搜索 Acegi Security System for Spring 还可以看到相关的项目记录，该项目在 2004 年时发布 acegisecurity0.3 版本，经过几年的发展，在 2007 年时被纳入 Spring Portfolio 项目中，成为 Spring 庞大生态圈的组成部分，到 2008 年的时候改名为 Spring Security 并且发布了改名后的第一个版本（2.0.0）。

在 Acegi Security System for Spring 初期，其主要提供授权方面的安全实现，随着之后的发展，认证方面的安全实现才加入进来。到如今，Spring Security 包含的功能不仅仅局限于认证、授权，还包含针对常见漏洞的保护以及一些集成功能等。

在 Spring Security 的版本方面，也已经从开始的 2.0.0 版本发展到了如今最新的 6.0.0 快照版本了，截至目前，正式发布版本为 5.7.2，建议在日常工作的生产项目上最好使用 Spring Security 的最新正式发布版。与此同时，Spring Security 的社区活跃度较高，对于 Spring Security 的一些相关问题可以从其社区得到支持。

关于 Spring Security 的历史及现状就介绍到此，稍做了解即可，毕竟关注的重点是了解 Spring Security 的原理以及通过使用 Spring Security 完成软件安全方面的实现。

接下来就进入正题，看看 Spring Security 的架构及其实现原理。

2.2 Spring Security 整体工作流程与知识回顾

在介绍 Spring Security 的架构之前，需要声明的是，随着 Spring Security 的发展，它不仅可以用于 Servlet 软件应用还可以用于 Reactive 响应式软件应用，不过从目前使用 Spring Security 的情况来看，还是以 Servlet 软件应用为主，所以对于 Spring Security 的架构将以 Servlet 软件应用为切入点来进行介绍。

Spring Security 的架构如果从一开始就细化展开的话，容易造成复杂或难以理解的情况，为了尽可能地方便读者理解，针对 Spring Security 的架构，笔者会以由浅入深的方式来一步步展开，首先会以一个粗略的整体工作流程概览为起点，再不断地进行细化与展开其架构与原理解析，同时为了照顾到不同类型的读者，会在细化与展开之前介绍一些了解原理前的必备知识。

2.2.1 Spring Security 整体工作流程

对于 Spring Security 的整体工作流程，本节中并不打算从一开始就进行细化，一方面这样不利于理解，另一方面还可能造成 Spring Security 非常复杂的错误感观。

为了更好地阐释 Spring Security 架构的整体工作流程与实现原理，本节将以 Spring Security 的简易整体工作流程开始介绍，不过读者也不用担心不能知晓其详细的内部流程，在之后的实现原理小节中会对 Spring Security 的架构逐步进行细化，这是一个由浅入深、循序渐进的过程。

关于 Spring Security 的整体工作流程（见图 2-1），用一句话简单概括，就是通过 Filter 过滤器来处理客户端发起的请求以此实现软件安全。

结合图 2-1 可以看到，将 Spring Security 的整体工作流程分为正常处理流程和异常处理流程两类。

正常处理流程的步骤如下：

（1）客户端向服务端发起请求。

（2）客户端发起的请求先在 Filter 过滤器中进行处理。

（3）当 Filter 过滤器中请求处理无误时，请求才会到受限资源中进行具体的业务处理。

（4）当业务处理完毕后，返回响应至客户端。

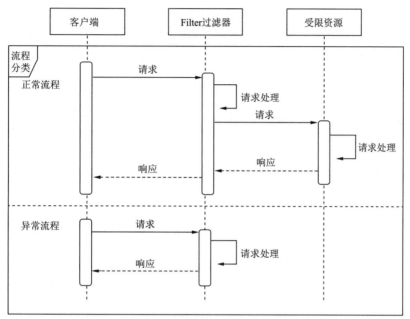

图 2-1　Spring Security 整体工作流程概览图

异常处理流程的步骤如下：

（1）客户端向服务端发起请求。

（2）客户端发起的请求在 Filter 过滤器中进行处理。

（3）当 Filter 过滤器中请求处理发生失败时，直接返回至客户端。

对 Spring Security 整体工作流程有所了解后，读者可能会存在疑问，在整体工作流程中只看到了客户端、Filter 过滤器以及受限资源这三部分，而 Spring Security、Servlet 具体体现在哪？为解决这个疑问，我们再来看看 Spring Security、Servlet 体现图，如图 2-2 所示。

图 2-2　Spring Security、Servlet 体现图

从图 2-2 中可以看到，Spring Security 体现在 Filter 过滤器上，而 Servlet 从 Servlet 容器层面来看，体现在 Filter 过滤器与受限资源上。

从上述介绍中可以发现，Spring Security 的整体工作流程在不进行细化之前，从全局的角度来看，其实并不复杂，相反可能会觉得比较简单。正所谓大道至简，Spring Security 为我们提供了一个功能强大的安全框架，其实现的工作流程并没有想象中的那么错综复杂。

接下来，带着本节中对 Spring Security 的整体工作流程的认识，在 Spring Security 架构的基本实现原理中将对其架构进行细化梳理，不过在细化梳理前，先来回顾一下对于理解其架构原理十分有帮助的一些知识。

2.2.2 了解原理前的知识回顾：Servlet 与 Filter 过滤器

理解 Spring Security 架构原理的必备知识主要是 Servlet 与 Filter。

相信作为软件开发人员，对于 Servlet 与 Filter 一般不会陌生，但是为了照顾不同类型的读者，笔者还是决定细致梳理一下 Servlet 与 Filter 的相关知识，它们对理解 Spring Security 架构至关重要。

1．Servlet

关于 Servlet，简单来说，就是使用 Java 编写的一段代码，其功能可以理解为处理客户端的请求。在日常工作过程中，比较常见的就是 HttpServlet，即处理客户端的 HTTP 请求，比如说使用 HttpServlet 中提供的服务方法 doGet、doPost 来处理客户端的 get、post 请求，另外，在实际工作过程中，根据业务需求，也可以实现一个自定义的 Servlet，即通过实现 javax.servlet 包中的 Servlet 接口来完成。

关于 Servlet，比较重要的就是了解其生命周期，这对于了解 Servlet 如何处理客户端的请求有很大的帮助。下面我们来看一下 Servlet 的生命周期流程图，如图 2-3 所示。

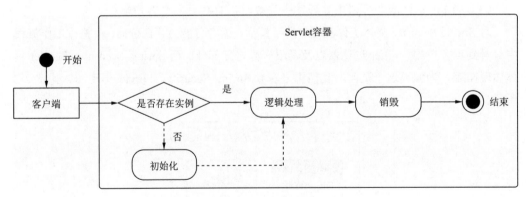

图 2-3　Servlet 生命周期流程图

结合图 2-3，我们来详细梳理一下 Servlet 的整体生命周期流程。

（1）客户端对 Servlet 容器发起请求。

（2）Servlet 容器在接收到请求后，会根据请求进行 Servlet 的映射匹配，根据映射匹配结果，判断相应的 Servlet 是否存在实例。

（3）如果相应的 Servlet 存在相关实例，则会调用 Servlet 的 service()服务方法进行逻辑处理；如果相应的 Servlet 不存在相关实例，则 Servlet 容器会先创建 Servlet 实例，然后调用其 init()初始化方法对其进行实例初始化，之后再调用 Servlet 的 service()服务方法进行逻辑处理。

（4）当不再需要 Servlet 时，Servlet 则会进行销毁操作。

在 Servlet 的整体生命周期流程中，需要知道的是 Servlet 的生命周期完全是由 Servlet 容器（Servlet 运行时环境）控制的，这一点从图 2-3 中也可以看出。

另外需要注意的是，一般情况下，在 Servlet 容器初始启动时，Servlet 容器不会去加载创建 Servlet 实例，只有在被客户端请求后才会进行 Servlet 实例的创建，这也是为什么在做一些性能测试时会发现同一个 Servlet 首次访问的耗时要明显大于之后访问的耗时的原因。

与此同时，在 Servlet 整体生命周期流程中，当 Servlet 容器加载创建 Servlet 实例后一般是不会执行 Servlet 的销毁操作的，只有在关闭或重启 Servlet 容器时，Servlet 容器才会通过调用 Servlet 的 destroy()方法来进行 Servlet 的销毁操作，当然，在 Servlet 容器执行垃圾回收时，如果 Servlet 一直未使用也是有可能被销毁的。

在对 Servlet 进行回顾之后，一定不要认为 Servlet 只是在前期使用 JSP 开发前端页面时才会使用到。举个例子，在日常工作中，当使用 Spring Boot 时，就会涉及 Servlet。

为什么这么说呢？

首先，Spring Boot 应用一般运行部署在 tomcat 中，而 tomcat 本质上就是一个 Servlet 容器。其次，当我们通过 spring-web 访问相应的业务 Controller 时，访问请求会先经过 DispatcherServlet，DispatcherServlet 会根据访问请求去匹配相应的分发规则进行请求的分发，之后请求才会到对应的业务 Controller 中进行处理。

通过以上例子不难看出，Servlet 一直都有涉及且十分重要；与此同时，在 Spring Security 架构原理中，实现 Spring Security 架构原理的核心 Filter 过滤器是依赖于 Servlet 及 Servlet 容器的，所以在对 Servlet 进行回顾之后，接下来，我们再了解一下 Filter 过滤器。

2. Filter 过滤器

Filter 过滤器是在 Servlet 之后才出现的，其功能可以理解为处理 request 请求或 response 响应的相关操作。在日常工作过程中，比较常见的就是通过使用 Filter 过滤器来实现软件应用安全中的身份认证、对数据进行加解密以及数据格式转换等。另外，在实际工作过程中，根据业务需求，也可以实现一个自定义的 Filter，即通过实现 javax.servlet 包中的 Filter 接口来完成。

了解 Filter 的工作流程对于了解其如何处理 request 请求或 response 响应的相关操

作有很大的帮助，与此同时，也可以知道其与 Servlet 之间的工作顺序流程。下面看一下 Filter 的工作流程图，如图 2-4 所示。

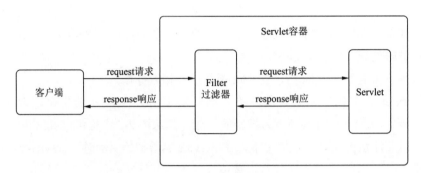

图 2-4　Filter 工作流程图

从图 2-4 中可以看出，当客户端发起 request 请求时，request 请求会先经过 Filter 过滤器再到 Servlet 中进行处理，而当 Servlet 处理完毕后返回 response 响应时，response 响应也会先经过 Filter 过滤器再返回到客户端。

由此可以得知，Filter 可以在 request 请求到达 Servlet 前对 request 请求进行一些处理操作，而在 response 响应到达客户端前可以对 response 响应进行一些处理操作，Filter 与 Servlet 之间的工作前后顺序取决于是 request 请求还是 response 响应。

在了解了 Filter 的工作流程后，还需要知道的是 Filter 与 Servlet 的对应映射关系，即一个 Filter 可以对应多个 Servlet，同时一个 Servlet 也可以对应多个 Filter，如图 2-5 所示。

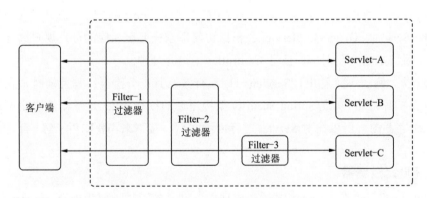

图 2-5　Filter 与 Servlet 的对应关系图

结合图 2-5，我们梳理一下 Filter 与 Servlet 的对应关系。

（1）从 Filter 角度来看

● Filter-1 对应 Servlet-A、Servlet-B、Servlet-C。

● Filter-2 对应 Servlet-B、Servlet-C。

- Filter-3 对应 Servlet-C。

（2）从 Servlet 角度来看

- Servlet-A 对应 Filter-1。
- Servlet-B 对应 Filter-1、Filter-2。
- Servlet-C 对应 Filter-1、Filter-2、Filter-3。

在图 2-5 中，若客户端请求 Servlet-A 则只会经过 Filter-1，若客户端请求 Servlet-B 则会经过 Filter-1 与 Filter-2，若客户端请求 Servlet-C 则 Filter-1、Filter-2、Filter-3 都会经过。在此时，Filter-1、Filter-2、Filter-3 就可以组成为一个 Filter 链（见图 2-6），即 FilterChain。当客户端请求相应的 Servlet 时，则会根据 Filter 链的组成依次执行 Filter 链中的不同 Filter。

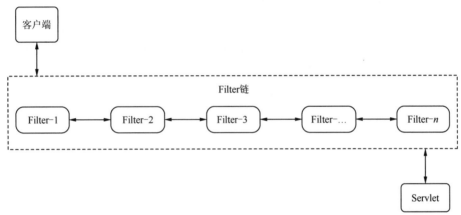

图 2-6　Filter 链图

由图 2-6 可知，当客户端发起请求时，首先会经过一条由多个 Filter 组成的链，请求在 Filter 链中按照顺序依次从 Filter-1、Filter-2、Filter-3 执行到 Filter-n，然后才到达相应的 Servlet。这里需要注意的是，若在 Filter 链中客户端发起的请求在某个 Filter 中出现异常情况，则请求会被阻止，不会再进行后续的 Filter 及 Servlet 的执行。

对于在 Filter 中如何阻止客户端请求不再执行后续的 Filter 及 Servlet，这就涉及 Filter 接口中的方法。

（1）init

执行 Filter 初始化的方法，在此方法中可以通过 FilterConfig 获取一些需要设置的初始化参数。

（2）doFilter

执行 Filter 具体处理的方法，在此方法中可以对 request 请求或响应进行一些相关操作；例如阻止客户端请求不再执行后续的 Filter 及 Servlet 即可在此方法中完成。

（3）destroy

执行 Filter 销毁的方法，当需要销毁 Filter 时就会调用此方法。

在 Filter 接口方法中，最重要的就是 doFilter 方法，当在 Filter 链中执行完某一个 Filter 后，需要执行下一个 Filter 时，一定要在此方法中调用 filterChain.doFilter，确保下一个 Filter 被执行。与此同时，当要阻止请求进一步执行时，则在此方法中不要再调用执行下一个 Filter，及时返回即可。

至此，对于 Spring Security 架构原理的必备知识 Filter 与 Servlet 就介绍完毕，在对必备知识有所了解回顾后，对于 Spring Security 架构原理掌握起来就容易多了。接下来，回到 Spring Security 中，看看其架构原理是怎样的。

2.3 Spring Security 架构实现原理

在前文中对 Spring Security 的整体工作流程进行梳理时，已经介绍到在 Servlet 软件应用中 Spring Security 的架构实现原理主要是依靠 Filter 过滤器，在本节中会对 Spring Security 的架构实现原理进行逐步的细化与展开。

对于 Spring Security 架构实现原理主要从以下三个方面进行细化与展开。

（1）过滤器代理

（2）过滤器链

（3）异常处理

2.3.1 过滤器代理

过滤器代理可以理解为是 Spring Security 架构实现原理的起点，对于 Spring Security 架构实现来说是至关重要的。在过滤器代理中会分为过滤器 bean 代理和过滤器链代理两部分来介绍。

1. 过滤器 bean 代理

在介绍过滤器 bean 代理前，需要先抛出一个问题。

在基于 Servlet 的 Spring 软件应用中，首先，Spring 里面 bean 的生命周期是由 Spring 容器来进行管理的；其次，Filter 过滤器是通过实现 javax.servlet 包中的 Filter 接口来完成的，其生命周期与 Servlet 一样，都是由 Servlet 容器来进行管理的。那么，在 Spring Security 通过 Filter 过滤器来完成软件应用安全问题的过程中，它是如何将 Filter 过滤器在 Servlet 容器与 Spring 容器之间来进行关联的呢？

针对这个问题，Spring Security 是通过过滤器 bean 代理来进行解决的。那么，过滤器 bean 代理又是什么呢？

过滤器 bean 代理其实是 Spring 提供的一个过滤器工作委托代理类，即 DelegatingFilterProxy，其功能就是将在 Servlet 容器中的 Filter 过滤器关联到 Spring 容器之中。具体表现为 DelegatingFilterProxy 会对 Filter 过滤器的实现类进行代理,与此同时,其代理的 Filter 过滤器实现类会是一个由 Spring 容器管理的 bean 对象,当需要使用 Filter 过滤器进行业务逻辑处理时,DelegatingFilterProxy 会被调用,而当调用 Delegating FilterProxy 时,其就会发挥代理作用,将业务逻辑处理工作委托给其代理对象,即由 Spring 容器管理的 bean 对象。

为了更好地理解过滤器 bean 代理,可以看一下 DelegatingFilterProxy 委托代理图,如图 2-7 所示。

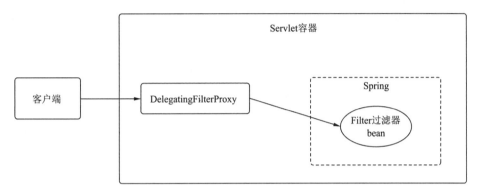

图 2-7　DelegatingFilterProxy 委托代理图

由图 2-7 可知,当客户端发起请求时,首先会经过 DelegatingFilterProxy 委托代理类,当 DelegatingFilterProxy 接收到请求后,会直接将处理工作委托给由 Spring 容器管理的 Filter 过滤器 bean。所以在过滤器代理的第一部分过滤器 bean 代理中,最主要的就是 DelegatingFilterProxy 委托代理类,该类是实现过滤器 bean 代理的核心。

为了对 DelegatingFilterProxy 委托代理类展开深入介绍,接下来会对 Delegating FilterProxy 委托代理类进行源码解析,以便于对过滤器 bean 代理有更深入的认识,帮助读者加深对 Spring Security 架构实现原理的了解。

源码解析:DelegatingFilterProxy 与 GenericFilterBean

在对 DelegatingFilterProxy 进行源码解析前,先通过 IntelliJ IDEA 打开 jar 包 spring-web 中位于 org.springframework.web.filter 包中的此类,如图 2-8 所示。

从图 2-8 中可以看到,DelegatingFilterProxy 类的源码准确位置以及该类继承于 Generic FilterBean 类。

当对 GenericFilterBean 类做进一步查看时,会发现 GenericFilterBean 又实现了一系列的接口,为了更清晰地了解到 DelegatingFilterProxy 类的关系,可以直接通过使用 IntelliJ IDEA 中提供的 Diagrams 来进行查看,具体操作如图 2-9 所示。

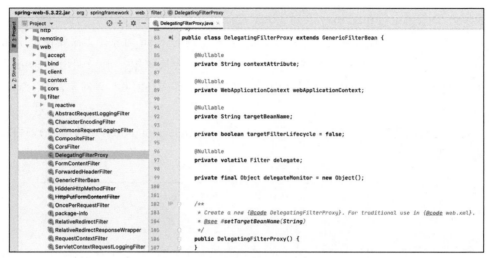

图 2-8　DelegatingFilterProxy 源码位置图

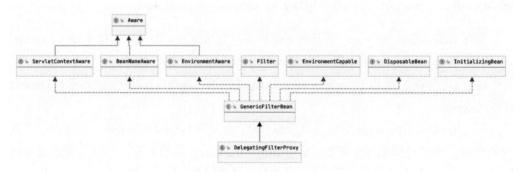

图 2-9　使用 Diagrams 图

通过图 2-9 中的操作，可以十分清晰地看到 DelegatingFilterProxy 类图，如图 2-10 所示。

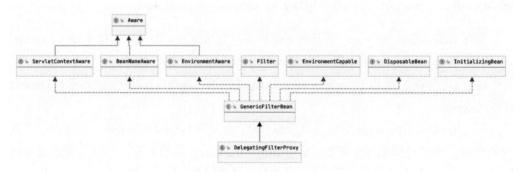

图 2-10　DelegatingFilterProxy 类图

通过图 2-10 可以看到，DelegatingFilterProxy 继承自 GenericFilterBean 类，而 Generic FilterBean 又实现了一系列的接口；通过接口名称可知，GenericFilterBean 实现的这些接口主要是获取 Spring 容器中的一些资源服务，比如 ServletContext、BeanName、Environment 以及处理 bean 的初始化、销毁等。

在 GenericFilterBean 实现的这些接口中需要关注的重点就是 Filter 接口。为了更好地理解 DelegatingFilterProxy 的类关系，我们以 Filter 接口为切入点对该类图进行简化处理，同时将各自的方法列出，可以看到 DelegatingFilterProxy 类在以 Filter 接口为起点的概览，如图 2-11 所示。

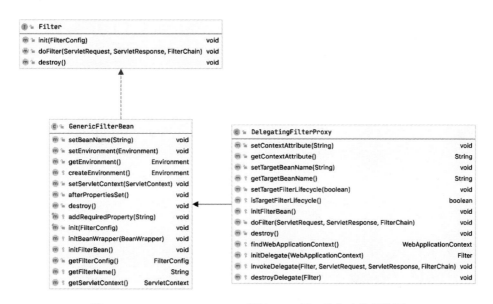

图 2-11　DelegatingFilterProxy 类以 Filter 接口为起点的概览图

由于 DelegatingFilterProxy 继承自 GenericFilterBean，而 GenericFilterBean 实现了 Filter 接口，所以 DelegatingFilterProxy 算作是间接实现了 Filter 接口，这一点通过 Filter 接口中定义的 doFilter 方法出现在 DelegatingFilterProxy 的方法列表中也可以看出。与此同时，想要对 DelegatingFilterProxy 的源码进行了解就可以从其父类 GenericFilterBean 实现的 Filter 接口的 init 方法源码入手，对应源码如下：

```
@Override
public final void init(FilterConfig filterConfig) throws ServletException {
    <1>
    Assert.notNull(filterConfig, "FilterConfig must not be null");
    this.filterConfig = filterConfig;
    PropertyValues pvs = new FilterConfigPropertyValues(filterConfig, this.requiredProperties);
    if (!pvs.isEmpty()) {
```

```
    try {
        BeanWrapperbw = PropertyAccessorFactory.forBeanPropertyAccess
(this);
        ResourceLoader resourceLoader = new ServletContextResourceLoader
(filterConfig.getServletContext());
        Environment env = this.environment;
        if (env == null) {
            env = new StandardServletEnvironment();
        }
        bw.registerCustomEditor(Resource.class,  new  ResourceEditor
(resourceLoader, env));
        initBeanWrapper(bw);
        bw.setPropertyValues(pvs, true);
    }
    catch (BeansException ex) {
        String msg = "Failed to set bean properties on filter '" +
                filterConfig.getFilterName() + "': " + ex.getMessage();
        logger.error(msg, ex);
        throw new NestedServletException(msg, ex);
    }
}
<2>
initFilterBean();
if (logger.isDebugEnabled()) {
    logger.debug("Filter  '"  +  filterConfig.getFilterName()  +  "'
configured for use");
}
}
```

以上的 init 方法源码主要做了两件事情，对应源码中的标识<1>和<2>，即：

<1>：获取过滤器配置的初始化参数，然后将这些参数通过 Bean 的包装类进行注入。

<2>：调用 initFilterBean()方法。

而对于 DelegatingFilterProxy 的理解，则需要重点关注 GenericFilterBean 类 init 方法中的标识 2，即调用 initFilterBean()方法。

这个 initFilterBean()方法是 GenericFilterBean 类专门留给子类去实现自定义扩展的，所以在 DelegatingFilterProxy 类中可以看到有此方法，而在 DelegatingFilterProxy 中此方法做的事情是什么呢？接下来看看 initFilterBean()方法在 DelegatingFilterProxy 的实现，对应源码如下：

```
@Override
```

```
protected void initFilterBean() throws ServletException {
synchronized (this.delegateMonitor) {
    if (this.delegate == null) {
        <1>
        if (this.targetBeanName == null) {
            this.targetBeanName = getFilterName();
        }
        WebApplicationContext wac = findWebApplicationContext();
        if (wac != null) {
            <2>
            this.delegate = initDelegate(wac);
        }
    }
}
}
```

在上面的 initFilterBean()方法源码中主要做了两件事情，对应源码中的标识<1>和<2>，即：

<1>：获取 bean 名称，如果没有特意指定 bean 名称的话，就使用过滤器原本的名称作为 bean 名称。

<2>：调用委托代理的初始化方法，该方法内部做的事情是通过应用上下文根据前面确定的 bean 名称获取委托代理的过滤器 bean。

至此，在通过源码对 GenericFilterBean 的 init()方法一层层深入分析后，对 Delegating FilterProxy 的具体初始流程就有了详细的了解，其初始流程如图 2-12 所示。

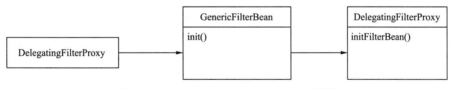

图 2-12　DelegatingFilterProxy 初始流程图

从图 2-12 中可知，DelegatingFilterProxy 的初始化其实是依赖于其父类 GenericFilter Bean 的初始化，而当其父类 GenericFilterBean 进行初始化时又会在 init()方法中调用子类 DelegatingFilterProxy 实现的自定义扩展方法 initFilterBean()。

在对初始化了解清楚后，接下来，在通过源码对 DelegatingFilterProxy 中最主要的 doFilter 方法进行解析，先来看一下 doFilter()方法在 DelegatingFilterProxy 中的实现，对应源码如下：

```
@Override
public void doFilter(ServletRequest request, ServletResponse response,
```

```
FilterChain filterChain)
        throws ServletException, IOException {
    <1>
    Filter delegateToUse = this.delegate;
    if (delegateToUse == null) {
        synchronized (this.delegateMonitor) {
            delegateToUse = this.delegate;
            if (delegateToUse == null) {
                WebApplicationContext wac = findWebApplicationContext();
                if (wac == null) {
                    throw new IllegalStateException("No WebApplication
Context found: " +
                        "no ContextLoaderListener or DispatcherServlet
registered?");
                }
                delegateToUse = initDelegate(wac);
            }
            this.delegate = delegateToUse;
        }
    }
    <2>
    invokeDelegate(delegateToUse, request, response, filterChain);
}
```

在 doFilter()方法源码中主要做了两件事情，对应源码中的标识<1>和<2>，即：

<1>：判断委托代理是否存在，若不存在则参照 initFilterBean()方法中的第二步调用委托代理的初始化方法来获取委托代理的过滤器 bean，这个动作放在此处就是个懒加载的体现过程；

<2>：执行委托代理，即将 request 请求、response 响应的操作处理交给委托代理对象去真正执行。

对于此处 doFilter()方法中做的委托代理的初始化操作，不知读者是否存在这样的疑问，之前在 initFilterBean()方法中已经对委托代理做了初始化，为什么还要在 doFilter()方法中再做一次判断进行委托代理的初始化操作。

对于此疑问，主要是因为这样做可以支持委托代理对象的懒加载，比如说当委托代理对象使用了@Lazy 注解，即标识为延迟加载，这个时候在实际调用 doFilter()方法之前委托代理对象就不会被提前初始化，而初始化操作即在 doFilter()方法中完成。

在 DelegatingFilterProxy 的源码中还有一个 targetFilterLifecycle 属性需要提一下，在源码中 targetFilterLifecycle 的属性值默认为 false，如果将该属性值设置为 true 的话，

那么委托代理的过滤器的初始化与销毁操作就交由 Spring 容器来管理了，相当于由 Spring 容器来管理其生命周期了，这一点可以通过 DelegatingFilterProxy 源码中的 isTargetFilterLifecycle()方法被调用的情况看到，如果感兴趣的话可以自行查阅对应源码，这里不再赘述。

关于 Spring Security 架构实现原理中的过滤器 bean 代理核心 DelegatingFilterProxy 介绍到此结束，相信通过以上对 DelegatingFilterProxy 及其父类 GenericFilterBean 的部分源码解析，对于 Spring Security 中的过滤器 bean 代理会有更清晰及深入的理解。

2．过滤器链代理

在介绍第二部分过滤器链代理前，同样需要先抛出一个问题。

回顾刚才在第一部分中介绍的过滤器 bean 代理的核心 DelegatingFilterProxy，了解到其是委托代理了一个 Filter 过滤器实现类。于是问题来了，在此过程中，它到底委托代理的是哪个过滤器实现类。

针对这个问题，答案是：DelegatingFilterProxy 代理的正是第二部分要介绍的过滤器链代理。

过滤器链代理是由 Spring Security 提供的一个过滤器类，即 FilterChainProxy，其作用就是承担被 DelegatingFilterProxy 代理的角色，也就是对过滤器链进行代理。

相较于过滤器 bean 代理，过滤器链代理是比较好理解的，我们来看一下 FilterChain Proxy 简易代理图（见图 2-13）。

图 2-13　FilterChainProxy 简易代理图

从图 2-13 中可以清楚地看到过滤器链代理在整个过滤器代理部分中的位置关系，过滤器链代理 FilterChainProxy 由第一部分中的委托代理 DelegatingFilterProxy 进行代理，同时过滤器链代理 FilterChainProxy 自身又对过滤器链 FilterChain 进行代理。

为了对过滤器链代理 FilterChainProxy 展开深入的介绍，此处也会像第一部分过滤器 bean 代理中一样，对 FilterChainProxy 进行源码解析，以便于对过滤器链代理有更深入的认识，帮助读者加深对 Spring Security 架构实现原理的了解。

源码解析：FilterChainProxy

在对 FilterChainProxy 进行源码解析前，同样先查看一下该类的类图关系，通过 IntelliJ IDEA 打开 jar 包 spring-security-web 中位于 org.springframework.security.web 包中的此类，然后通过 Diagrams 进行查看，前面已经介绍过如何通过 Diagrams 来进行查看，故此处不再赘述，直接操作后来看一下 FilterChainProxy 的类图（见图 2-14）。

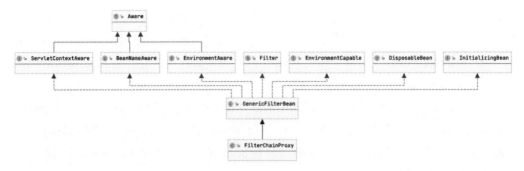

图 2-14   FilterChainProxy 类图

通过查看图 2-14 会发现，其与之前的 DelegatingFilterProxy 类图很像，那是因为 FilterChainProxy 与 DelegatingFilterProxy 一样继承自同一个父类 GenericFilterBean，所以就不难理解它们之间的类关系为什么一样了。不过需要注意的是，虽然都是 GenericFilterBean 的子类，但是实现的具体内容可不一样。

接下来，直奔主题，看看 FilterChainProxy 的具体实现内容。

在查看源码前，基于此前对 GenericFilterBean 的了解，同样以 Filter 接口为切入点对 FilterChainProxy 类图进行简化处理，并将各自的方法列出，如图 2-15 所示。

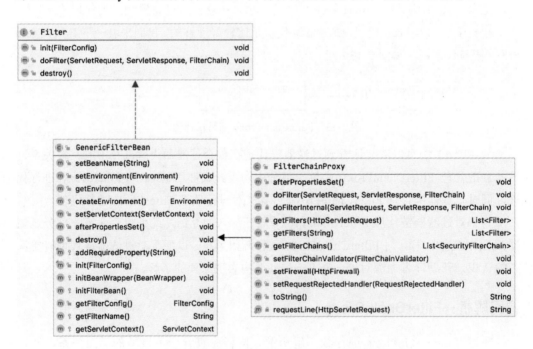

图 2-15   FilterChainProxy 类以 Filter 接口为起点的概览图

可以看到，FilterChainProxy 类中的方法列表与 DelegatingFilterProxy 的方法列表是不一样的，在 FilterChainProxy 类中并没有去自定义实现其父类 GenericFilterBean 预留

的 initFilterBean()方法，所以对于 FilterChainProxy 类的源码就直接以 doFilter()方法为切入点来查看分析。

有了以上的了解后，我们直接从 FilterChainProxy 类中 doFilter()方法源码开始，对应源码如下：

```
@Override
public void doFilter(ServletRequest request, ServletResponse response,
FilterChain chain)
    throws IOException, ServletException {
  <1>
  boolean clearContext = request.getAttribute(FILTER_APPLIED) == null;
  if (!clearContext) {
    <2>
    doFilterInternal(request, response, chain);
    return;
  }
  try {
    <3>
    request.setAttribute(FILTER_APPLIED, Boolean.TRUE);
    doFilterInternal(request, response, chain);
  }
  catch (RequestRejectedException ex) {
    <4>
    this.requestRejectedHandler.handle((HttpServletRequest) request,
(HttpServletResponse) response, ex);
  }
  finally {
    <5>
    SecurityContextHolder.clearContext();
    request.removeAttribute(FILTER_APPLIED);
  }
}
```

在 doFilter()方法中源码主要做了哪些事情呢？对应源码中的<1>、<2>等标识来一步步看，具体见表 2-1。

表 2-1　doFilter 方法源码分析

标　　识	源码分析
<1>	通过 ServletRequest 对象获取过自定义的过滤器执行标识，并以此来判断过滤器是否执行过
<2>	如果过滤器执行过，则调用 doFilterInternal()方法

续表

标　识	源码分析
<3>	如果过滤器没有执行过，则先通过 ServletRequest 对象设置自定义的过滤器执行标识，然后再调用 doFilterInternal()方法
<4>	对第三步中过滤器没有执行过的整体处理过程进行异常捕获处理
<5>	在 finally 模块中对 SecurityContextHolder 进行上下文清空操作，并且通过 ServletRequest 对象移除自定义的过滤器执行标识

根据 doFilter()方法的源码得知，doFilterInternal()方法是其中的关键，所以进一步查看 doFilterInternal()方法的源码，对应源码如下：

```
    private void doFilterInternal(ServletRequest request, ServletResponse
response, FilterChain chain)
        throws IOException, ServletException {
      <1>
    FirewalledRequest firewallRequest = this.firewall.getFirewalledRequest
((HttpServletRequest) request);
      <2>
    HttpServletResponse firewallResponse = this.firewall.getFirewalledResponse
((HttpServletResponse) response);
      <3>
    List<Filter> filters = getFilters(firewallRequest);
      <4>
    if (filters == null || filters.size() == 0) {
        if (logger.isTraceEnabled()) {
            logger.trace(LogMessage.of(() -> "No security for " +
requestLine(firewallRequest)));
        }
        firewallRequest.reset();
        chain.doFilter(firewallRequest, firewallResponse);
        return;
    }
    if (logger.isDebugEnabled()) {
        logger.debug(LogMessage.of(() -> "Securing " + requestLine
(firewallRequest)));
    }
      <5>
    VirtualFilterChain virtualFilterChain = new VirtualFilterChain
(firewallRequest, chain, filters);
      <6>
    virtualFilterChain.doFilter(firewallRequest, firewallResponse);
    }
```

在 doFilterInternal()方法中源码主要做了哪些事情呢？对应源码中的<1>、<2>等标识来一步步看，具体见表 2-2。

表 2-2　doFilterInternal()方法源码分析

标　　识	源码分析
<1>	通过变量属性 firewall 获取经过包装及验证过的 HttpServletRequest 对象，转换为 FirewalledRequest 对象
<2>	通过变量属性 firewall 获取 HttpServletResponse 对象
<3>	传入 firewallRequest 对象参数调用 getFilters()方法，获取过滤器集合。如果进一步查看调用的 getFilters()方法源码的话，可以得知在此方法中主要做的事情是遍历 SecurityFilterChain 对象集合，并且将遍历的对象一个个与 request 请求进行匹配操作，如果匹配成功的话则返回 SecurityFilter Chain 对象中的 Filter 集合，否则返回 null
<4>	判断过滤器集合及集合内元素是否为空，若为空则调用 firewallRequest 的重置方法，并调用 chain.doFilter()方法将 request 请求、response 响应传递给下一个过滤器进行处理
<5>	如果过滤器集合内有元素则根据 firewallRequest、FilterChain 及过滤器集合对象 filters 创建 VirtualFilterChain 对象
<6>	调用 VirtualFilterChain 对象的 doFilter()方法进行逻辑处理

以上即为 doFilterInternal()方法的源码分析，不过需要注意的是，在标识<3>的 getFilters()方法中，对于遍历对象与 request 请求的匹配过程中返回的是第一个匹配成功的 SecurityFilterChain 对象的 Filter 集合。

另外，在标识<6>中 VirtualFilterChain 对象的 doFilter()方法的源码做的事情主要是根据当前执行位置，获取 SecurityFilterChain 对象中 Filter 集合内的对应 Filter 过滤器，执行该过滤器中的 doFilter()方法，如果 Filter 集合内的 Filter 过滤器都执行完了相应的 doFilter()方法，则调用原始过滤器链 FilterChain 的 doFilter()方法。

根据以上对过滤器链代理 FilterChainProxy 源码的解析，会进一步发现其对过滤器链进行代理做的主要的事情就是获取过滤器链对象中的 Filter 集合，并将 Filter 集合中的 Filter 按照顺序进行 doFilter()方法调用。

关于过滤器链代理 FilterChainProxy 介绍到此结束，截至目前，根据整个过滤器代理部分的介绍，将 Spring Security 的架构实现进一步细化，如图 2-16 所示。

从图 2-16 中可以看到，客户端请求首先会经过原始的过滤器链，原始的过滤器链由多个过滤器组成，而过滤器 bean 代理则在这多个过滤器之中，Spring Security 则是从过滤器 bean 代理开始，先是由过滤器 bean 代理关联到过滤器链代理，再是由过滤器链代理关联到过滤器链，相当于客户端请求在原始的过滤器链处理过程之中被过滤器代理引入到了 Spring Security 之中。

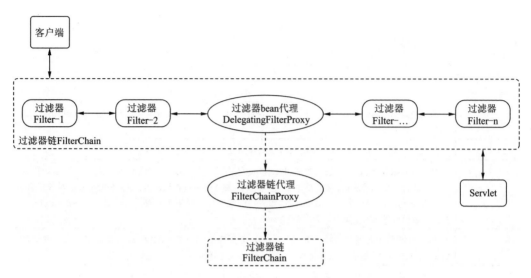

图 2-16　根据过滤器代理部分 Spring Security 架构细化图

2.3.2　过滤器链

结合前面过滤器代理部分的介绍，可以得知在 Spring Security 架构的实现原理中，Spring Security 通过过滤器代理将客户端请求引入进来，落在了过滤器链上面，不难猜出这个过滤器链正是目前要介绍的。

在开始之前，需要说明的是，此处的过滤器链与原始的过滤器链虽然都属于过滤器链，但是，二者有着明显差异，此处的过滤器链可以理解为 Spring Security 专属的。

这里还得提一下之前在过滤器代理部分中 FilterChainProxy 的源码，在 FilterChainProxy 类中有一个属性字段 filterChains，其指向的是 SecurityFilterChain 对象集合，而 SecurityFilterChain 对象就是本小节要介绍的主题——Spring Security 专属的过滤器链。

究其根本，SecurityFilterChain 就是 jar 包 spring- security-web 中提供的一个接口，其功能可以理解为如下两个方面：

（1）对外功能，与 FilterChainProxy 类形成关联关系。

（2）对内功能，与 HttpServletRequest 对象进行匹配，对过滤器链中的过滤器进行集合处理。

为了更好地理解过滤器链 SecurityFilterChain，结合前文中介绍的过滤器链代理 FilterChainProxy，我们来直观地看一下 SecurityFilterChain 功能关系图，如图 2-17 所示。

在图 2-17 中，首先，过滤器链代理 FilterChainProxy 会指向多个过滤器链 SecurityFilterChain；其次，每个过滤器链 SecurityFilterChain 中又包含两块内容，一块是与 HttpServletRequest 对象的匹配，另外一块是 Filter 过滤器集合，结合前文对过滤器链代理源码的解析，可以得知这两块内容的作用，即在过滤器链代理中会依次调用过滤器链

SecurityFilterChain 中的这两块内容，来使用过滤器去执行逻辑处理。

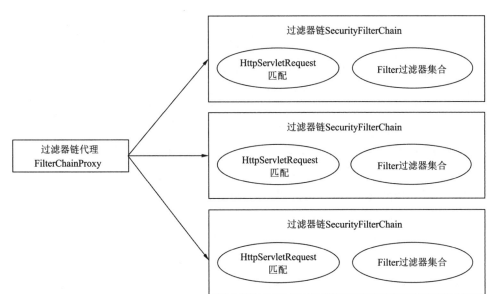

图 2-17　SecurityFilterChain 功能关系图

为了对过滤器链 SecurityFilterChain 展开深入地介绍，接下来也会对 SecurityFilter Chain 接口进行源码解析，以便于读者对 Spring Security 专属的过滤器链有更深入地认识。

源码解析：SecurityFilterChain、RequestMatcher 与 FilterOrderRegistration

在对 SecurityFilterChain 进行源码解析前，同样先查看下它的类图关系，通过 IntelliJ IDEA 打开 jar 包 spring-security-web 中位于 org.springframework.security.web 包中的此类，通过 Diagrams 操作后来看一下 SecurityFilterChain 的类图，如图 2-18 所示。

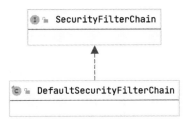

图 2-18　SecurityFilterChain 类图

图 2-18 中的内容分为上下两部分，当通过 Diagrams 操作时，最开始看到的其实只有上半部分 SecurityFilterChain，而下半部分的内容是通过查看其实现类才显示出来的。从图 2-18 中可以看到，SecurityFilterChain 接口的类图没有之前的类图那么复杂，只是一个自定义的接口，向下有其实现类，向上没有任何内容。

针对 SecurityFilterChain 接口的情况，直接查看 SecurityFilterChain 的源码即可，对

应源码如下：

```
public interface SecurityFilterChain {
    <1>
boolean matches(HttpServletRequest request);
    <2>
List<Filter> getFilters();


}
```

在 SecurityFilterChain 接口中的源码，主要定义了两个方法，对应源码中的标识<1>和<2>，即：

<1>：匹配 HttpServletRequest 对象，返回匹配结果。

<2>：提供获取过滤器链中的过滤器集合。

由于接口中并没有 HttpServletRequest 对象的匹配方法，所以直接查看其实现类 DefaultSecurityFilterChain 中的对应实现方法源码，如下：

```
@Override
public boolean matches(HttpServletRequest request) {
 return this.requestMatcher.matches(request);
}
```

从以上源码可以看到，对 HttpServletRequest 对象的匹配主要依据 RequestMatcher 来完成。

当进一步查看 RequestMatcher 时，会发现 RequestMatcher 也是一个接口，该接口主要就是用来处理 HttpServletRequest 的匹配问题，其在 jar 包 spring-security-web 中位于 org.springframework.security.web.util.matcher 包中。

进一步查看 org.springframework.security.web.util.matcher 包，会看到如图 2-19 所示的内容。

从图 2-19 中可以看到，RequestMatcher 所在的 matcher 包中几乎都是以 Matcher 结尾的类，再细细查看，会发现它们都是 RequestMatcher 接口的实现类。

这些实现类都提供了与 HttpServletRequest 对象相匹配的具体实现，但是各自实现的内容不同，比如：

- AntPathRequestMatcher 提供了根据 Ant 形式与 HttpServletRequest 进行匹配的实现。
- ELRequestMatcher 提供了根据 EL 表达式与 HttpServletRequest 进行匹配的实现。
- RegexRequestMatcher 提供了根据正则表达式与 HttpServletRequest 进行匹配的实现。

……

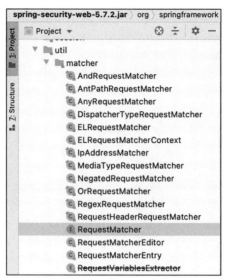

图 2-19　matcher 包中内容图

由以上可知，在 SecurityFilterChain 中对于 HttpServletRequest 对象的匹配方法有多种匹配策略可供选择，在后期配置使用 Spring Security 时可以根据不同的业务需求来选择。

接下来，我们看一下 SecurityFilterChain 中定义的第二个方法，提供获取过滤器链中的过滤器集合。

SecurityFilterChain 中定义的关于提供获取过滤器链中过滤器集合的方法，需要关注的重点就是返回的过滤器集合结果，所以可以对 Spring Security 内置的过滤器进行了解。

Spring Security 内置的过滤器有很多，并且这些过滤器根据定义进行了排序，具体可以参考 jar 包 spring-security-config 中的 FilterOrderRegistration 类，该类的源码位于 org.springframework.security.config.annotation.web.builders 包中，为便于理解，此处将列出对应的关键源码内容，具体如下：

```
<1>
private final Map<String, Integer> filterToOrder = new HashMap<>();
<2>
FilterOrderRegistration() {
 Step order = new Step(INITIAL_ORDER, ORDER_STEP);
 put(DisableEncodeUrlFilter.class, order.next());
 put(ForceEagerSessionCreationFilter.class, order.next());
 put(ChannelProcessingFilter.class, order.next());
 order.next(); // gh-8105
 put(WebAsyncManagerIntegrationFilter.class, order.next());
 put(SecurityContextHolderFilter.class, order.next());
 put(SecurityContextPersistenceFilter.class, order.next());
```

```
        put(HeaderWriterFilter.class, order.next());
        put(CorsFilter.class, order.next());
        put(CsrfFilter.class, order.next());
        put(LogoutFilter.class, order.next());
        this.filterToOrder.put(
                "org.springframework.security.oauth2.client.web.
OAuth2AuthorizationRequestRedirectFilter",
                order.next());
        this.filterToOrder.put(
                "org.springframework.security.saml2.provider.service.servlet.
filter.Saml2WebSsoAuthenticationRequestFilter",
                order.next());
        put(X509AuthenticationFilter.class, order.next());
        put(AbstractPreAuthenticatedProcessingFilter.class, order.next());
        this.filterToOrder.put("org.springframework.security.cas.web.CasAuth
enticationFilter", order.next());
        this.filterToOrder.put("org.springframework.security.oauth2.client.w
eb.OAuth2LoginAuthenticationFilter",
                order.next());
        this.filterToOrder.put(
                "org.springframework.security.saml2.provider.service.servlet.
filter.Saml2WebSsoAuthenticationFilter",
                order.next());
        put(UsernamePasswordAuthenticationFilter.class, order.next());
        order.next(); // gh-8105
        this.filterToOrder.put("org.springframework.security.openid.OpenIDAu
thenticationFilter", order.next());
        put(DefaultLoginPageGeneratingFilter.class, order.next());
        put(DefaultLogoutPageGeneratingFilter.class, order.next());
        put(ConcurrentSessionFilter.class, order.next());
        put(DigestAuthenticationFilter.class, order.next());
        this.filterToOrder.put(
                "org.springframework.security.oauth2.server.resource.web.
BearerTokenAuthenticationFilter",
                order.next());
        put(BasicAuthenticationFilter.class, order.next());
        put(RequestCacheAwareFilter.class, order.next());
        put(SecurityContextHolderAwareRequestFilter.class, order.next());
        put(JaasApiIntegrationFilter.class, order.next());
        put(RememberMeAuthenticationFilter.class, order.next());
        put(AnonymousAuthenticationFilter.class, order.next());
```

```
    this.filterToOrder.put("org.springframework.security.oauth2.client.w
eb.OAuth2AuthorizationCodeGrantFilter",
        order.next());
put(SessionManagementFilter.class, order.next());
put(ExceptionTranslationFilter.class, order.next());
put(FilterSecurityInterceptor.class, order.next());
put(AuthorizationFilter.class, order.next());
put(SwitchUserFilter.class, order.next());
}
```

以上关键源码主要做了哪些事情呢？我们来梳理一下其中的标识<1>和<2>，即：

<1>：声明名为 filterToOrder 的 map 变量，该变量用于存放过滤器类名及其相应排序。

<2>：将 Spring Security 中内置的过滤器按照顺序依次放入声明的 filterToOrder 变量中。

通过上面的关键源码，我们可了解 Spring Security 中内置的过滤器以及相应的过滤器顺序。

对于过滤器链部分的介绍到此结束，截至目前，将前文中根据过滤器代理部分 Spring Security 架构细化图进行更进一步的细化，如图 2-20 所示。

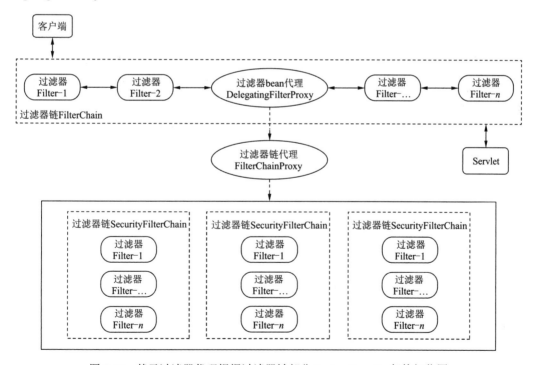

图 2-20　基于过滤器代理根据过滤器链部分 Spring Security 架构细化图

从图 2-20 中可以看到，Spring Security 从过滤器 bean 代理开始，由过滤器 bean 代理关联到过滤器链代理，再由过滤器链代理关联到过滤器链，在过滤器链代理关联到过滤器链的过程中，会根据不同的匹配策略关联到不同的过滤器链，而过滤器链中又包含着过滤器集合，由过滤器链代理根据过滤器链中相应的过滤器集合结果，按照排序依次调用过滤器集合中的过滤器进行逻辑处理。

到目前为止，Spring Security 架构实现整体上其实已经结束了。不过，对于安全框架来说，在身份认证、访问控制等安全方面的处理一定不会都是验证通过的情况，也存在着诸如认证失败、无权访问等异常情况，所以，在 Spring Security 架构实现原理的最后，我们需要对异常处理方面进行介绍。

2.3.3 异常处理部分

异常处理在软件应用中是一个非常重要且离不开的话题，在安全框架 Spring Security 架构中更是如此。作为软件开发人员，在开发软件应用时就需要对软件应用过程中的异常进行捕获并进行相应处理，而在 Spring Security 中，对于属于 Spring Security 的异常，Spring Security 也进行了相应的处理。

通过前文 Spring Security 架构实现原理中的过滤器代理与过滤器链部分，可以知道，在 Spring Security 中的一些逻辑处理其实就是由一系列的 Filter 过滤器完成的，而对于 Spring Security 的异常处理同样也是由 Filter 过滤器来完成的。

在 Spring Security 中进行异常处理的 Filter 过滤器，名为 ExceptionTranslationFilter，这个过滤器主要就是接收和处理属于 Spring Security 的异常。详细来说，当 Spring Security 过滤器链中过滤器在进行逻辑处理时，如果出现异常情况就会对异常情况进行抛出，而 ExceptionTranslationFilter 会检测抛出的异常并进行相应处理。

为更直观地理解 Spring Security 中的异常处理，我们来看一下 ExceptionTranslation Filter 的简易流程图，如图 2-21 所示。

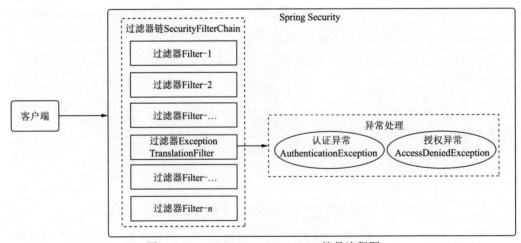

图 2-21　ExceptionTranslationFilter 简易流程图

由图 2-21 可知，当客户端进入 Spring Security 框架中后，首先会经过过滤器链 Security FilterChain，然后按照顺序依次执行过滤器链 SecurityFilterChain 中不同的过滤器，而异常处理过滤器 ExceptionTranslationFilter 就包含在其中，异常处理过滤器 Exception TranslationFilter 处理的异常主要包括两块，一个是认证方面的异常，另一个是授权方面的异常。需要注意的是，客户端并不是一开始就直接与 Spring Security 进行交互，这一点在前面过滤器代理等部分已经介绍过，此处省略过滤器代理等部分是为了突出异常处理。

在对 Spring Security 中的异常处理有了大致认识后，接下来也通过对异常处理过滤器 ExceptionTranslationFilter 进行源码解析，以此来增加对其的深入了解，帮助读者加强对 Spring Security 中异常处理的了解。

源码解析：ExceptionTranslationFilter

在对 ExceptionTranslationFilter 进行源码解析前，同样先查看它的类图关系，通过 IntelliJ IDEA 打开 jar 包 spring-security-web 中位于 org.springframework.security.web. access 包中的此类，通过 Diagrams 操作后来看一下 ExceptionTranslationFilter 的类图，如图 2-22 所示。

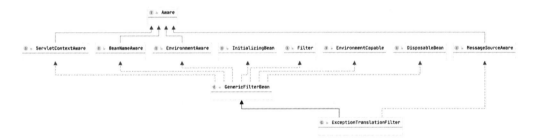

图 2-22   ExceptionTranslationFilter 类图

ExceptionTranslationFilter 与此前介绍的 DelegatingFilterProxy、FilterChainProxy 的类图比较类似，都继承自 GenericFilterBean 类；不同之处是它多了一个 MessageSource Aware 接口的实现，实现该接口是为了获取 Spring 容器中的相应的 MessageSource 资源服务，不过重点需要关注的还是 Filter 接口，因为 ExceptionTranslationFilter 本质上就是一个 Filter 过滤器。

Filter 接口经过此前的介绍已经比较熟悉了，所以对于 ExceptionTranslationFilter 的源码直接从 doFilter() 方法的实现上入手来看，对应源码如下：

```
@Override
public void doFilter(ServletRequest request, ServletResponse response,
FilterChain chain)
      throws IOException, ServletException {
```

```
    <1>
    doFilter((HttpServletRequest) request, (HttpServletResponse) response,
chain);
    }


    <2>
    private void doFilter(HttpServletRequest request, HttpServletResponse
response, FilterChain chain)
        throws IOException, ServletException {
    try {
        <3>
        chain.doFilter(request, response);
    }
    catch (IOException ex) {
        <4>
        throw ex;
    }
    catch (Exception ex) {
        <5>
        <6>
        Throwable[] causeChain = this.throwableAnalyzer.determineCauseChain
(ex);
        <7>
        RuntimeException  securityException  =  (AuthenticationException)
this.throwableAnalyzer
                .getFirstThrowableOfType(AuthenticationException.class,
causeChain);
        if (securityException == null) {
            <8>
            securityException = (AccessDeniedException) this.throwableAnalyzer
                .getFirstThrowableOfType(AccessDeniedException.class,
causeChain);
        }
        if (securityException == null) {
            <9>
            rethrow(ex);
        }
        if (response.isCommitted()) {
            <10>
            throw new ServletException("Unable to handle the Spring Security
```

```
Exception "
                + "because the response is already committed.", ex);
    }
    <11>
    handleSpringSecurityException(request, response, chain, security
Exception);
    }
}
```

在此 doFilter()方法中源码主要做了哪些事情呢？对应源码中的<1>、<2>等标识来一步步查看，具体见表 2-3。

表 2-3　doFilter()方法源码分析

标　识	源码分析
<1>	调用内部实现的自定义同名 doFilter()方法
<2>	内部实现的自定义同名 doFilter()方法模块
<3>	直接调用 chain.doFilter()方法，将 request 请求、response 响应传递给下一个过滤器进行处理
<4>	捕获 IOException 类型异常并进行抛出
<5>	其余的异常捕获处理部分
<6>	调用变量对象 throwableAnalyzer 的 determineCauseChain()方法获取堆栈中所有的异常错误数组结果
<7>	调用变量对象 throwableAnalyzer 的 getFirstThrowableOfType()方法获取 AuthenticationException 类型的异常对象，这里需要注意的是，throwableAnalyzer 的 getFirstThrowableOfType()方法内部实现是根据传入的异常类型以及异常错误数组结果进行匹配，并返回第一个匹配上的该类型异常
<8>	当 AuthenticationException 类型的异常对象不存在时，按照上一步同样的方式获取 AccessDeniedException 类型的异常对象
<9>	当 AccessDeniedException 类型的异常对象也不存在时，调用 rethrow()方法，该方法内部实现为重新抛出 ServletException 或 RuntimeException 类型的异常
<10>	如果 response 响应已经提交，则抛出一个 ServletException
<11>	调用 handleSpringSecurityException()方法

通过以上 doFilter()方法的实现可知，ExceptionTranslationFilter 在无任何异常错误出现时并不做任何的事情，而是直接调用 chain.doFilter()方法将 request 请求、response 响应传递给下一个过滤器进行处理，而在有异常错误出现时会对异常错误进行获取与判断等相关操作，当出现 Spring Security 相关的异常错误时会进一步进行异常处理，而进一步的异常处理则包含在最后一步调用 handleSpringSecurityException()方法之中。

所以，要了解 ExceptionTranslationFilter 对于 Spring Security 相关异常错误的进一步处理，还需进一步查看 handleSpringSecurityException()方法，对应源码如下：

```
private void handleSpringSecurityException(HttpServletRequest request,
HttpServletResponse response,
    FilterChain chain, RuntimeException exception) throws IOException,
```

```
ServletException {
    if (exception instanceof AuthenticationException) {
        <1>
        handleAuthenticationException(request, response, chain, (Authentication
Exception) exception);
    }
    else if (exception instanceof AccessDeniedException) {
        <2>
        handleAccessDeniedException(request, response, chain, (AccessDenied
Exception) exception);
    }
}
```

在此 handleSpringSecurityException()方法中源码主要做了哪些事情呢？对应源码中的<1>、<2>标识，即：

<1>：如果是 AuthenticationException 类型的异常，则进行相应的 Authentication Exception 类型异常处理。

<2>：如果是 AccessDeniedException 类型的异常，则进行相应的 AccessDenied Exception 类型异常处理。

通过对<1>的进一步深入查看，查看其调用的方法时，会发现对于 Authentication Exception 类型的异常处理主要有以下三步：

（1）通过 SecurityContextHolder 对象清空 Security 上下文。

（2）将当前 request 请求进行缓存，在之后若用户认证成功则可以通过该缓存再获取到当前的 request 请求。

（3）调用 AuthenticationEntryPoint 接口的 commence()方法，该接口有多个不同的实现类，各个实现类中的逻辑处理各不相同，不过这些逻辑处理主要是对返回的 response 响应进行操作，比如说设置 response 响应的状态、增加如重定向至登录首页、开启对用户认证流程的引导操作等。

通过对<2>的进一步深入查看，查看其调用的方法时，会发现对于 AccessDenied Exceptio 类型的异常处理主要是调用 AccessDeniedHandler 接口的 handle()方法，该接口也有多个不同的实现类，各个实现类中的逻辑处理也各不相同，不过这些逻辑处理主要也是对返回的 response 响应进行操作，比如说设置 response 响应的状态、请求转发至错误界面等。

从以上可以看出，在后期使用 Spring Security 时，需要关注的 Spring Security 相关异常错误，重点在于认证与授权两方面的异常错误。

在对 Spring Security 架构实现原理的三个方面都介绍完毕后，需要说明的是，在过滤器代理、过滤器链、异常处理三个方面的介绍中，诸如每个过滤器具体是做什么用的，具体有哪些异常，各个异常处理实现类具体做了哪些操作等，在本次介绍中并没有进行进一步的细化。主要原因在于，如果在此进一步地进行细化，会因为过于沉溺于细节之中而导致增加对 Spring Security 架构实现理解的难度，不过也无须担心不能对这些细节内容进行了解，因为在后续相应的认证、授权等章节还会涉及这些，而在后续涉及时会对这些细节内容进行详细介绍。

在了解了 Spring Security 架构实现原理后，接下来，再看看 Spring Security 到底提供了哪些核心功能。

2.4　Spring Security 核心功能

作为安全框架 Spring Security 提供了很多功能，比如说认证、授权、集成、测试等，但是笔者认为 Spring Security 提供的一系列功能都是围绕其核心功能来延伸展开的，在 Spring Security 提供的功能中需要关注的重点就是其核心功能。

Spring Security 的核心功能主要分为以下三个部分：

（1）认证

（2）授权

（3）针对常见漏洞的保护

这三个核心功能在 Spring Security 中负责的事情各不相同且各自又包含了不同的子功能。下面依次介绍这三个核心功能，看看在这些核心功能各自负责的事情与包含哪些子功能。

2.4.1　判断用户是谁——认证

在 Spring Security 中，认证功能主要就是对于用户身份的认证。一般情况下，在进行软件应用安全方面的开发实现时，首先就是需要解决用户身份认证的问题，当不能判断用户是谁时，后续的整体业务流程就可能进行不下去，所以认证功能是非常重要的，对于安全框架 Spring Security 来说亦是如此。

Spring Security 认证功能包含的子功能有很多，笔者将其大致分为以下三类：

（1）认证功能类

（2）认证支持类

（3）认证集成类

对于认证功能的这三大类，各自包含了那些子功能内容呢？如图 2-23 所示。

关于图 2-23 所示的三大类包含的子功能内容，有些从名字上即可大概猜出是做什么用的，但是有些可能不太确定；接下来，我们以表格的形式依次看看三大类中各自包含的子功能内容的相关描述。

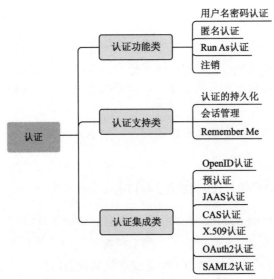

图 2-23 Spring Security 认证功能内容图

1. 认证功能类

认证功能类中包含的子功能内容的描述，见表 2-4。

表 2-4 认证功能类子功能具体描述

子功能所属类别	子功能名称	子功能描述
认证功能类	用户名密码认证	提供使用用户名、密码，通过表单或 HTTP Basic 等形式进行身份认证
	匿名认证	确定以匿名形式可以访问的指定资源内容，匿名认证本质上其实就是没有经过身份认证，即在用户没有经过身份认证时哪些资源内容还能被用户访问
	Run As 认证	支持用户身份的切换，允许用户切换为其他的身份权限做一些操作，比如说在使用 Linux 系统时非 root 用户以 root 用户的身份执行一些命令，使用 Windows 系统时非管理员用户可以通过右键来选择以管理员身份运行某个应用程序
	注销	提供用户注销处理操作，如当用户注销后清空认证信息、跳转至登录界面等

2. 认证支持类

认证支持类中包含的子功能内容的描述，见表 2-5。

表 2-5 认证支持类子功能具体描述

子功能所属类别	子功能名称	子功能描述
认证支持类	认证的持久化	提供对认证信息持久化方面的操作，比如说当用户进行身份认证成功后，将认证成功后的身份信息持久化，便于用户之后再发起的请求可以与其认证的身份信息进行关联

续表

子功能所属类别	子功能名称	子功能描述
认证支持类	会话管理	支持对身份认证过程中的会话进行管理操作，比如对用户身份认证的会话进行创建与修改、对会话进行超时检测处理、对会话的并发进行限制、针对会话固定攻击进行会话保护等
	Remember Me	支持 Remember Me（记住我）功能，即当用户在身份认证成功后，在之后的一段时间内用户无须再次主动进行身份认证

3．认证集成类

认证集成类中包含的子功能内容的描述，见表 2-6。

表 2-6　认证集成类子功能具体描述

子功能所属类别	子功能名称	子功能描述
认证集成类	OpenID 认证	提供与 OpenID 认证的集成，OpenID 一般是由 OpenID 服务来提供的，在 OpenID 认证的流程中，当用户访问目标资源内容时，首先会到 OpenID 服务中进行身份认证，当身份认证通过后目标资源内容即可被用户访问
	预认证	可以通过外部认证的方式来进行身份认证，在预认证情况下，用户的身份认证由外部来完成，此时 Spring Security 不对用户进行身份认证操作，比如说使用 X.509、外部容器等对用户进行身份认证即为预认证情形
	JAAS 认证	提供与 JAAS（Java 认证授权服务）认证的集成，是较早期的一种认证形式，JAAS 主要通过可拔插的方式将认证授权与软件应用剥离开来，使用 JAAS 认证可以指定不同的登录模块来进行外部的认证操作，比如说使用 Jndi、KeyStore、Ldap 等进行用户的身份认证
	CAS 认证	提供与 CAS（中央认证服务）认证的集成，可以提供单点登录等功能
	X.509 认证	提供与 X.509 认证的集成，X.509 认证是通过使用 X.509 证书的方式来对用户进行身份认证，X.509 认证也是预认证的一种表现形式
	OAuth2 认证	提供与 OAuth2 认证的集成，OAuth2 是一个协议规范，使用 OAuth2 可以采用不同的方式如密码方式、授权码方式等来进行身份认证
	SAML2 认证	提供与 SAML2（安全断言标记语言）认证的集成，可以理解为一个协议规范，SAML2 即其的 2.0 版本，SAML2 认证常被用于单点登录场景中

通过以上三个表格我们详细了解了 Spring Security 认证功能中各个分类的子功能，这些子功能在实际使用 Spring Security 认证功能时并不会都用到，具体使用哪个子功能主要还是基于实际的软件应用需求来定的。读者可能在看了这些子功能后，存在着对其在 Spring Security 中内部实现的不清楚或者不知道如何使用等情况，不用着急，目前在脑海中对这些功能有个大致的了解即可，在后续专门的 Spring Security 认证章节中会针对一些常用的功能进行详细的介绍。

接下来，再看看 Spring Security 的第二个核心功能授权，看看在授权中又包含哪些子功能。

2.4.2 确定用户权限——授权

授权功能在 Spring Security 中主要负责对用户的访问控制。对用户的访问控制即判断用户能做什么的问题，一般情况下，在确定了用户是谁后，就需要确定用户能做什么了，当用户能做什么是混乱状态的话，那么普通用户就可能越权进行管理员才能进行的操作，这对于安全框架 Spring Security 来说是非常危险的行为。

Spring Security 授权功能同样包含很多子功能，笔者将其子功能如认证功能中一样也大致分为以下三类：

（1）授权功能类

（2）授权支持类

（3）授权集成类

对于授权功能的这三大类以及各自包含的子功能内容，如图 2-24 所示。

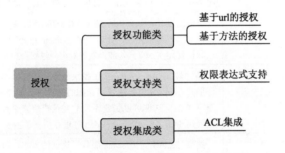

图 2-24　Spring Security 授权功能内容图

授权功能的三大类所包含的子功能内容没有认证功能多，相对来说更容易理解，毕竟认证的方式可能有多种多样，而授权只要抓住对访问进行控制这个重点即可。

鉴于授权功能包含的子功能内容数量相对较少，所以就通过表 2-7 一次性看看这些子功能内容的相关描述。

表 2-7　授权功能类、支持类、集成类子功能具体描述

子功能所属类别	子功能名称	子功能描述
授权功能类	基于 url 的授权	提供基于 url 的访问控制操作，比如规定某个 url 路径可以无须授权直接访问、规定某个 url 路径需要具备某个角色才能访问、规定某个 url 路径需要具备某个权限才能访问等
	基于方法的授权	提供基于方法的访问控制操作，比如在代码层面规定某个业务方法需要调用者具备某个角色才能进行调用、规定某个业务方法需要调用者具备某个权限才能进行调用等
授权支持类	权限表达式支持	支持使用 EL 表达式来对访问控制进行判断，比如判断是否具备某个角色、是否具备某个权限、是否是匿名用户等
授权集成类	ACL 集成	提供与 ACL（访问控制列表）的集成，通过集成访问控制列表可以实现较细颗粒度的访问控制

对于授权功能类的子功能还需要说明的是，不论是基于 url 的授权还是基于方法的授权都可以通过授权支持类中的权限表达式进行相关设置。另外，这些子功能与认证功能一样，在实际使用 Spring Security 时也不一定都会使用到，具体使用哪个子功能主要也是基于实际的软件应用需求来定的。

2.4.3　全方位防护——针对常见漏洞的保护

一般情况下，软件应用系统在有了认证和授权的基础后就有了一个基本的安全保障，但是保障程度还不是很高，如果需要更高的安全保障就需要增加对于常见漏洞的防范措施，这样才能筑牢安全壁垒，而安全框架 Spring Security 就提供这一方面的功能。

在 Spring Security 中，针对常见漏洞的保护功能也包含一些子功能，笔者将它们清晰地展示在图 2-25 中，读者可一目了然。

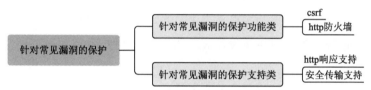

图 2-25　Spring Security 针对常见漏洞的保护功能内容图

针对常见漏洞的保护这两类包含的子功能内容其实都是围绕着防范措施展开的，对于常见的漏洞的攻击原理不了解也不要紧，主要是要知道如何使用 Spring Security 提供的这一方面的功能。

我们同样用一个表格看一下针对常见漏洞的保护功能类、支持类子功能描述，具体见表 2-8 所示。

表 2-8　针对常见漏洞的保护功能类、支持类子功能具体描述

子功能所属类别	子功能名称	子功能描述
针对常见漏洞的保护功能类	csrf	提供针对 csrf（跨站请求伪造）的防御保护，针对 csrf 的防御保护在 Spring Security 中默认就是开启状态
	http 防火墙	提供 http 防火墙的防护，http 防火墙可以帮助拦截一些非法请求，比如说在请求中包含一些非法字符、请求的方法类型不被允许等情况下对请求进行拒绝操作
针对常见漏洞的保护支持类	http 响应支持	支持 http 响应的安全相关操作，比如说在响应头中设置缓存禁用、内容嗅探禁用等操作来确保安全性
	安全传输支持	支持对请求传输的安全性保障，比如说设置 http 请求重定向到 https

需要注意的是，与此前介绍的认证授权功能不同，建议在实际使用 Spring Security 时，在匹配实际的软件应用需求的基础上，如果能将针对常见漏洞的保护功能全部使用上就全部使用，毕竟多一些保护措施，软件应用就多一分安全。

当然了，针对常见漏洞保护的一些子功能默认就是开启状态的，可以不用再进行额外的操作，除非是需要自定义扩展一些功能设置。

Spring Security 作为安全框架提供的这些核心功能，其实已经能够满足日常软件应用项目的安全性需求了，并且在对 Spring Security 的三大核心功能都有了初步的认识后，在日常开发时就可以考虑直接选用相关的子功能来进行安全性方面的实现，一方面可以简化开发工作，提高效率；另一方面可以避免重复制造轮子，持续性投入维护等。

——本章小结——

本章以零基础的视角依次介绍了 Spring Security 的历史与现状、整体工作流程、架构实现原理以及提供的核心功能等，需要说明的是，对于历史与现状作为简单了解即可，对于整体工作流程一定要了然于心，对于架构实现原理如果刚开始阅读较为困难的话，一定要先扎实掌握，了解原理前的知识回顾。

另外需要注意的是，在架构实现原理中不要过于沉溺于细节，避免出现不能对整体架构进行掌握的情况，对于核心功能目前先做大概了解即可，在后续的相应章节中会进行详细的介绍。

最后，如果想要快速对一个陌生的框架进行掌握，最好的办法不外乎"一了解二使用"，所以，在对 Spring Security 有了一个大概的了解后，在接下来的章节中先对 Spring Security 进行一个初步的使用，以便于在后续过程对其有针对性地深入了解及自定义使用。

第 3 章　Spring Security 基础使用

上一章中，我们对于 Spring Security 的介绍主要集中在对 Spring Security 整体认知的理论层面，而本章将拾级而上，开始接触 Spring Security 的基础使用，轻叩实践之门。

本章主要针对 Spring Security 最基本的实际操作部分，首先会简单介绍 Spring Security 的使用方式，然后基于使用方式结合 Spring Boot 来集成 Spring Security 进行使用，之后在基础的操作完成后再对演示的项目进行一个启动测试，最后笔者会针对 Spring Security 代码层面的模块进行翔实地分析。

3.1　Spring Security 的使用方式

使用 Spring Security 的第一步就是将 Spring Security 安全框架引入自己的软件应用项目中，在本节中所讲的 Spring Security 的使用方式，指的就是在代码层面上如何将 Spring Security 引入准备开发或正在开发的软件应用项目中。

引入 Spring Security 的方式主要分为通过 Maven 和通过 Gradle 两种方式。这两者在引入 Spring Security 的本质上是没有任何区别的，但是在引入的形式上却各有不同，这主要是由于 Maven 与 Gradle 这两者的特性决定的。

3.1.1　通过 Maven 进行使用

Maven，读者应该都不陌生，目前是 Apache 下面的一个开源项目，该项目是使用 Java 编程语言编写的，通过 Maven 可以构建和管理软件应用项目，可以将其理解为一个工具。Maven 支持多种编程语言编写的软件应用项目，除了 Java 还有 Scala、C#、Ruby 等，功能十分强大。在日常的软件应用项目开发过程中，一般都会碰到使用 Maven 来构建和管理的软件应用项目。

结合目前使用 Java 编程语言开发的软件应用项目现状来看，通过 Maven 引入 Spring Security 需要分为以下两种情况来分别介绍：

（1）使用 Spring Boot 的软件应用项目。

（2）仅使用 Spring Framework 的软件应用项目。

接下来，依次介绍这两种不同的情况下应该如何通过 Maven 引入 Spring Security。

1. 使用 Spring Boot 的软件应用项目

就目前来说，软件应用项目使用 Spring Boot 的情况是非常常见的，毕竟使用 Spring

Boot 相较于此前来说是非常便捷的，对于在使用 Spring Boot 的软件应用项目中引入 Spring Security 来说，也是非常简单与方便的。

众所周知，starter 是 Spring Boot 中的一个重要的组成部分，starter 即依赖关系描述符，在使用 Spring Boot 时，可以通过添加不同的 starter 来集成不同的功能模块，在 starter 中一般都包含一系列的相关依赖，使用 starter 在日常开发过程中可以简化一些配置工作，不用再过多的关注一些相关依赖，当需要什么样的模块依赖时，直接添加该模块依赖相应的 starter 即可。

在使用 Spring Boot 的软件应用项目中引入 Spring Security，也就是添加一个 starter 这么便捷，具体为在项目的 pom.xml 文件中添加如下依赖即可：

```xml
<dependency>
    <groupId>org.springframework.boot</groupId>
    <artifactId>spring-boot-starter-security</artifactId>
</dependency>
```

仅需如上几行代码即可完成在使用 Spring Boot 的软件应用项目中引入 Spring Security，如果进一步查看该 starter 的话，会看到如下内容：

```xml
<dependencies>
  <dependency>
    <groupId>org.springframework.boot</groupId>
    <artifactId>spring-boot-starter</artifactId>
    <version>2.7.2</version>
    <scope>compile</scope>
  </dependency>
  <dependency>
    <groupId>org.springframework</groupId>
    <artifactId>spring-aop</artifactId>
    <version>5.3.22</version>
    <scope>compile</scope>
  </dependency>
  <dependency>
    <groupId>org.springframework.security</groupId>
    <artifactId>spring-security-config</artifactId>
    <version>5.7.2</version>
    <scope>compile</scope>
  </dependency>
  <dependency>
    <groupId>org.springframework.security</groupId>
    <artifactId>spring-security-web</artifactId>
```

```
      <version>5.7.2</version>
      <scope>compile</scope>
    </dependency>
</dependencies>
```

通过对 spring-boot-starter-security 的进一步查看可以发现，该 starter 中的内容其实包含了实际需要的 Spring Security 的相关依赖，并且相关的版本号都已经配置完成，不需要专门去指定 Spring Security 的版本号。

在实际引入使用 Spring Security 时，除非有其他明确的特殊需求，不然不建议对已经设置好的版本号进行变更，因为如果变更的是大版本的话（比如说从 Spring Security 3 变更为 Spring Security 5），带来的不仅仅是功能的增多和增强，还可能出现内部实现部分变更的情况，在这种情况下，对已经上线稳定运行的软件应用来说，是存在相关风险的。

当然了，在刚开始引入 Spring Security 时，如果确实需要对 Spring Security 的版本号进行变更的话，可以通过修改 pom.xml 文件的方式来完成，也是非常的便捷，只需要在 pom.xml 文件中定义 properties，在 properties 中增加对 Spring Security 的版本号定义配置即可。

在使用 Spring Boot 的软件应用项目中引入 Spring Security，实在是十分便捷，只需要记住 Spring Security 对应的 starter 即可。

2. 仅使用 Spring Framework 的软件应用项目

虽然软件应用项目使用 Spring Boot 是目前主流的趋势，但是确实也存在不需要使用 Spring Boot 而仅需要使用 Spring Framework 的软件应用项目，比如说对一些已经上线运行的老项目改造升级，针对此类项目，相对来说，操作也并不复杂。

在仅使用 Spring Framework 的软件应用项目中引入 Spring Security，也只需要修改项目中的 pom.xml 文件内容，即在 pom.xml 文件中添加 Spring Security 的相关依赖即可，具体添加内容如下：

```
<dependency>
    <groupId>org.springframework.security</groupId>
    <artifactId>spring-security-config</artifactId>
    <version>5.7.2</version>
    <scope>compile</scope>
</dependency>
<dependency>
    <groupId>org.springframework.security</groupId>
    <artifactId>spring-security-web</artifactId>
    <version>5.7.2</version>
    <scope>compile</scope>
</dependency>
```

通过查看以上代码中添加的依赖内容，相信读者不难发现，该内容与 spring-boot-starter-security 中包含的 Spring Security 的相关依赖一致，其实也确实是直接取 spring-boot-starter-security 中的内容，所以在仅使用 Spring Framework 的软件应用项目中引入 Spring Security 时可以直接参考 spring-boot-starter-security 中的内容。而 spring-security-config、spring-security-web 则是引入 Spring Security 最基本的依赖，当然，如果还需要引入如 acl、ldap 等时，那么就直接添加相应的依赖即可，具体如下：

```
<dependency>
  <groupId>org.springframework.security</groupId>
  <artifactId>spring-security-acl</artifactId>
  <version>5.7.2</version>
  <scope>compile</scope>
</dependency>
<dependency>
  <groupId>org.springframework.security</groupId>
  <artifactId>spring-security-ldap</artifactId>
  <version>5.7.2</version>
  <scope>compile</scope>
</dependency>
```

可以看到，在仅使用 Spring Framework 的软件应用项目中引入 Spring Security 相较于使用 Spring Boot 的软件应用项目，需要关注的依赖内容会要求细致一些。另外，在引入的 Spring Security 的相关版本号也需要自己处理。

不过，一般情况下，在仅使用 Spring Framework 的软件应用项目中引入 Spring Security，为了避免项目中使用的 Spring Security 版本各异导致软件应用项目混乱或出错，一般会在项目的 pom.xml 文件中定义一个 dependencyManagement，以此来确保整体项目中使用统一的 Spring Security 版本，具体内容如下：

```
<dependencyManagement>
    <dependencies>
        <dependency>
            <groupId>org.springframework.security</groupId>
            <artifactId>spring-security-bom</artifactId>
            <version>5.7.2</version>
            <type>pom</type>
            <scope>import</scope>
        </dependency>
    </dependencies>
</dependencyManagement>
```

与此同时，在实际添加相关依赖时也可以不用再一一指定相关的依赖的版本号了，比如添加前面介绍的 spring-security-config、spring-security-web 以及 spring-security-acl、spring-security-ldap 依赖，会变为如下代码：

```
<dependency>
    <groupId>org.springframework.security</groupId>
    <artifactId>spring-security-config</artifactId>
</dependency>
<dependency>
    <groupId>org.springframework.security</groupId>
    <artifactId>spring-security-web</artifactId>
</dependency>
<dependency>
    <groupId>org.springframework.security</groupId>
    <artifactId>spring-security-acl</artifactId>
</dependency>
<dependency>
    <groupId>org.springframework.security</groupId>
    <artifactId>spring-security-ldap</artifactId>
</dependency>
```

通过以上代码可以发现，当在 pom.xml 文件中定义了 dependencyManagement 后，确保了 Spring Security 的同一版本，且引用 Spring Security 相关依赖也变得简洁起来。另外，在日常开发过程中，如果需要统一修改 Spring Security 的版本的话，也仅需在定义的 dependencyManagement 中修改 Spring Security 的版本即可。

3.1.2　通过 Gradle 进行使用

Gradle，对于有些开发人员来说可能比较陌生，它也是一个开源项目，目前是由 Gradle 开发团队进行开发，该项目是基于 Groovy 开发语言进行开发的，通过 Gradle 也可以帮助构建和管理软件应用项目，可以将其理解为一个工具。Gradle 与 Maven 类似，也支持多种编程语言编写的软件应用项目，比如说 Java、Scala、C++、Swift、Groovy、JavaScript 等。相较于 Maven，Gradle 是基于 Maven 与 Ant 而来的，其吸收了两者的优点，同时加强了较弱的地方，使得其功能更强大并且灵活性较高。不过，截至目前，在日常的软件应用项目开发过程中，碰到使用 Gradle 的软件应用项目可能还是会相对少一些。原因在于 Maven 诞生时间较长，已有项目使用较多，而 Gradle 诞生时间较短，项目切换使用得较少一些。

结合目前使用 Java 编程语言开发的软件应用项目现状来看，通过 Gradle 引入 Spring Security 同样可以分为以下两种情况来分别介绍：

（1）使用 Spring Boot 的软件应用项目。

（2）仅使用 Spring Framework 的软件应用项目。

1. 使用 Spring Boot 的软件应用项目

在 Gradle 中，使用 Spring Boot 的软件应用项目引入 Spring Security，与前面 Maven 类似，引入是非常便捷的，同样也是引入 Spring Security 的相应 starter 即可，此处不再赘述，直接查看相关内容，具体为在项目的 build.gradle 文件中添加如下依赖即可：

```
dependencies {
    implementation 'org.springframework.boot:spring-boot-starter-security'
}
```

通过在项目的 build.gradle 文件中添加以上内容即可完成在 Gradle 中使用 Spring Boot 的软件应用项目中引入 Spring Security。

如果进一步查看该 starter 的话，内容与前面 Maven 类似。与此同时，同样也不建议在实际引入使用 Spring Security 时对 Spring Security 已经设置好的版本号进行变更，如果确实需要对 Spring Security 的版本号进行变更的话，可以通过修改 build.gradle 或 gradle.properties 文件来完成。

2. 仅使用 Spring Framework 的软件应用项目

在 Gradle 中，仅使用 Spring Framework 的软件应用项目引入 Spring Security，也与前面 Maven 类似，只需要修改项目的 build.gradle 文件内容即可，即添加 Spring Security 的相关依赖，具体添加内容为：

```
dependencies {
    implementation
'org.springframework.security:spring-security-config:5.7.2'
    implementation
'org.springframework.security:spring-security-web:5.7.2'
}
```

同样，如果还需要诸如 acl、ldap 等依赖的引入，就在项目的 build.gradle 文件中直接添加相应的依赖即可，具体如下：

```
dependencies {
    implementation
'org.springframework.security:spring-security-acl:5.7.2'
    implementation
'org.springframework.security:spring-security-ldap:5.7.2'
}
```

与此同时，在 Gradle 中也可以像在 Maven 中定义 dependencyManagement 一样，确保整体项目中使用统一的 Spring Security 版本，具体为在项目的 build.gradle 文件中添加如下内容：

```
dependencies {

    implementation
platform('org.springframework.security:spring-security-bom:5.7.2')

    implementation 'org.springframework.security:spring-security-config'

    implementation 'org.springframework.security:spring-security-web'

    implementation 'org.springframework.security:spring-security-acl'

    implementation 'org.springframework.security:spring-security-ldap'

}
```

通过以上的讲解可以发现，在 Maven 中和在 Gradle 中引入 Spring Security，除了在引入方式上有一些差异之外，引入的本质上是没有任何区别的。

最后，针对 Spring Security 的使用方式，不论是使用 Maven 还是使用 Gradle 都是可以的，主要看在软件应用项目搭建初期选择的构建工具是什么就用什么即可。

不过，就目前来说，由于在日常的软件应用项目开发过程中，碰到使用 Maven 构建和管理的软件应用项目相较来说可能更为常见，所以在本书中还是会以使用 Maven 的方式来进行示例。

在对代码层面上 Spring Security 的引入有所了解后，接下来，我们就通过一个最基本的项目示例，看看如何搭建一个包含 Spring Security 的项目。

3.2　Spring Boot 集成 Spring Security

在搭建最基础的 Spring Security 项目前，需要提前说一下，本例中需要的基础环境为 Java 8+和 Maven 3.x；对于 Java 8 及以上的要求，是源于 Spring Security，截至目前，最新版本的 Spring Security 需要 Java 8 及以上的运行环境，而 Maven 则没有过多要求，Maven 3.x 的选择就是直接采用 Maven 官方目前最新的 3.x 版本。

对基础环境有所了解后，接下来就看看如何搭建最基础的 Spring Security 项目。搭建步骤分为选定框架及版本、项目初始化和代码编写三步。

3.2.1　选定框架及版本

对于框架的选择，其实从本节名称上就可以看出，选定的是 Spring Boot，而选择 Spring Boot 的原因主要是目前软件应用项目使用 Spring Boot 的常见情况与主流趋势，另外就是在最后要构建的安全可靠的微服务也是基于 Spring Boot 来完成的。

关于 Spring Boot 与 Spring Security 版本的选定，遵循的规则即使用当前最新的正式发布版。遵循此规则的原因有以下两个方面：

一是最新的版本一般情况下不仅仅带来的是功能的迭代新增，还有就是对于旧版本相关缺陷的修复；

二是正式发布版一般情况下都是稳定的版本，更适用于线上生产环境，这两点对于软件安全方面来说都是重要的安全性保障。

　　在确定了使用框架及版本选定规则后，分别看看如何查找及确定 Spring Boot 与 Spring Security 的相应版本号。

　　首先，访问 Spring 官方网站首页（网址 https://spring.io/），在首页的 Projects 中找到 Spring Boot 与 Spring Security，如图 3-1 所示。

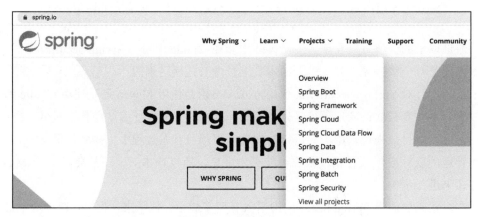

图 3-1　首页查找 Spring Boot 与 Spring Security

　　当然，如果要找其他的项目，比如 Spring Web Services，而图 3-1 的下拉框中又没有显示的话，那就需要通过下拉框中的 View all projects 查看全部项目来进一步查找。

　　在找到 Spring Boot 与 Spring Security 之后，通过访问相应的项目界面，在界面中即可确定相应的版本号（2.7.2 和 5.7.2），如图 3-2 和图 3-3 所示。

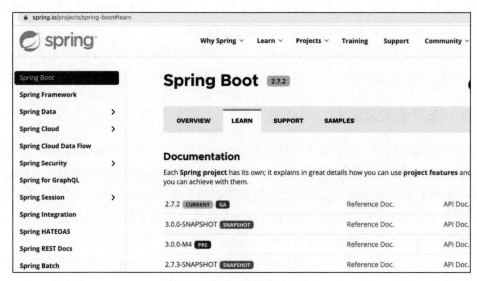

图 3-2　Spring Boot 版本选择

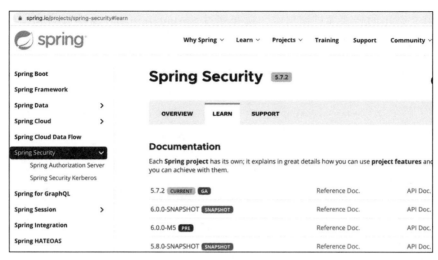

图 3-3　Spring Security 版本选择

至此，我们已经做好了搭建项目前的准备工作了，确定了使用的框架为 Spring Boot 与 Spring Security，同时也确定了框架相应的具体版本号，接下来就开始项目的初始化。

3.2.2　项目初始化

为了快捷地进行项目的初始化，在初始化的过程中将使用开发工具 IntelliJ IDEA 来完成，原因是使用 IntelliJ IDEA 作为开发工具在当前较为主流且其功能高效易用。当然了，如果在日常的开发过程中使用的是 Eclipse 等开发工具，也可以通过使用自身较为熟悉的开发工具来进行项目的初始化。

接下来，直接进入实际操作环节。

首先，通过 IntelliJ IDEA 进行项目新建，如图 3-4 所示。

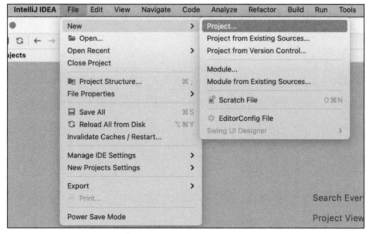

图 3-4　使用 IntelliJ IDEA 新建项目

接着在弹出的新建项目窗口中，选择通过 Spring Initializr 来进行新建，如图 3-5 所示。

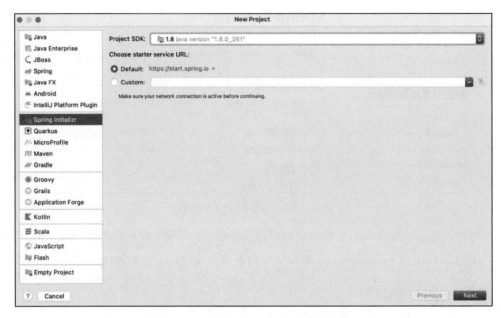

图 3-5　通过 Spring Initializr 新建项目

选择使用 Spring Initializr 后，直接通过下一步开始定义项目的相关配置，如项目名称、版本号等，如图 3-6 所示。

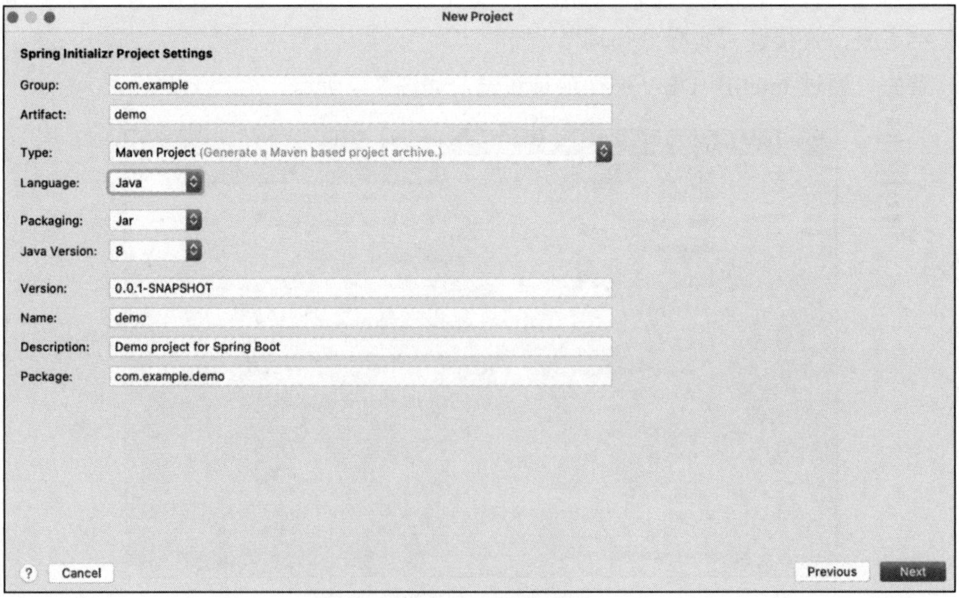

图 3-6　新建项目配置

在对项目进行定义配置后，就可以开始选择相关依赖了，本例中选择的依赖如图 3-7 所示。

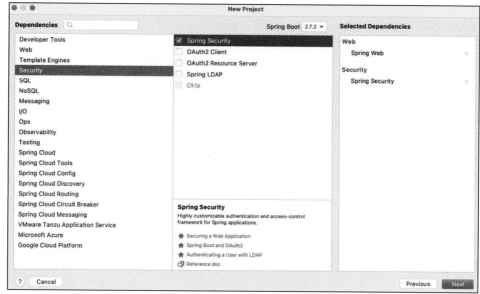

图 3-7　项目初始化依赖图

从图 3-7 中可以看到，本例中选择的依赖有 Spring Web 和 Spring Security 两个，其中：Spring Web 是用来构建 Web 应用的，在 Spring Web 中默认使用的容器是嵌入式 tomcat；而 Spring Security 则是我们一直在介绍的安全框架。

需要注意的是，图 3-7 中有 Spring Boot 的版本选择框，务必要与此前选定的 Spring Boot 的版本号保持一致，而添加 Spring Security 依赖并没有版本选择选项，这主要是因为在 Spring Boot 中默认是提供了相关依赖的版本管理的。当然了，等项目初始化完毕后也可以再去确认一下 Spring Security 的版本号，如果与此前选定的版本号不一致的话，可以进行手动变更。

选择好相关依赖后单击"next"按钮，再设置好项目的名称及文件路径，项目的创建即操作完成。操作完成后即可看到基础的项目结构，如图 3-8 所示。

通过图 3-8 即可确认项目初始化完毕，已经可以开始进行代码的编写开发了。

不过在进行代码编写前，为保险起见还是

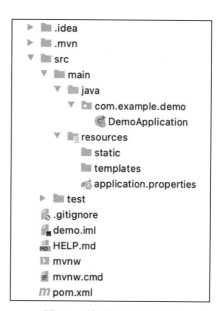

图 3-8　基础的项目结构图

需要再次对项目的 pom.xml 文件内容进行检查，检查的内容主要包括 Spring Boot 的引入及其版本号的确认、Spring Security 的引入及其版本号的确认以及此前设定的项目名称及其版本号相关配置等。通过对项目的 pom.xml 文件内容进行查看，内容如下：

```xml
<?xml version="1.0" encoding="UTF-8"?>
<project                        xmlns="http://maven.apache.org/POM/4.0.0"
xmlns:xsi="http://www.w3.org/2001/XMLSchema-instance"
        xsi:schemaLocation="http://maven.apache.org/POM/4.0.0
https://maven.apache.org/xsd/maven-4.0.0.xsd">
    <modelVersion>4.0.0</modelVersion>

    <1>
    <parent>
        <groupId>org.springframework.boot</groupId>
        <artifactId>spring-boot-starter-parent</artifactId>
        <version>2.7.2</version>
        <relativePath/>
    </parent>

    <2>
    <groupId>com.example</groupId>
    <artifactId>demo</artifactId>
    <version>0.0.1-SNAPSHOT</version>
    <name>demo</name>
    <description>Demo project for Spring Boot</description>
    <properties>
        <java.version>1.8</java.version>
    </properties>
    <dependencies>

        <3>
        <dependency>
            <groupId>org.springframework.boot</groupId>
            <artifactId>spring-boot-starter-security</artifactId>
        </dependency>
        <dependency>
            <groupId>org.springframework.boot</groupId>
            <artifactId>spring-boot-starter-web</artifactId>
        </dependency>
```

```
        <dependency>
            <groupId>org.springframework.boot</groupId>
            <artifactId>spring-boot-starter-test</artifactId>
            <scope>test</scope>
        </dependency>
        <dependency>
            <groupId>org.springframework.security</groupId>
            <artifactId>spring-security-test</artifactId>
            <scope>test</scope>
        </dependency>
    </dependencies>

    <build>
        <plugins>
            <plugin>
                <groupId>org.springframework.boot</groupId>
                <artifactId>spring-boot-maven-plugin</artifactId>
            </plugin>
        </plugins>
    </build>

</project>
```

此时查看的重点，对应以上文件内容中的<1>、<2>、<3>标识，即：

 <1>：检查标识<1>的内容是否为 Spring Boot，且版本号是否为选定的 2.7.2 版本。

 <2>：检查标识<2>的内容是否为此前设置的项目名称、版本等。

 <3>：检查标识<3>的内容包含添加的 Spring Web 及 Spring Security 依赖。

确认以上内容无误后，查看 spring-boot-starter-security，以便确认所使用的 Spring Security 版本，对应内容如下：

```
<?xml version="1.0" encoding="UTF-8"?>
<project        xsi:schemaLocation="http://maven.apache.org/POM/4.0.0
http://maven.apache.org/xsd/maven-4.0.0.xsd"
xmlns="http://maven.apache.org/POM/4.0.0"
    xmlns:xsi="http://www.w3.org/2001/XMLSchema-instance">


<1>
<modelVersion>4.0.0</modelVersion>
    <groupId>org.springframework.boot</groupId>
```

```
<artifactId>spring-boot-starter-security</artifactId>
<version>2.7.2</version>
<name>spring-boot-starter-security</name>
<description>Starter for using Spring Security</description>

...

<2>
<dependencies>
  <dependency>
    <groupId>org.springframework.boot</groupId>
    <artifactId>spring-boot-starter</artifactId>
    <version>2.7.2</version>
    <scope>compile</scope>
  </dependency>
  <dependency>
    <groupId>org.springframework</groupId>
    <artifactId>spring-aop</artifactId>
    <version>5.3.22</version>
    <scope>compile</scope>
  </dependency>
  <dependency>
    <groupId>org.springframework.security</groupId>
    <artifactId>spring-security-config</artifactId>
    <version>5.7.2</version>
    <scope>compile</scope>
  </dependency>
  <dependency>
    <groupId>org.springframework.security</groupId>
    <artifactId>spring-security-web</artifactId>
    <version>5.7.2</version>
    <scope>compile</scope>
  </dependency>
 </dependencies>
</project>
```

此时查看的重点，对应以上文件内容中的<1>、<2>标识，即：

<1>：spring-boot-starter-security 相关名称、版本号等信息。

<2>：该 starter 具体的依赖信息，可以看到包含 spring-security-config、spring-security-web

依赖，对应版本 5.7.2。

至此，项目初始化完毕且检查无误，接下来，正式开始代码编写。

3.2.3　代码编写

在进行代码编写前，需要说明的是，由于本例中目标是搭建最基础的 Spring Security 项目，所以在代码编写环节，不会涉及很多代码，只会编写一个简单的控制类，这样也是为了帮助读者更好地理解 Spring Security 项目的基础。

代码编写的思路是在控制类中直接编写一个经典的 "Hello World"，为了简洁起见，Controller 直接与 DemoApplication 进行共用。

接下来，我们就进行实际的代码编写，主要是对 DemoApplication 类进行修改。修改之前先看一下 DemoApplication 类的原本内容，具体如下：

```
@SpringBootApplication
public class DemoApplication {

    public static void main(String[] args) {
        SpringApplication.run(DemoApplication.class, args);
    }

}
```

进行修改后，DemoApplication 类的内容变为如下：

```
@RestController
@SpringBootApplication
public class DemoApplication {

    public static void main(String[] args) {
        SpringApplication.run(DemoApplication.class, args);
    }

    @GetMapping("/hello")
    public String hello() {
        return "Hello World!";
    }

}
```

通过 DemoApplication 类的修改内容前后对比，可以发现仅仅是添加了一个 RestController 注解以及一个通过 GET 方法访问并返回 "Hello World" 结果的定义。

以上即为实际的代码编写环节中的全部代码量，仅需这几行代码即完成了搭建最基础的 Spring Security 项目的代码编写环节。

至此，项目的搭建准备工作就全部完成了，接下来，就可以通过对搭建的项目进行启动测试，以此来直观地感受 Spring Security 了。

3.3 项目启动测试

在上一节中，我们已经通过选定框架及版本、项目初始化、代码编写三个步骤完成了最基础的 Spring Security 项目的搭建，在本节中将对搭建的项目进行启动测试，看看 Spring Security 在搭建的项目中会发挥什么样的作用。

启动项目的方式有多种，较为常见且直接的有以下两种：

（1）直接在开发工具 IntelliJ IDEA 中进行启动，该方式适合在本地开发时使用。

（2）先将项目构建为 jar 包后再通过 java -jar 命令进行启动，该方式适合在远程服务器上使用。

本例中将采用第一种启动方式，不过为了避免由于本地环境不支持而无法使用第一种启动方式，本节中也会简要介绍第二种启动方式。

接下来我们正式开始启动前面搭建的项目。

直接在开发工具 IntelliJ IDEA 中启动的方式因为是在本地环境中，所以十分便捷，具体启动操作为直接在开发工具 IntelliJ IDEA 中运行 DemoApplication 即可，即 Run DemoApplication。

通过以上方式操作后，即可在控制台看到项目启动日志，具体如下：

```
  .   ____          _            __ _ _
 /\\ / ___'_ __ _ _(_)_ __  __ _ \ \ \ \
( ( )\___ | '_ | '_| | '_ \/ _` | \ \ \ \
 \\/  ___)| |_)| | | | | || (_| |  ) ) ) )
  '  |____| .__|_| |_|_| |_\__, | / / / /
 =========|_|==============|___/=/_/_/_/
 :: Spring Boot ::              (v2.7.2)

 2022-08-09  22:27:20.097   INFO 12688  --- [              main]
com.example.demo.DemoApplication      : Starting DemoApplication using
Java  1.8.0_261   on   xxx-Pro.local   with   PID   12688   (/Spring
Security/spring-security-projects/demo/target/classes started by xxx in
/Spring Security/spring-security-projects/demo)
 2022-08-09  22:27:20.102   INFO 12688  --- [              main]
com.example.demo.DemoApplication      : No active profile set, falling
back to 1 default profile: "default"
 2022-08-09  22:27:21.233   INFO 12688  --- [              main]
```

```
o.s.b.w.embedded.tomcat.TomcatWebServer  : Tomcat initialized with port(s):
8080 (http)
    2022-08-09 22:27:21.257   INFO 12688   --- [                 main]
o.apache.catalina.core.StandardService   : Starting service [Tomcat]
    2022-08-09 22:27:21.257   INFO 12688   --- [                 main]
org.apache.catalina.core.StandardEngine  : Starting Servlet engine: [Apache
Tomcat/9.0.65]
    2022-08-09 22:27:21.555   INFO 12688   --- [                 main]
o.a.c.c.C.[Tomcat].[localhost].[/]       : Initializing Spring embedded
WebApplicationContext
    2022-08-09 22:27:21.555   INFO 12688   --- [                 main]
w.s.c.ServletWebServerApplicationContext : Root  WebApplicationContext:
initialization completed in 1285 ms
    2022-08-09       22:27:21.805        WARN     12688       ---
[        main] .s.s.UserDetailsServiceAutoConfiguration :

    Using generated security password: 89ee13ea-1710-5e6e-ac7e-a76f016b5e5c

    This  generated  password  is  for  development  use  only.  Your  security
configuration must be updated before running your application in production.

    2022-08-09 22:27:21.917   INFO 12688   --- [                 main]
o.s.s.web.DefaultSecurityFilterChain     : Will secure any request with
[org.springframework.security.web.session.DisableEncodeUrlFilter@58294867,
org.springframework.security.web.context.request.async.WebAsyncManagerIn
tegrationFilter@67c277a0,
org.springframework.security.web.context.SecurityContextPersistenceFilte
r@4567e53d,
org.springframework.security.web.header.HeaderWriterFilter@5b94ccbc,
org.springframework.security.web.csrf.CsrfFilter@2532b351,
org.springframework.security.web.authentication.logout.LogoutFilter@f202d6d,
org.springframework.security.web.authentication.UsernamePasswordAuthenti
cationFilter@29a4f594,
org.springframework.security.web.authentication.ui.DefaultLoginPageGener
atingFilter@562457e1,
org.springframework.security.web.authentication.ui.DefaultLogoutPageGene
ratingFilter@6fc3e1a4,
org.springframework.security.web.authentication.www.BasicAuthenticationF
ilter@2e3cdec2,
org.springframework.security.web.savedrequest.RequestCacheAwareFilter@5b
b7643d,
org.springframework.security.web.servletapi.SecurityContextHolderAwareRe
questFilter@4074023c,
org.springframework.security.web.authentication.AnonymousAuthenticationF
ilter@3fa76c61,
org.springframework.security.web.session.SessionManagementFilter@336365bc,
```

```
org.springframework.security.web.access.ExceptionTranslationFilter@1436a7ab,
org.springframework.security.web.access.intercept.FilterSecurityIntercep
tor@258ee7de]
    2022-08-09  22:27:21.972    INFO  12688  ---  [                 main]
o.s.b.w.embedded.tomcat.TomcatWebServer  : Tomcat started on port(s): 8080
(http) with context path ''
    2022-08-09  22:27:21.981    INFO  12688  ---  [                 main]
com.example.demo.DemoApplication        : Started DemoApplication in 2.313
seconds (JVM running for 2.951)
```

通过该启动日志内容，特别是最后两行内容，可以看到项目已经成功启动，并且访问该项目的端口为 8080。除此之外，该启动日志内容对于目前搭建的最基础的 Spring Security 项目来说是十分重要的，至于为什么十分重要，此处暂且不表，因为在后续会对此进行专门的分析与解释。

了解了第一种启动方式后，这里我们来一个小插曲，兑现前面的承诺，简单介绍一下第二种启动方式。

第二种启动方式的第一步是先将项目构建为 jar 包，具体可以使用 maven 命令行来进行构建，代码如下：

```
mvn clean package
[INFO] Scanning for projects...
[INFO]
[INFO] ---------------------------< com.example:demo
>-------------------------
[INFO] Building demo 0.0.1-SNAPSHOT
[INFO]
------------------------------[ jar ]-----------------------------------
[INFO]
[INFO] --- maven-clean-plugin:3.2.0:clean (default-clean) @ demo ---
[INFO] Deleting /Spring Security/spring-security-projects/demo/target
[INFO]
[INFO] --- maven-resources-plugin:3.2.0:resources (default-resources) @
demo ---
[INFO] Using 'UTF-8' encoding to copy filtered resources.
[INFO] Using 'UTF-8' encoding to copy filtered properties files.
[INFO] Copying 1 resource
[INFO] Copying 0 resource
[INFO]
[INFO] --- maven-compiler-plugin:3.10.1:compile (default-compile) @ demo
---
[INFO] Changes detected - recompiling the module!
[INFO]      Compiling     1     source     file     to     /Spring
```

```
Security/spring-security-projects/demo/target/classes
    [INFO]
    [INFO]          ---          maven-resources-plugin:3.2.0:testResources
(default-testResources) @ demo ---
    [INFO] Using 'UTF-8' encoding to copy filtered resources.
    [INFO] Using 'UTF-8' encoding to copy filtered properties files.
    [INFO]    skip    non    existing    resourceDirectory    /Spring
Security/spring-security-projects/demo/src/test/resources
    [INFO]
    [INFO]          ---          maven-compiler-plugin:3.10.1:testCompile
(default-testCompile) @ demo ---
    [INFO] Changes detected - recompiling the module!
    [INFO]    Compiling    1    source    file    to    /Spring
Security/spring-security-projects/demo/target/test-classes
    [INFO]
    [INFO] --- maven-surefire-plugin:2.22.2:test (default-test) @ demo ---
    [INFO]
    [INFO] -------------------------------------------------------
    [INFO]  T E S T S
    [INFO] -------------------------------------------------------
    [INFO] Running com.example.demo.DemoApplicationTests
    ...
    [INFO] Tests run: 1, Failures: 0, Errors: 0, Skipped: 0, Time elapsed:
3.312 s - in com.example.demo.DemoApplicationTests
    [INFO]
    [INFO] Results:
    [INFO]
    [INFO] Tests run: 1, Failures: 0, Errors: 0, Skipped: 0
    [INFO]
    [INFO]
    [INFO] --- maven-jar-plugin:3.2.2:jar (default-jar) @ demo ---
    [INFO]          Building          jar:          /Spring
Security/spring-security-projects/demo/target/demo-0.0.1-SNAPSHOT.jar
    [INFO]
    [INFO] --- spring-boot-maven-plugin:2.7.2:repackage (repackage) @ demo
---
    [INFO] Replacing main artifact with repackaged archive
    [INFO]
-------------------------------------------------------------------------
    [INFO] BUILD SUCCESS
```

```
[INFO]
---------------------------------------------------------------------------
```

通过以上操作即可将项目构建为 jar 包，当不确定是否构建成功时则可以通过最后的输出结果来查看，如上面的输出结果为 BUILD SUCCESS，即构建成功。

在构建成功后，在项目所处的目录中会有一个名为 target 的文件目录，在该目录中即可找到构建成功的 jar 包，如本例中的 demo-0.0.1-SNAPSHOT.jar。

在找到构建成功的 jar 包后，就可以将该 jar 包上传至远程服务器上，然后执行第二步，即通过 java -jar 命令进行启动，具体代码为：

```
java -jar <jar 包名称>
```

在本例中即为：

```
java -jar demo-0.0.1-SNAPSHOT.jar
```

以上即为第二种启动方式的使用，如果本地环境不支持对本例中的项目进行启动测试的话，可以考虑采用此方式借助于外部环境来进行项目的启动测试。

接下来，我们再回到本节的主线，看一下直接在开发工具 IntelliJ IDEA 中进行启动后的项目情况。

在成功启动搭建的项目后，接下来，就直接通过 8080 端口以及定义的/hello 访问路径进行访问测试，即访问 http://localhost:8080/hello，如图 3-9 所示。

图 3-9　Spring Security 项目初始访问测试图

通过查看图 3-9 会发现，当通过浏览器访问 http://localhost:8080/hello 路径时，并没有返回之前在代码中编写的"Hello World!"结果，反而访问路径变为了 http://localhost:8080/login，并且在浏览器中出现了登录界面。

之所以出现这种情况，是因为在搭建的项目中集成了 Spring Security 安全框架，这是 Spring Security 在发挥作用的直观体现。相当于原本通过访问 http://localhost:8080/hello 路径就可以获取到之前在代码中编写的"Hello World!"结果，现在却需要先进行登录认证之后，才能进行相关路径的访问及结果获取，这就是项目在集成了 Spring Security 之后，Spring Security 在原有接口的基础上添加了一层安全保护措施。

当然了，如果在本项目中不使用 Spring Security 的话，最直接的办法就是在项目的 pom.xml 文件内容中剔除 Spring Security 的相关依赖，在剔除相关依赖后再对项目进行重新启动，并且再次访问 http://localhost:8080/hello 路径，会直接得到之前在代码中编写的"Hello World!"结果。

接着，继续回到图 3-9 所示的登录界面，那么问题就来了，在搭建项目的过程中并没有进行任何登录认证相关的设置，此处登录界面中所需要的用户名与密码从哪里获取。

针对这个问题，此处先直接给出用户名与密码的值，即：

- 用户名：user
- 密码：89ee13ea-1710-5e6e-ac7e-a76f016b5e5c

对于用户名与密码的获取，目前暂不解释，先直接使用相应的值进行测试，待测试完成后，在接下来的经验分享环节会对此进行专门的分析与解释。

当通过以上所示的用户名与密码进行页面登录后，此时浏览器显示内容会发生变化，如图 3-10 所示。

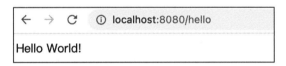

图 3-10　Spring Security 项目表单登录成功访问测试图

通过查看图 3-10 会发现，在使用相应的用户名与密码进行了表单登录后，浏览器上的访问路径又变回了之前访问的 http://localhost:8080/hello，并且页面内容中返回了之前在代码中编写的"Hello World!"结果。

当然了，如果登录过程中使用的用户名与密码不正确的话，只会在页面内容中显示身份认证失败，而不会返回"Hello World!"结果，如图 3-11 所示。

图 3-11　Spring Security 项目表单登录失败访问测试图

由此可见，Spring Security 默认提供的身份认证并非虚设，并且在身份认证失败时，提示的认证失败信息也并不会明确指出到底是用户名还是密码错误，这也是安全性的体现之一。

除了以上的表单登录之外，在此项目中还可以通过 HTTP 基本认证（即 Basic 认证）的方式来进行身份认证，即将用户名、密码使用 Base64 的方式进行编码，并放入消息头 Authorization 中，为便于展示，此处使用工具进行测试，如图 3-12 所示。

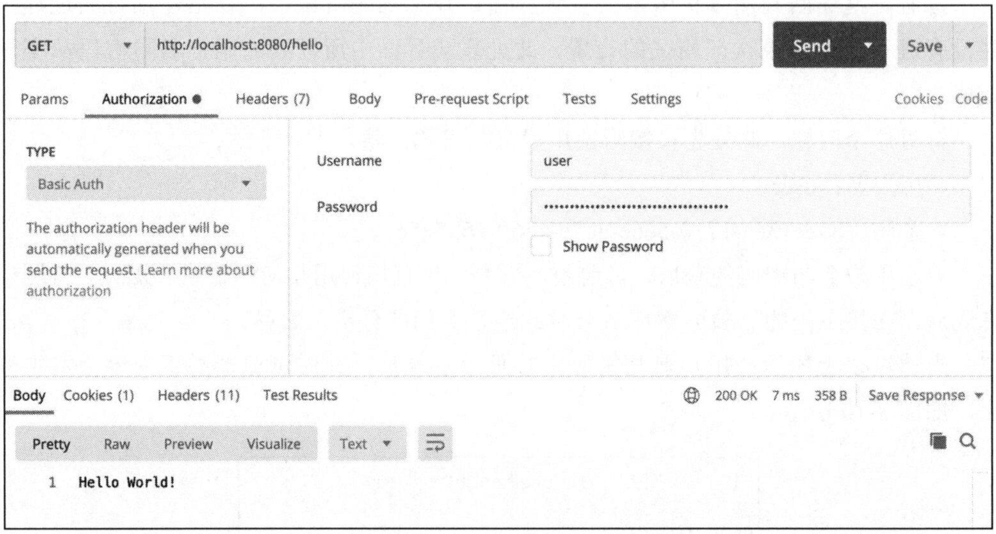

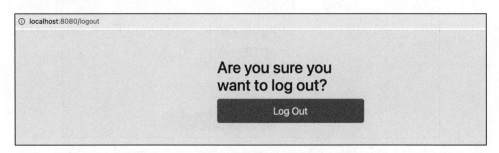

图 3-12　Spring Security 项目 Basic 认证成功访问测试图

通过查看图 3-12 可以看到，通过 HTTP 基本认证的方式，在身份认证成功后也可以访问到 "Hello World!" 结果，另外，图中所使用的工具为 Postman，当然也可以通过诸如 curl 命令行等方式来进行 HTTP 基本认证。

回顾刚才对搭建项目进行的测试，在进行接口测试时都会先进行登录认证，既然有登录认证那势必会有登出注销的操作，接下来，进行登出注销的测试。

登出注销的测试，直接通过浏览器访问 http://localhost:8080/logout 路径即可，如图 3-13 所示。

图 3-13　Spring Security 项目登出注销访问测试图

可以看到，当进行登出注销操作时，在浏览器的页面中会显示 "Log Out" 的确认提示信息，直接单击 "Log Out" 确认按钮，即可完成登出注销，登出注销完成后，浏览器会重新定位到登录界面。

以上即为对最基础的 Spring Security 项目的启动测试内容，通过以上内容可以看到，只要在搭建项目的过程中集成了 Spring Security，即使没有对 Spring Security 做任何配置设置，Spring Security 默认都会将项目中的接口保护起来，如果需要对接口进行访问，则需要先进行身份认证，当身份认证通过后才能获取到接口的响应结果；除此之外，在 Spring Security 中身份认证默认支持了表单认证与 HTTP 基本认证两种认证方式，与此同时，还提供了默认的登出注销操作。

在对搭建的示例项目启动测试完毕后，接下来，就是解决遗留问题的环节了，即对前面项目启动测试过程中关于启动日志内容与用户名密码等的疑问进行解释答疑。

经验分享：启动日志与用户名密码等问题的解析

在此解析环节中，会遵循由易到难的原则，依次对前面项目启动测试过程中的问题进行相关解释。

在解释前，首先需要归纳概括一下前面项目启动测试过程中出现的问题以及可能会存在的疑问，主要分为以下几个：

（1）为什么启动日志内容对于目前搭建的项目来说十分重要？

（2）用户名与密码是从哪里生成的？

（3）身份认证方式为什么有多种？

（4）登出注销操作的路径从何而来？

下面我们来逐一回答。

问题 1：为什么启动日志内容对于目前搭建的项目来说十分重要？

之所以说启动日志内容对于目前搭建的项目来说十分重要，是因为在之前的登录界面中，登录所需的密码就是从项目启动时的日志内容中获取的。通过重新仔细查看项目的启动日志内容，会发现如下重要信息：

```
Using generated security password: 89ee13ea-1710-5e6e-ac7e-a76f016b5e5c

This generated password is for development use only. Your security configuration must be updated before running your application in production.
```

通过以上信息即可得知，在项目启动时就已经自动生成了登录密码，不过需要注意的是，在该密码下方还有一个重要的提示，即该密码仅供开发时使用，在生产环境运行应用之前，必须先更新安全配置，这一点要切记。

这就是为什么说此处的日志内容对于目前搭建的项目来说十分重要的具体原因，并且通过该提示也可得知，在后续使用 Spring Security 的过程中将不建议使用此方式来进行登录密码的生成与获取，不过在前文的示例项目中，由于是初次使用 Spring Security，所以还是采用的此密码方式来进行的示例项目的测试。

问题 2：用户名与密码是从哪里生成的？

在回答这个问题之前，需要先介绍一下 Spring Boot 的自动配置。

我们回顾一下示例项目中 DemoApplication 类的初始代码内容，具体如下：

```
@SpringBootApplication
public class DemoApplication {

    public static void main(String[] args) {
        SpringApplication.run(DemoApplication.class, args);
    }

}
```

通过以上代码内容可以看到，在 DemoApplication 类开头有一个@SpringBootApplication注解，这个注解对于 Spring Boot 的自动配置来说是十分重要的，为什么呢？我们通过接下来对该注解的内容的解析就能明白。

对@SpringBootApplication 注解进行解析，首先需要查看其源码内容，为便于理解，源码内容会进行部分省略，仅展示此处所需的内容，具体如下：

```
<1>
@Target(ElementType.TYPE)
<2>
@Retention(RetentionPolicy.RUNTIME)
<3>
@Documented
<4>
@Inherited
<5>
@SpringBootConfiguration
<6>
@EnableAutoConfiguration
<7>
@ComponentScan(excludeFilters = { @Filter(type = FilterType.CUSTOM,
classes = TypeExcludeFilter.class),
    @Filter(type       =       FilterType.CUSTOM,       classes       =
AutoConfigurationExcludeFilter.class) })
public @interface SpringBootApplication {
    ...
}
```

通过以上源码可以看到，在@SpringBootApplication 注解中，其开头又包含了多个注解内容，对应源码中的<1>、<2>、<3>等标识，具体见表 3-1。

表 3-1　@SpringBootApplication 注解及描述

标　识	描　述
<1>	基础注解 Target，用来定义作用域，其中 ElementType.TYPE 即可用在类或接口中
<2>	基础注解 Retention，即元注解，用来定义生命周期，其中 RetentionPolicy.RUNTIME 即运行时可用
<3>	基础注解 Documented，即 javadoc 会记录
<4>	基础注解 Inherited，即注解可被子类继承
<5>	Spring Boot 中的注解 SpringBootConfiguration
<6>	Spring Boot 中的注解 EnableAutoConfiguration
<7>	Spring 中的注解 ComponentScan，即组件扫描，注解中的值即扫描规则

通过对@SpringBootApplication 注解进行解析可知，需要重点关注的是 Spring Boot 中定义的注解，即@SpringBootConfiguration 与@EnableAutoConfiguration，接着通过进一步查看这两个注解的内容，具体如下：

```
@Target(ElementType.TYPE)
@Retention(RetentionPolicy.RUNTIME)
@Documented
<1>
@Configuration
<2>
@Indexed
public @interface SpringBootConfiguration {
    ...
}


@Target(ElementType.TYPE)
@Retention(RetentionPolicy.RUNTIME)
@Documented
@Inherited
<3>
@AutoConfigurationPackage
<4>
@Import(AutoConfigurationImportSelector.class)
public @interface EnableAutoConfiguration {
    ...
}
```

通过以上源码可以看到，在@SpringBootConfiguration 与@EnableAutoConfiguration 中，也包含了多个注解内容，对应源码中的<1>、<2>、<3>等标识，具体见表 3-2。

表 3-2　@SpringBootConfiguration 与@EnableAutoConfiguration 中注解描述

标　　识	描　　述
<1>	Spring 中的注解 Configuration，即配置类注解
<2>	Spring 中的注解 Indexed，即索引注解
<3>	Spring Boot 中的注解 AutoConfigurationPackage，即自动加载包路径注解，通过进一步查看的话，会看到在该注解中会导入 AutoConfigurationPackages.Registrar.class，具体作用为通过 AutoConfigurationPackages 进行包路径加载，包内元素会被注册到容器中
<4>	Spring 中的注解 Import，即导入注解，注解中的值即导入的类，通过进一步查看的话，会看到 AutoConfigurationImportSelector.class 的作用为筛选自动导入的元素

至此我们可知，在 Spring Boot 中自动配置的核心就在@EnableAutoConfiguration 注解之中，而通过@EnableAutoConfiguration 注解又可以找到其具体的核心导入类，即 AutoConfigurationImportSelector.class，如果进一步查看 AutoConfigurationImportSelector.class 类的内容的话，我们可以发现最后是通过 META-INF 文件夹下的 spring.factories 与 spring-autoconfigure-metadata.properties 来进行规则匹配后筛选出满足条件的元素。

以上即为 Spring Boot 的自动配置大概流程，其简化流程如图 3-14 所示。

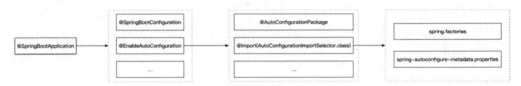

图 3-14　Spring Boot 自动配置简化流程图

对 Spring Boot 的自动配置大概原理及流程有所了解后，问题 2 就比较好解答了，因为在搭建项目的过程中集成了 Spring Security，所以在 Spring Boot 的自动配置过程中会直接触发 Spring Security 的自动配置，在上述 META-INF 文件夹下的相关文件中也可以找到 Spring Security 的配置信息。

对于 Spring Security 的自动配置，可以直接通过 jar 包 spring-boot-autoconfigure 中位于 org.springframework.boot.autoconfigure.security.servlet 包中的 SecurityAutoConfiguration 类入手，该类的源码内容如下：

```
@AutoConfiguration
@ConditionalOnClass(DefaultAuthenticationEventPublisher.class)
<1>
@EnableConfigurationProperties(SecurityProperties.class)
@Import({                      SpringBootWebSecurityConfiguration.class,
SecurityDataConfiguration.class })
```

```
public class SecurityAutoConfiguration {
    ...
}
```

通过该类的源码内容可以找到 Spring Security 的配置类，即以上源码内容中标识
<1>所在的 SecurityProperties.class，通过对 SecurityProperties.class 的内容查看，会看到
如下重要信息：

```
public static class User {
<1>
private String name = "user";
<2>
private String password = UUID.randomUUID().toString();

...
}
```

至此，问题 2 答案揭晓，在未对 Spring Security 进行任何配置的情况下，Spring
Security 会使用默认的初始化用户名与密码，默认初始化用户名即前面所使用到的 user，
而密码则是每次项目启动时随机生成的 UUID。

问题 3：身份认证方式为什么有多种？

问题 2 有了答案后，问题 3 就比较好回答了，还是从前文中的 SecurityAutoConfiguration
类入手，通过该类的源码内容，可以看到有导入 SpringBootWebSecurityConfiguration 类，
通过对该类的源码进行查看，可以看到如下内容：

```
class SpringBootWebSecurityConfiguration {

<1>
@Configuration(proxyBeanMethods = false)
@ConditionalOnDefaultWebSecurity
static class SecurityFilterChainConfiguration {

    @Bean
    @Order(SecurityProperties.BASIC_AUTH_ORDER)
    SecurityFilterChain defaultSecurityFilterChain(HttpSecurity http)
throws Exception {
        http.authorizeRequests().anyRequest().authenticated();
        http.formLogin();
        http.httpBasic();
        return http.build();
    }
```

```
    }

    <2>
    @Configuration(proxyBeanMethods = false)
    @ConditionalOnClass(WebInvocationPrivilegeEvaluator.class)
    @ConditionalOnBean(WebInvocationPrivilegeEvaluator.class)
    static class ErrorPageSecurityFilterConfiguration {

        @Bean
        FilterRegistrationBean<ErrorPageSecurityFilter>
errorPageSecurityFilter(ApplicationContext context) {
            FilterRegistrationBean<ErrorPageSecurityFilter> registration
= new FilterRegistrationBean<>(
                    new ErrorPageSecurityFilter(context));
            registration.setDispatcherTypes(DispatcherType.ERROR);
            return registration;
        }

    }

    <3>
    @Configuration(proxyBeanMethods = false)
    @ConditionalOnMissingBean(name = BeanIds.SPRING_SECURITY_FILTER_CHAIN)
    @ConditionalOnClass(EnableWebSecurity.class)
    @EnableWebSecurity
    static class WebSecurityEnablerConfiguration {

    }

}
```

通过以上内容可以看到，在 SpringBootWebSecurityConfiguration 的源码内容中，主要有以下三个定义，对应源码中的<1>、<2>、<3>标识，即：

<1>：定义默认的 SecurityFilterChain，在定义的具体内容中即设置了所有接口请求都需要进行授权认证，另外设置了表单登录与 HTTP Basic 基本认证。

<2>：定义 ErrorPageSecurityFilter，即错误界面的过滤器处理。

<3>：定义 WebSecurity 的启用。

问题 3 可通过 SpringBootWebSecurityConfiguration 类的源码标识<1>处的解释来回

答，多种认证方式即在此处设置。

问题 4：登出注销操作的路径从何而来？

要回答问题 4，还需要对问题 3 中 SpringBootWebSecurityConfiguration 类的源码标识<3>进一步查看，通过对@EnableWebSecurity 的内容查看，具体如下：

```
@Retention(RetentionPolicy.RUNTIME)
@Target(ElementType.TYPE)
@Documented
@Import({ WebSecurityConfiguration.class, SpringWebMvcImportSelector.class,
OAuth2ImportSelector.class,
        HttpSecurityConfiguration.class })
@EnableGlobalAuthentication
@Configuration
public @interface EnableWebSecurity {

    ...

}
```

通过以上内容可以看到，在 EnableWebSecurity 的源码中进行了四个类的导入，具体见表 3-3。

表 3-3　EnableWebSecurity 源码导入类说明

导入类名称	导入类说明
WebSecurityConfiguration.class	定义 WebSecurity，这其中使用 WebSecurity 设置了 FilterChainProxy，即此前在 Spring Security 架构中所说的过滤器链代理
SpringWebMvcImportSelector.class	对 SpringWebMvc 的支持，若有使用则触发相关 WebMvcSecurity 配置
OAuth2ImportSelector.class	对 OAuth2 的支持，若有使用则触发 OAuth2 相关配置，如 OAuth2Client、SecurityReactorContext 等
HttpSecurityConfiguration.class	定义 HttpSecurity，这其中就进行了一系列的安全设置，如设置 csrf 跨站请求伪造的防御保护、会话管理等

而问题 4 的答案即出现在导入类 HttpSecurityConfiguration.class 中，我们查看一下 HttpSecurityConfiguration.class 中的内容，具体如下：

```
@Configuration(proxyBeanMethods = false)
class HttpSecurityConfiguration {

    ...

    @Bean(HTTPSECURITY_BEAN_NAME)
    @Scope("prototype")
```

```
HttpSecurity httpSecurity() throws Exception {
    WebSecurityConfigurerAdapter.LazyPasswordEncoder passwordEncoder
= new WebSecurityConfigurerAdapter.LazyPasswordEncoder(
            this.context);
    AuthenticationManagerBuilder    authenticationBuilder    =    new
WebSecurityConfigurerAdapter.DefaultPasswordEncoderAuthenticationManager
Builder(
            this.objectPostProcessor, passwordEncoder);

    authenticationBuilder.parentAuthenticationManager(authenticationMana
ger());
    HttpSecurity http = new HttpSecurity(this.objectPostProcessor,
authenticationBuilder, createSharedObjects());

    http
        .csrf(withDefaults())
        .addFilter(new WebAsyncManagerIntegrationFilter())
        .exceptionHandling(withDefaults())
        .headers(withDefaults())
        .sessionManagement(withDefaults())
        .securityContext(withDefaults())
        .requestCache(withDefaults())
        .anonymous(withDefaults())
        .servletApi(withDefaults())
        .apply(new DefaultLoginPageConfigurer<>());
    <1>
    http.logout(withDefaults());

    applyDefaultConfigurers(http);
    return http;
}

...

}
```

通过观察该导入类的源码内容,我们可以找到关于 logout 的配置,即以上源码内容中标识<1>处,通过对该方法进一步查看,可以找到 jar 包 spring-security-config 中位于 org.springframework.security.config.annotation.web.configurers 包 中 的 LogoutConfigurer 类,在该类中可看到登出注销操作的路径,具体如下:

```
public final class LogoutConfigurer<H extends HttpSecurityBuilder<H>>
    extends AbstractHttpConfigurer<LogoutConfigurer<H>, H> {

<1>
private String logoutSuccessUrl = "/login?logout";
<2>
private String logoutUrl = "/logout";

...

}
```

以上源码内容，标识<1><2>的解释如下：

<1>：登出注销操作成功后的 url 路径定义。

<2>：登出注销操作的 url 路径定义。

以上就是对于前面项目启动测试过程中出现的问题以及可能会存在的疑问的分析与解释，通过对四个问题的解答可以帮助读者加强对 Spring Security 初次使用默认配置的认识。

在深入了解项目启动测试过程中的问题后，接下来，结合前面的示例项目，再来看看在引入 Spring Security 时，被引入的 Spring Security 相关 jar 包有哪些，这些 jar 包各自都是做什么的，即针对 Spring Security 代码层面的模块进行分析，以便于在初次使用 Spring Security 时将能接触到的 Spring Security 相关层面了解透彻。

3.4　模块分析

从代码层面来看，Spring Security 的各个功能被划分为不同的模块，这些模块根据自身定义提供相应的功能，具体表现为在引入 Spring Security 时会引入 Spring Security 下不同名称的 jar 包。

本节中首先将结合前面搭建的基础 Spring Security 项目，帮助读者建立起对 Spring Security 的模块初步认识，并在此基础上全面了解 Spring Security 中的模块。

3.4.1　结合示例项目建立模块认识

通过前面搭建的基础 Spring Security 项目来看 Spring Security 的模块，最简单的办法就是查看搭建的示例项目在引入 Spring Security 时，具体引入了 Spring Security 下的哪些 jar 包。

查看前面搭建的示例项目中引入的 Spring Security 下的 jar 包，可以通过一个小技巧来完成，即使用开发工具 IntelliJ IDEA 中提供的 External Libraries 来进行，具体如图 3-15 所示。

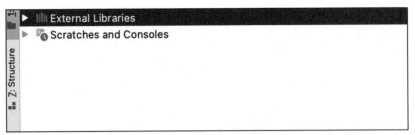

图 3-15　IntelliJ IDEA 中 External Libraries

在 IntelliJ IDEA 左侧 Project 窗口中可找到 External Libraries，通过单击相应展开按钮即可看到搭建的示例项目中所有的项目依赖，即引入所有的 jar 包，通过展开列表可以根据相应名称来查找相应的 jar 包，图 3-16 便是查找到的 Spring Security 相关的引入 jar 包。

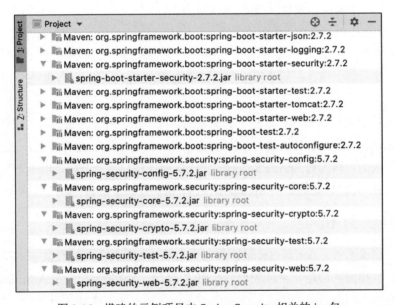

图 3-16　搭建的示例项目中 Spring Security 相关的 jar 包

在这些 jar 包中，类似 2.7.2、5.7.2 等数字是该 jar 包相应的版本号，而数字之前即为 jar 包的名称。通过这些 jar 包的名称可以看出，这些 jar 包都是与 Spring Security 相关的 jar 包，但是需要注意的是，这些 jar 包中的 spring-boot-starter-security-2.7.2.jar 虽然与 Spring Security 相关，但是其只是 Spring Security 的一个 starter，并没有包含太多内容，所以在这些 jar 包中，只有它不属于本节中所说的 Spring Security 的模块。

在这里，可能会存在疑问，即在搭建示例项目时，只是添加了 spring-boot-starter-security 与 spring-security-test 的依赖，其他的诸如 spring-security-config、spring-security-core、spring-security-crypto 以及 spring-security-web 是从何而来。

针对这个问题，只要进一步查看 spring-boot-starter-security 与 spring-security-test 的 pom 即可知晓，其中在 spring-boot-starter-security 的 pom 中，有如下内容：

```
<dependency>
  <groupId>org.springframework.security</groupId>
  <artifactId>spring-security-config</artifactId>
  <version>5.7.2</version>
  <scope>compile</scope>
</dependency>
<dependency>
  <groupId>org.springframework.security</groupId>
  <artifactId>spring-security-web</artifactId>
  <version>5.7.2</version>
  <scope>compile</scope>
</dependency>
```

通过以上内容即可得知，spring-boot-starter-security 引用了 spring-security-config 与 spring-security-web。

进而查看 spring-security-test 的 pom，其中有如下内容：

```
<dependency>
  <groupId>org.springframework.security</groupId>
  <artifactId>spring-security-core</artifactId>
  <version>5.7.2</version>
  <scope>compile</scope>
</dependency>
<dependency>
  <groupId>org.springframework.security</groupId>
  <artifactId>spring-security-web</artifactId>
  <version>5.7.2</version>
  <scope>compile</scope>
</dependency>
```

通过以上内容即可得知，spring-security-test 引用了 spring-security-core 与 spring-security-web。

而 spring-security-crypto 则通过查看 spring-security-core 的 pom 即可找到，另外在 spring-security-config 的 pom 中也可以找到 spring-security-core 的依赖。

由于依赖间存在着相互依赖的关系，所以在此可以看到，在搭建项目时虽然没有显示引用但是在这里却出现了 jar 包。

Spring Security 中的模块可以理解为不同的功能实现与支持，表现形式则为不同名称的 jar 包，不过在 Spring Security 中可不只这几个 jar 包，还有很多其他的 jar 包。

3.4.2　全面了解内部模块

上一节中，我们初步了解了 Spring Security 中的几个模块，但这些只是 Spring Security 中所有模块的一小部分，本节将对 Spring Security 中的所有内部模块进行介绍，让读者在上一节建立的初步认识逐渐深入和完整起来。

首先我们来看一下在 Spring Security 中有哪些内部模块。

对于此问题，最好的方式是通过 Spring Security 的 bom 来进行查看，关于 Spring Security 的 bom 在前文通过 Maven 来引入 Spring Security 中其实提到过，即：

```xml
<dependencyManagement>
    <dependencies>
        <dependency>
            <groupId>org.springframework.security</groupId>
            <artifactId>spring-security-bom</artifactId>
            <version>5.7.2</version>
            <type>pom</type>
            <scope>import</scope>
        </dependency>
    </dependencies>
</dependencyManagement>
```

以上内容即为 Spring Security 的 bom，要知道 Spring Security 中的所有内部模块，即查看其 bom 的 pom 文件中到底定义了哪些依赖，具体内容如下：

```xml
<dependencyManagement>
  <dependencies>
    <dependency>
      <groupId>org.springframework.security</groupId>
      <artifactId>spring-security-acl</artifactId>
      <version>5.7.2</version>
    </dependency>
    <dependency>
      <groupId>org.springframework.security</groupId>
      <artifactId>spring-security-aspects</artifactId>
      <version>5.7.2</version>
    </dependency>
    <dependency>
      <groupId>org.springframework.security</groupId>
      <artifactId>spring-security-cas</artifactId>
      <version>5.7.2</version>
```

```xml
  </dependency>
  <dependency>
    <groupId>org.springframework.security</groupId>
    <artifactId>spring-security-config</artifactId>
    <version>5.7.2</version>
  </dependency>
  <dependency>
    <groupId>org.springframework.security</groupId>
    <artifactId>spring-security-core</artifactId>
    <version>5.7.2</version>
  </dependency>
  <dependency>
    <groupId>org.springframework.security</groupId>
    <artifactId>spring-security-crypto</artifactId>
    <version>5.7.2</version>
  </dependency>
  <dependency>
    <groupId>org.springframework.security</groupId>
    <artifactId>spring-security-data</artifactId>
    <version>5.7.2</version>
  </dependency>
  <dependency>
    <groupId>org.springframework.security</groupId>
    <artifactId>spring-security-ldap</artifactId>
    <version>5.7.2</version>
  </dependency>
  <dependency>
    <groupId>org.springframework.security</groupId>
    <artifactId>spring-security-messaging</artifactId>
    <version>5.7.2</version>
  </dependency>
  <dependency>
    <groupId>org.springframework.security</groupId>
    <artifactId>spring-security-oauth2-client</artifactId>
    <version>5.7.2</version>
  </dependency>
  <dependency>
    <groupId>org.springframework.security</groupId>
    <artifactId>spring-security-oauth2-core</artifactId>
```

```xml
    <version>5.7.2</version>
</dependency>
<dependency>
  <groupId>org.springframework.security</groupId>
  <artifactId>spring-security-oauth2-jose</artifactId>
  <version>5.7.2</version>
</dependency>
<dependency>
  <groupId>org.springframework.security</groupId>
  <artifactId>spring-security-oauth2-resource-server</artifactId>
  <version>5.7.2</version>
</dependency>
<dependency>
  <groupId>org.springframework.security</groupId>
  <artifactId>spring-security-openid</artifactId>
  <version>5.7.2</version>
</dependency>
<dependency>
  <groupId>org.springframework.security</groupId>
  <artifactId>spring-security-remoting</artifactId>
  <version>5.7.2</version>
</dependency>
<dependency>
  <groupId>org.springframework.security</groupId>
  <artifactId>spring-security-rsocket</artifactId>
  <version>5.7.2</version>
</dependency>
<dependency>
  <groupId>org.springframework.security</groupId>
  <artifactId>spring-security-saml2-service-provider</artifactId>
  <version>5.7.2</version>
</dependency>
<dependency>
  <groupId>org.springframework.security</groupId>
  <artifactId>spring-security-taglibs</artifactId>
  <version>5.7.2</version>
</dependency>
<dependency>
  <groupId>org.springframework.security</groupId>
```

```
      <artifactId>spring-security-test</artifactId>
      <version>5.7.2</version>
    </dependency>
    <dependency>
      <groupId>org.springframework.security</groupId>
      <artifactId>spring-security-web</artifactId>
      <version>5.7.2</version>
    </dependency>
  </dependencies>
</dependencyManagement>
```

通过以上内容即可看到 Spring Security 的 bom 中定义的所有依赖的内容,而这些依赖内容也就是 Spring Security 中的所有内部模块,共计 20 个。

分类是理解的有效路径,针对这些内部模块,笔者将其大致分为核心类、通信类、集成类和其他四大类。其中,核心类是 Spring Security 全部模块中最基础的组成部分,可以将其理解为不可或缺的部分,而通信类、集成类与其他都是在 Spring Security 核心基础之上的组成部分,可以将这几块理解为可选的部分,按需添加即可。

接下来,我们通过图 3-17 直观地了解一下 Spring Security 中所有模块的分类。

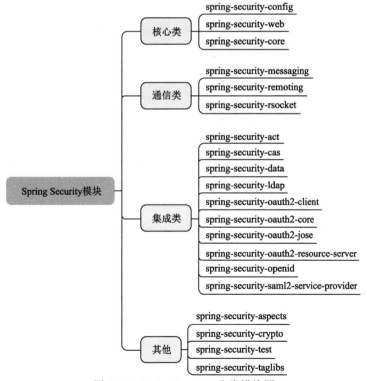

图 3-17 Spring Security 分类模块图

在这些模块中，我们在上一小节已经简单认识了其中五个。接下来，以四大分类为原则，依次看看这些模块的相关描述，弄清楚它们究竟有什么作用。

1．核心类模块

核心类模块是 Spring Security 中的基础组成部分，使用 Spring Security 绕不开对核心类模块的引用，对于核心类模块中包含的模块内容描述，见表 3-4。

表 3-4　核心类模块具体描述

模块类型	模块名称	jar 名称	模块描述	内部模块依赖
核心类	config 模块	spring-security-config.jar	提供配置相关如 xml 命名空间元素、java 配置类等的功能实现与支持	core 模块
	web 模块	spring-security-web.jar	提供 web 安全相关的功能实现与支持	core 模块
	core 模块	spring-security-core.jar	提供认证、授权、安全上下文等的功能实现与支持	crypto 模块

2．通信类

通信类模块基于核心类模块之上，可以理解为使用 Spring Security 时的可选部分，主要是针对不同通信协议的支持，对于通信类模块中包含的模块内容描述，见表 3-5。

表 3-5　通信类模块具体描述

模块类型	模块名称	jar 名称	模块描述	内部模块依赖
通信类	messaging 模块	spring-security-messaging.jar	提供对 WebSocket 的功能实现与支持	core 模块
	remoting 模块	spring-security-remoting.jar	提供对 dns、rmi 等的功能实现与支持	core 模块
	rsocket 模块	spring-security-rsocket.jar	提供对 rsocket 的功能实现与支持	core 模块

3．集成类模块

集成类模块与通信类模块类似，基于核心类模块之上，也是使用 Spring Security 时的可选部分，主要是集成不同的功能扩展，对于集成类模块中包含的模块内容描述，见表 3-6。

表 3-6　集成类模块具体描述

模块类型	模块名称	jar 名称	模块描述	内部模块依赖
集成类	acl 模块	spring-security-acl.jar	提供 acl 相关的功能实现与支持	core 模块
	cas 模块	spring-security-cas.jar	提供 cas 单点登录的功能实现与支持	core 模块、web 模块

续表

模块类型	模块名称	jar 名称	模块描述	内部模块依赖
集成类	data 模块	spring-security-data.jar	提供对 spring data 集成的功能实现与支持	core 模块
	ldap 模块	spring-security-ldap.jar	提供对 ldap 集成的功能实现与支持	core 模块
	oauth2-client 模块	spring-security-oauth2-client.jar	提供对 oauth2 客户端集成的功能实现与支持	core 模块、web 模块、oauth2-core 模块
	oauth2-core 模块	spring-security-oauth2-core.jar	提供对 oauth2 协议框架集成的功能实现与支持	core 模块
	oauth2-jose 模块	spring-security-oauth2-jose.jar	提供对 jose 相关的功能实现与支持 注：jose（Javascript 对象签名与加密），常见的 jwt 即包含在其中	core 模块、oauth2-core 模块
	oauth2-resource-server 模块	spring-security-oauth2-resource-server.jar	提供对 oauth2 资源服务器的功能实现与支持	core 模块、web 模块、oauth2-core 模块
	openid 模块	spring-security-openid.jar	提供对 openid 集成的功能实现与支持	core 模块、web 模块
	saml2 模块	spring-security-saml2-service-provider.jar	提供对 saml2 的功能实现与支持	web 模块

4．其他类模块

其他类模块与通信类模块、集成类模块类似，也是基于核心类模块之上，也是使用 Spring Security 时的可选部分，但在其他类模块中包含的模块内容无太多共性，对于其他类模块中包含的模块内容描述，见表 3-7。

表 3-7　其他模块具体描述

模块类型	模块名称	jar 名称	模块描述	内部模块依赖
其他类	aspects 模块	spring-security-aspects.jar	提供@Secured、@PreAuthorize 等注解切面的功能实现与支持	core 模块
	crypto 模块	spring-security-crypto.jar	提供加解密算法的功能实现与支持	无
	test 模块	spring-security-test.jar	提供测试相关的功能实现与支持	core 模块、web 模块

模块类型	模块名称	jar 名称	模块描述	内部模块依赖
其他类	taglib 模块	spring-security-taglibs.jar	提供 jsp 中 taglib 的功能实现与支持	core 模块、web 模块、acl 模块

需要注意的是，在所有模块中，除了核心类模块是使用 Spring Security 前需要考虑引入的，其他的分类模块在实际使用时并不会都会使用到，所以，在引入 Spring Security 模块依赖时一定要根据实际的业务需求来引入。

另外，从各个模块的内部模块依赖来看，如果引入的模块中已经包含了某个内部模块依赖的话，该内部模块依赖可以不显示引入，比如说在搭建的示例项目中，spring-boot-starter-security 只显示引用了 config 模块与 web 模块，但从项目的整体依赖来看，却实际存在着 core 模块，因为 core 模块已经在 config 模块与 web 模块的内部被引用，所以不必再显示引用 core 模块。

——本章小结——

本章的主旨在于了解 Spring Security 的基本初始操作，在此过程中搭建了围绕 Spring Security 而来的示例项目，并进行了示例项目的启动测试，直接上手使用 Spring Security 会相较于之前对 Spring Security 有更直观的感受，并且在此过程中也加入了对于 Spring Security 的过程分析与模块分析，这对于后续使用 Spring Security 十分有帮助。

在本章中一定要重点掌握 Spring Security 的初始使用操作，这是后续进行 Spring Security 相关实战的基石。不过，在本章对 Spring Security 的初步使用过程中，并没有涉及 Spring Security 核心功能中的太多内容，所以，从下一章开始会重点对 Spring Security 的核心功能展开介绍并进行针对性的实际操作。

第 4 章　认　　证

在第 3 章中我们进行了基础的 Spring Security 项目的搭建，并且在搭建完成后进行了基础使用的操作及测试，虽然在基础使用的过程中也涉及了身份认证的功能，但是仅停留在默认的身份认证操作上，对于身份认证的内部流程实现以及其他非默认的身份认证功能并没有太多的涉及。

本章中将对 Spring Security 的核心功能——认证，进行针对性地深入介绍，讲解架构遵循先整体后部分的原则，即先介绍整体的认证架构，再对划分的不同类型的基础常用子功能进行讲解。通过本章的学习，读者可以在后续的日常开发过程中基于 Spring Security 的认证功能来实现满足自身需求的软件应用。

4.1　认证的基本架构

Spring Security 认证的基本架构中包含了整体认证功能的基本处理流程以及认证的内部处理机制，这对于基础的不同类型的认证功能来说，可谓是认证功能的基石，了解了这些内容，相当于就了解了认证功能的本质，而基础的不同类型的认证功能即基于这些本质延伸而来。

所以，下面先来对 Spring Security 认证的基本架构进行了解，主要从认证的基本处理流程和认证的内部处理机制两个方面来讲解。

4.1.1　认证的基本处理流程

简单来说，认证的基本处理流程就是经过了 Spring Security 过滤器链中的一系列过滤器来进行认证处理，之后就可以访问相应的资源服务了。

对于认证的基本处理流程概览图，如图 4-1 所示。

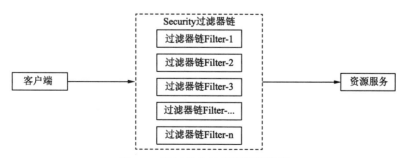

图 4-1　认证基本处理流程概览图

通过图 4-1 可以看到，当客户端进行认证请求时，首先会经过 Spring Security 的过滤器链，而过滤器链中包含了一系列的过滤器，认证处理就在这些过滤器中完成，在认证通过后，客户端即可访问相应的资源服务了。

不难看出，认证的基本处理流程与前文介绍的 Spring Security 架构的整体流程类似，都是经过了过滤器链以及过滤器链中的一系列过滤器来进行相应地处理逻辑，只不过，在认证的处理过程中，需要关注的重点即是与认证功能相关的一系列过滤器。

当然了，本节中对于认证的基本处理流程的介绍，并不只是简单的一笔带过，之所以先进行一个简单介绍，一方面是为了通过认证的基本处理流程概览图，先对认证的基本处理流程有一个大致的认知，以便于在接下来的介绍中进行进一步的深入与细化；另一方面是为了避免在刚开始就直接对认证的处理流程进行细化导致难以理解与消化。

另外，针对认证的基本处理流程的介绍，会基于上一章中搭建的示例项目作为切入点来进行介绍，具体形式为从搭建的示例项目中将认证相关的内容单独"拎"出来进行介绍，这样既可以对认证的基本处理流程有更直观的认识又更容易对其进行理解与掌握。

接下来，就从上一章中搭建的示例项目的启动日志开始，先来回顾一下示例项目的启动日志，仔细查看时会看到在其中有如下一段内容显示，代码如下：

```
 2022-08-09  22:27:21.917    INFO  12688  --- [                 main]
o.s.s.web.DefaultSecurityFilterChain      : Will secure any request with
[org.springframework.security.web.session.DisableEncodeUrlFilter@58294867,
org.springframework.security.web.context.request.async.WebAsyncManagerIn
tegrationFilter@67c277a0,
org.springframework.security.web.context.SecurityContextPersistenceFilte
r@4567e53d,
org.springframework.security.web.header.HeaderWriterFilter@5b94ccbc,
org.springframework.security.web.csrf.CsrfFilter@2532b351,
org.springframework.security.web.authentication.logout.LogoutFilter@f202d6d,
org.springframework.security.web.authentication.UsernamePasswordAuthenti
cationFilter@29a4f594,
org.springframework.security.web.authentication.ui.DefaultLoginPageGener
atingFilter@562457e1,
org.springframework.security.web.authentication.ui.DefaultLogoutPageGene
ratingFilter@6fc3e1a4,
org.springframework.security.web.authentication.www.BasicAuthenticationF
ilter@2e3cdec2,
org.springframework.security.web.savedrequest.RequestCacheAwareFilter@5bb7643d,
org.springframework.security.web.servletapi.SecurityContextHolderAwareRe
questFilter@4074023c,
org.springframework.security.web.authentication.AnonymousAuthenticationF
ilter@3fa76c61,
org.springframework.security.web.session.SessionManagementFilter@336365bc,
org.springframework.security.web.access.ExceptionTranslationFilter@1436a7ab,
```

```
org.springframework.security.web.access.intercept.FilterSecurityIntercep
tor@258ee7de]
```

通过以上代码可以看到,在搭建的示例项目启动时,在默认的 Security 过滤器链(即 DefaultSecurityFilterChain)中包含了如图 4-2 所示的过滤器。

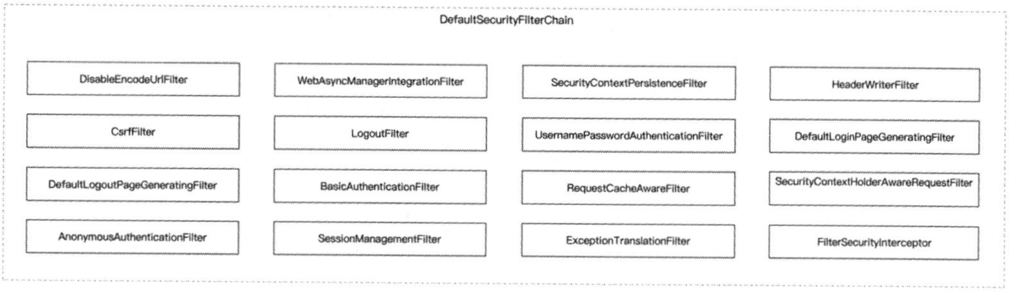

图 4-2　默认的 Security 过滤器链中包含的过滤器图

在搭建的示例项目中,当客户端进行认证请求时,客户端的请求首先会经过默认的 Security 过滤器链,而默认的 Security 过滤器链中包含了图 4-2 中的一系列过滤器,当请求经过这些过滤器处理后,认证就完成了。另外,请求在默认的 Security 过滤器链中处理时遵循从左至右、从上往下的顺序。

那么在认证请求的过程中,到底哪些过滤器的处理才算是真正的认证功能处理呢,这就需要对这些默认的过滤器进行了解。

在默认的 Security 过滤器链中,各个过滤器的处理顺序及相关描述,见表 4-1。

表 4-1　默认的 Security 过滤器链中各个过滤器的具体描述

处理顺序	过滤器名称	过滤器描述
1	DisableEncodeUrlFilter	禁用 url 编码过滤器,具体为禁止使用 HttpServletResponse 对 url 进行编码操作,这主要是防范在 url 中存在的信息泄露风险,比如说将会话 ID 等信息放到 url 中就会有相关信息泄露风险
2	WebAsyncManagerIntegrationFilter	Web 异步请求管理集成过滤器,具体为集成 Spring Security 的安全上下文 SecurityContext 与 Spring Web 的异步请求管理类 WebAsyncManager
3	SecurityContextPersistenceFilter	安全上下文持久化过滤器,具体为从安全上下文 Repository 中获取安全上下文并设置到 SecurityContextHolder 中,不过在请求结束后会清空 SecurityContextHolder 中的安全上下文,并将此时的安全上下文重新保存到 Repository 中
4	HeaderWriterFilter	消息头编写过滤器,具体为在响应的消息头中添加相应信息,比如说添加 XSS 跨站脚本攻击防护信息、缓存控制信息等
5	CsrfFilter	跨站请求伪造过滤器,具体为增加对跨站请求伪造的防护支持
6	LogoutFilter	登出注销过滤器
7	UsernamePasswordAuthenticationFilter	用户名密码认证过滤器,具体为处理用户名密码认证的逻辑

续表

处理顺序	过滤器名称	过滤器描述
8	DefaultLoginPageGeneratingFilter	默认登录页面生成过滤器
9	DefaultLogoutPageGeneratingFilter	默认退出注销页面生成过滤器，具体为生成默认的退出注销页面
10	BasicAuthenticationFilter	基本认证过滤器，具体为处理 HTTP 基本认证的逻辑
11	RequestCacheAwareFilter	请求缓存感知过滤器，具体为从请求缓存 requestCache 中匹配获取保存的请求
12	SecurityContextHolderAwareRequestFilter	安全上下文 Holder 感知请求过滤器，具体为使用实现了 Servlet API 安全方法的请求包装 ServletRequest
13	AnonymousAuthenticationFilter	匿名认证过滤器，具体为通过 SecurityContextHolder 检查其中是否存在相应的认证对象，如果没有的话则创建一个匿名认证对象
14	SessionManagementFilter	会话管理过滤器，具体为检查用户请求是否认证成功，如果是认证成功的，则调用会话认证策略执行会话管理相关操作
15	ExceptionTranslationFilter	异常处理过滤器，具体为处理过滤器链中抛出的认证和授权相关异常
16	FilterSecurityInterceptor	过滤器安全拦截器，具体为对 HTTP 资源做安全处理，比如说当身份认证不通过或权限校验不通过时就不能访问相应的 HTTP 资源，并且在此过程中会抛出相应的异常

通过表 4-1 可知，虽然共有 16 个默认的过滤器，但是在进行认证请求时的主要角色是 UsernamePasswordAuthenticationFilter 与 BasicAuthenticationFilter 两个过滤器。所以，以此侧重点，我们可以对认证的基本处理流程进行进一步的细化，如图 4-3 所示。

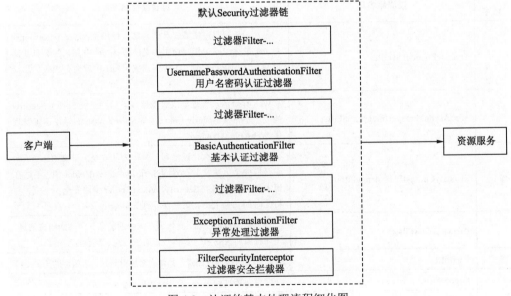

图 4-3 认证的基本处理流程细化图

通过图 4-3 可知，在认证的基本处理流程中，首先会存在着各个不同功能的认证相关的过滤器，当客户端发起认证请求时就会经过这些与认证相关的过滤器，而认证的真正处理逻辑则是通过这些相关的过滤器来进行处理完成的，不过在认证过程中与认证结束后，还会有异常处理过滤器以及过滤器安全拦截器来对认证过程中出现的相关异常进行捕获处理以及对 HTTP 资源做安全处理。

以上即为认证的基本处理流程，在此基本处理流程中，主要是了解到认证其实是由认证相关的过滤器来进行处理的，与此同时，还需了解的是，默认的 Security 过滤器链中最后的异常处理过滤器与过滤器安全拦截器，这两部分在前文中已经有相应的描述，此处不再赘述，如果不太清楚的话，可以重新查看前文中的表 4-1。

4.1.2　认证的内部处理机制

对于认证的内部处理机制，其实就是基于前面小节中认证的基本处理流程而来的，在认证的基本处理流程中，认证请求会经过认证相关的过滤器，这其中的处理措施便是本小节要述述的内部处理机制。

简单来说，在认证的内部处理过程中，其实可以将内部处理机制看作是分步来进行认证处理的；与此同时，在每一步的处理过程中如果出现了相关异常情况，还有针对这些异常情况的处理措施，如图 4-4 所示。

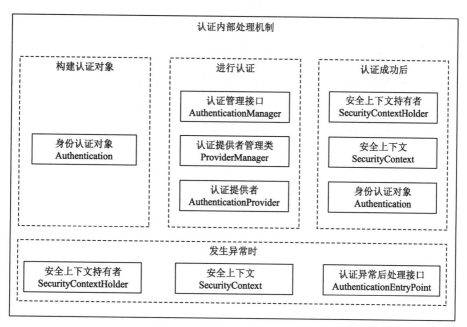

图 4-4　认证的内部处理机制图

通过图 4-4 可以看到认证功能的内部处理细节，认证过程是分为以下三步进行的。

（1）构建认证对象

此步骤是认证的前期准备阶段，通过认证请求过程中的相关身份认证参数来构建一个身份认证对象 Authentication。不过这里需要注意的是，此时的身份认证对象还未经过认证。

（2）进行认证

此步骤是认证的真正执行阶段，针对上一步中构建的身份认证对象 Authentication 来进行认证，在这其中主要是通过认证管理接口 AuthenticationManager 的认证方法来进行认证，而认证提供者管理类 ProviderManager 则是认证管理接口 AuthenticationManager 的具体实现类，在该类的认证方法中主要是通过遍历认证提供者 AuthenticationProvider 列表，用列表中的认证提供者 AuthenticationProvider 来对上一步中构建的身份认证对象 Authentication 进行认证，在认证成功后返回身份认证对象 Authentication。这里需要注意的是，此时的身份认证对象与上一步中构建的身份认证对象是不同的，它已经经过认证。

（3）认证成功后处理

此步骤是认证的后续处理阶段，通过安全上下文持有者 SecurityContextHolder 创建获取安全上下文 SecurityContext，之后将上一步中认证成功后返回的身份认证对象 Authentication 放入 SecurityContext 中。

另外，在认证过程中如果出现了认证相关的异常则会进行专门的异常处理：清空安全上下文持有者 SecurityContextHolder 中的安全上下文 SecurityContext，将请求进行缓存以及进行调用认证异常后处理接口 AuthenticationEntryPoint 后续逻辑处理，这一点其实在前面 Spring Security 架构实现原理中的异常处理部分已经提到过。

至此，我们了解了具体的认证内部处理机制，不过由于在内部处理机制中涉及了诸如身份认证对象 Authentication、认证管理接口 AuthenticationManager 等一系列组件，虽然从内部处理机制中可以看到这些组件的作用，但是对这些组件的详细组成并不清楚。

接下来，我们来看看这些组件的详细描述，以便于后续在使用 Spring Security 时如果要使用到这些组件时能够了然于心。对于这些组件的介绍，以组件名称、组件描述、主要内容以及组件之间的关系为要点依次进行介绍，具体见表 4-2。

表 4-2　认证组件介绍表

组件名称	组件描述	主要内容	组件之间的关系
Authentication（身份认证对象）	提供认证过程中的身份认证对象支持，其中 Authentication 为顶层接口，AbstractAuthenticationToken 为 Authentication 接口的抽象实现类。通常情况下，不同类型的认证能中对应着不同的 AuthenticationToken，这些 AuthenticationToken 继承于 Authentication 接口的抽象实现类，属于认证过程中真正使用的身份认证对象	主要包含 Collection<GrantedAuthority>即身份认证对象的权限集合；Credentials 即认证主体的身份凭据，如用户密码；Details 即请求中的详情信息，如请求地址；Principal 即未经过认证或已经过认证的认证主体，如用户名或 UserDetails 对象；Authenticated 即是否认证标识	包含于安全上下文 SecurityContext 之中
AuthenticationManager（认证管理接口）	提供对认证请求的处理支持，通常情况下，调用该认证管理接口 AuthenticationManager 其实是调用其实现类，即认证提供者管理类 ProviderManager	主要包含一个 authenticate 认证方法，该方法是对未经过认证的认证对象 Authentication 进行认证处理，当认证成功时返回已经经过认证的认证对象 Authentication，当认证失败时则会触发认证相关的异常	是认证提供者管理类 Provider Manager 实现的接口
ProviderManager（认证提供者管理类）	认证处理的入口，其为认证请求真正执行认证方法支持，具体为根据认证提供者列表依次执行认证方法，与此同时，也可以设置认证事件的发布，即在认证成功或者认证失败时进行相关认证事件的发布，默认是调用认证事件发布中没有进行任何实际的操作	主要包含 AuthenticationEventPublisher 即认证事件发布器；List<AuthenticationProvider>即认证提供者列表；MessageSourceAccessor 即消息源访问器，使用的是 Spring Security 默认的消息源访问器；AuthenticationManager 即父级认证管理接口实现类对象，当认证不满足的条件下，且父级认证 AuthenticationProvider 认证对象实现类存在时，才会调用该认证对象的认证方法进行身份认证；eraseCredentialsAfterAuthentication 即是否在认证后对认证凭据进行清除标识，默认为清除	是认证管理接口 Authentication Manager 的常用实现类
AuthenticationProvider（认证提供者）	提供身份认证的具体处理逻辑支持，此为对认证请求真正执行认证处理的地方，其中 AuthenticationProvider 为顶层接口，通常情况下，不同类型的认证功能中对应着不同的 AuthenticationProvider，真正执行身份认证具体处理的逻辑则在这些认证提供者中	主要包含 authenticate 认证方法与 supports 是否支持认证对象的判断方法，当认证提供者不支持某种类型的认证对象时，就无法使用该认证提供者去执行认证	包含于认证提供者管理类 Provider Manager 之中

续表

组件名称	组件描述	主要内容	组件之间的关系
SecurityContextHolder（安全上下文持有者）	提供安全上下文 SecurityContext 与当前线程处理关联的支持，通过安全上下文持有者 SecurityContextHolder 可以创建或获取安全上下文 SecurityContext，也可以对安全上下文 SecurityContext 进行清空操作	主要包含 SecurityContext 即安全上下文；SecurityContextHolderStrategy 即安全上下文持有者策略，如基于 ThreadLocal、基于静态变量等对安全上下文 SecurityContext 进行设置、获取等	包含安全上下文 SecurityContext
SecurityContext（安全上下文）	提供对 Spring Security 安全上下文的支持，通过安全上下文 SecurityContext 可以对认证对象 Authentication 进行设置与获取操作	主要包含 getAuthentication 获取认证对象 Authentication 方法与 setAuthentication 设置认证对象 Authentication 方法	包含认证对象 Authentication
AuthenticationEntryPoint（认证异常后处理接口）	提供在发生认证异常后的相关逻辑处理支持，其中 AuthenticationEntryPoint 为顶层接口，通常情况下，不同类型的认证功能中对应着不同的 AuthenticationEntryPoint 实现类，如在表单登录认证中对应着 LoginUrl AuthenticationEntryPoint，HTTP 基本认证中对应着 Basic AuthenticationEntryPoint	主要包含 commence 方法，即开始执行发生认证异常后的逻辑处理方法	此组件属于认证发生异常时触发的组件，与上述正常认证处理中的组件不直接进行关联

以上所讲即为认证的内部处理机制的全部介绍内容，对于这些内容重在理解即可，如果想要从源码的角度来继续探索认证内部处理机制更深入的细节，可以通过搭建的示例项目中使用到的认证相关的过滤器为切入点来进行，即位于 jar 包 spring-security-web.jar 中 org.springframework.security.web.authentication 包下的 UsernamePasswordAuthenticationFilter 与 org.springframework.security.web.authentication.www 包下的 BasicAuthenticationFilter，当然也可以直接通过 org.springframework.security.web.authentication 包下的抽象类 AbstractAuthenticationProcessingFilter 来进行。

通过对认证的基本处理流程与认证的内部处理机制的理解，对于认证的架构就基本可以掌握清楚，这样就打好了 Spring Security 认证功能中最底层的基础，在有了这些底层基础之后，接下来，就开始对基于认证基础之上的各个常用的基础的不同类型的认证子功能进行了解，以便于后续自定义认证功能的实践使用操作。

4.2　常用的基础认证子功能

对于 Spring Security 认证功能中的各个子功能，在日常实际开发工作中并不会都使用到，本节中主要将主流的基础的子功能单独拿出来进行讲解，这些常用的基础的认证子功能对于循序渐进地认识和掌握 Spring Security 核心认证功能十分有帮助，毕竟对于认识学习一个新技术来说，基础是最重要的。

另外，如果从笔者划分的认证子功能类型来看，将要介绍的常用的、基础的认证子功能主要集中在认证功能类与认证支持类中，并没有出现在认证集成类中。

其实这一点也很好理解，因为认证集成类的相关子功能，其实可以将其理解为对第三方的扩展支持实现，可以将这些子功能归属于基础功能之上，在彻底了解与掌握认证基础功能之前，如果加上对第三方的扩展支持实现的子功能的话，会增加对于 Spring Security 认证功能的理解难度，更不利于基础相关功能与其之上的集成相关功能的掌握。

不过，对于这一点，读者也无须着急，因为在最后基于 Spring Security 构建安全可靠的微服务时，会选取目前主流的认证集成，并且对其进行相关的介绍与实践。

所以，在本节的详细讲解中，还是先将重点放在常用的基础功能的认识与掌握上，这样才能稳打稳扎，以便于后续章节的逐步深入。

那么，常用的基础的认证子功能有哪些呢？

需要认识与掌握的常用的基础认证子功能其实不多，具体有以下这些：

（1）用户名密码认证

（2）匿名认证

（3）注销

（4）会话管理

（5）Remember Me

在前面章节中介绍 Spring Security 核心功能时，笔者将其子功能大致分为认证功能类、认证支持类以及认证集成类这三大类，并且对各类中包含的子功能都进行了相关的功能描述。因此，在接下来的介绍中，对于常用的各个基础认证子功能，只进行简单的功能描述，主要会将重点放在其功能概述以外的内容，即对各个常用基础子功能中的流程进行介绍解析，并且在解析之后，再根据各个不同类型的常用基础子功能，对其展开如何使用的经验分享。

那么，接下来，就依照以上顺序，依次对各个常用的、基础的认证子功能进行讲解。

4.2.1 用户名密码认证

用户名密码认证是指通过使用用户名、密码的方式来进行用户身份的验证；主要包含表单认证、HTTP Basic 基本认证和 Digest 摘要认证三种方式。

（1）表单认证

日常工作过程中最常见且使用最多的一种认证方式，比如在访问某个软件应用时出现的用户登录界面，在用户登录界面中一般就包含着登录表单。

（2）HTTP Basic 基本认证

在日常工作过程中比较少见，因为这种认证方式对于软件应用的安全性方面来说不太安全，一般情况下，在 HTTP Basic 基本认证中，用户名、密码使用的是 Base64 的方式进行编码，这等同于明文的用户名、密码，并且使用 HTTP 传输也存在着安全风险。

（3）Digest 摘要认证

与 HTTP Basic 基本认证类似，在日常工作过程中也比较少见，不过 Digest 摘要认证相较于 HTTP Basic 基本认证来说，在软件应用的安全性方面有所提升，但是同样也不太安全，在 Digest 摘要认证中主要是通过对 nonce 随机数以及用户名密码等参数进行如 MD5 等方式的加密来进行匹配认证，但是其支持的加密算法有限，且诸如 MD5 等方式在目前来说并不可靠。

所以，目标聚焦，在本节中我们会将重点定位于表单认证。

1. 流程解析来源

在表单认证中，流程的解析来源主要有以下几个方面：

- 来源 jar 包名称：spring-security-web.jar。
- 源文件 package：org.springframework.security.web.authentication。
- 详细类名：UsernamePasswordAuthenticationFilter。
- 需关注的重点：UsernamePasswordAuthenticationFilter 类中的 attemptAuthentication 方法及其父类 AbstractAuthenticationProcessingFilter 中的 doFilter 方法。

2. 流程图及说明

关于表单认证的具体流程，如图 4-5 所示。

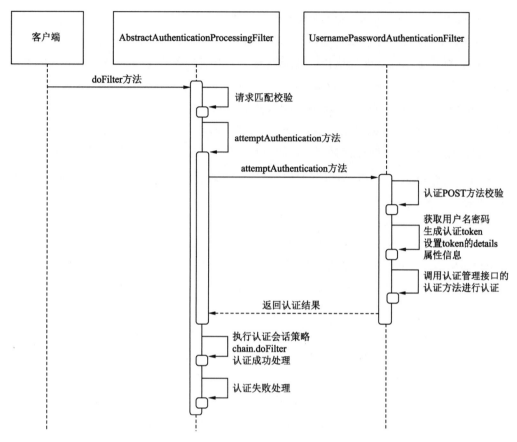

图 4-5　表单认证流程图

结合图 4-5 我们来细致梳理一下表单认证的具体流程。

（1）客户端请求首先经过 AbstractAuthenticationProcessingFilter 的 doFilter()方法进行认证逻辑处理。

（2）在 doFilter()方法中首先会进行请求的匹配校验，校验通过的则会调用 Username PasswordAuthenticationFilter 的 attemptAuthentication 方法。

（3）在 attemptAuthentication()方法中会进行如下操作：

a. 对于认证 POST 方法的校验；

b. 校验不通过时会抛出认证异常，校验通过的则通过 request 获取用户名密码；

c. 根据用户名密码生成 UsernamePasswordAuthenticationToken；

d. 根据 request 请求设置 UsernamePasswordAuthenticationToken 的 details 属性信息；

e. 通过认证管理接口 AuthenticationManager 的认证方法来进行认证。

（4）在 AbstractAuthenticationProcessingFilter 的 doFilter()方法中，获取 attemptAuthentication()方法返回的认证结果，并进行如下操作：

a. 当认证结果不为空时，执行认证会话策略 SessionAuthenticationStrategy，默认是

NullAuthenticatedSessionStrategy 即未做任何处理；

b．在认证成功时调用过滤器链中的下一个过滤器进行请求处理；

c．进行认证成功的处理操作，即通过安全上下文持有者 SecurityContextHolder 创建获取安全上下文 SecurityContext，之后将身份认证对象 Authentication 放入安全上下文 SecurityContext 中，调用 securityContextRepository 保存安全上下文 SecurityContext，默认是 NullSecurityContextRepository 即未做任何处理，调用 rememberMeServices 进行认证成功处理，默认未做任何处理，之后进行事件发布器判断，若存在事件发布器则发布认证成功事件，最后通过认证成功处理器进行认证成功处理，即重定向至原始请求的目标 url。

另外，在此认证流程中，若发生异常的话，则进行认证失败的处理操作，即清空安全上下文持有者 SecurityContextHolder 中的安全上下文 SecurityContext，调用 rememberMeServices 进行认证失败处理，默认未做任何处理，最后通过认证失败处理器进行认证失败处理，即设置 Http 状态码 401，保存认证异常信息，重定向至默认认证失败 url。

最后，需要说明的是，在表单认证中认证提供者 AuthenticationProvider 对应的是 DaoAuthenticationProvider，在其中主要是使用 userDetailsService 通过用户名获取 UserDetails 对象，同时对该用户对象进行是否可用、是否锁定、是否失效及密码匹配等判断，最后返回一个经过认证的身份认证对象 Authentication，在表单认证中该身份认证对象 Authentication 即 UsernamePasswordAuthenticationToken。

在介绍了用户名密码认证中最常见且常用的表单认证后，接下来，就看一下应该如何自定义配置使用表单认证。

经验分享：新版本 Spring Security 中如何自定义配置使用表单认证

在介绍如何自定义配置使用表单认证前，需要说明的是，如果有了解使用过旧版本的 Spring Security，对抽象类 WebSecurityConfigurerAdapter 一定不会陌生，因为在旧版本的 Spring Security 中，一般是通过继承抽象类 WebSecurityConfigurerAdapter，并重写其中的方法来进行相关自定义的配置。

如果读者以前并没有使用过旧版本的 Spring Security，也无须多虑，因为在新版本的 Spring Security 中，旧版本的这种使用方式，官方已经不太推荐使用了，这一点通过源码 WebSecurityConfigurerAdapter 上的@Deprecated 注解即可看到，那么在新版本的 Spring Security 中应该如何进行一些自定义的配置，比如说表单认证的自定义配置。

1．新版本配置方式

在新版本中主要是将原有的继承抽象类并重写方法的方式替换为定义 bean 的方式，比如说表单认证的自定义配置一般是通过 HttpSecurity 来完成的，在新版本的 Spring

Security 中，只需要自定义一个 SecurityFilterChain 的 bean 即可自定义配置 HttpSecurity，具体如下：

```
@Bean
public    SecurityFilterChainfilterChain(HttpSecurity    http)    throws
Exception {

}
```

2. 配置默认表单认证

在了解了如何自定义配置 HttpSecurity 的方法后，接下来我们就通过一个小例子来看一下如何配置默认的表单认证，具体如下：

```
//定义一个 HttpSecurity 的配置类
@Configuration
public class DemoHttpSecurityConfiguration {
 //定义一个 SecurityFilterChain 的 bean，用于进行 HttpSecurity 的相关配置
    @Bean
    public    SecurityFilterChainfilterChain(HttpSecurity    http)    throws
Exception {
        http
                //配置所有请求都需要进行身份认证
                .authorizeRequests(authorizeRequests ->
                    authorizeRequests.anyRequest().authenticated())
                //配置默认的表单登录认证
                .formLogin(Customizer.withDefaults());
        return http.build();
    }

}
```

将以上示例代码放入前面章节搭建的示例项目中，启动项目就可以看到默认的表单登录认证的效果了，由于默认的表单登录认证在前面已经启动测试过，所以在此不再重复讲解，感兴趣的话可以自行进行启动测试。

3. 自定义表单认证 url 与用户名密码参数

接下来看一下，如果想要对默认的表单登录认证进行进一步的自定义配置修改的话，应该如何进行配置，具体如下：

```
@Configuration
public class DemoHttpSecurityConfiguration {

    @Bean
    public    SecurityFilterChainfilterChain(HttpSecurity    http)    throws
```

```
Exception {
        http
                .authorizeRequests(authorizeRequests ->
                        authorizeRequests.anyRequest().authenticated())
                .formLogin(formLogin ->
                        formLogin
                                //自定义配置表单登录提交的 url 路径
                                .loginProcessingUrl("/auth")
                                //自定义配置用户名参数名称
                                .usernameParameter("un")
                                //自定义配置密码参数名称
                                .passwordParameter("pw")
                );
        return http.build();
    }

}
```

同样将以上示例代码放入前面章节搭建的示例项目中，重新启动示例项目后，访问登录页面，通过查看登录页面的源码，可以看到自定义配置的效果，如图 4-6 所示。

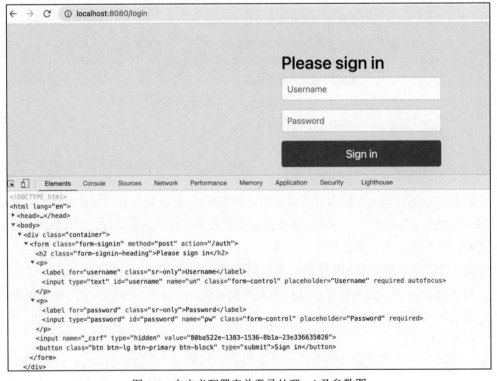

图 4-6   自定义配置表单登录处理 url 及参数图

通过图 4-6 可以看到，在 form 表单的 action 中，url 路径为自定义配置的/auth 路径，用户名与密码输入框中的 name 属性为自定义配置的 un 与 pw。如果将此示例代码去除的话，采用同样的方式查看登录页面的源码，可以发现 form 表单的 action 中 url 路径为默认的/login，用户名与密码输入框中的 name 属性为默认的 username 与 password，由此也可以得知，以上对默认的表单登录认证进行的自定义配置生效效果。

不过，在日常的工作过程中，除了有以上对表单认证的 url 路径、参数名称的修改需求之外，还存在着对默认登录页面的修改需求，这一点从日常接触到的不同软件各自不同的登录页面即可看出。那么，如果要直接替换掉默认的登录页面应该如何处理呢？

4．替换默认的登录页面

替换掉默认的登录页面，可以直接基于前面的示例代码进行自定义配置来完成，具体如下：

```
@Configuration
public class DemoHttpSecurityConfiguration {

    @Bean
    public  SecurityFilterChainfilterChain(HttpSecurity  http)  throws
Exception {
        http
                .authorizeRequests(authorizeRequests ->
                        authorizeRequests
                            //配置/index 路径放行
                            .antMatchers("/index").permitAll()
                            .anyRequest().authenticated())
                .formLogin(formLogin ->
                        formLogin
                            .loginProcessingUrl("/auth")
                            .usernameParameter("un")
                            .passwordParameter("pw")
                            //自定义配置登录页面的 url 路径
                            .loginPage("/index")
                );
        return http.build();
    }

}
```

通过以上的代码配置即可替换掉默认的登录页面的 url 路径，这样就可以完成默认登录页面的替换。

不过此处需要注意的是，当替换了默认登录页面的 url 路径后，一定要确保该自定义登录页面是存在的；另外，针对配置的放行路径，是为了确保自定义登录页面可以直接通过配置的 url 路径来进行访问并正常显示。

对于自定义的登录页面，由于目前软件应用一般都采用前后端分离的模式，自定义登录页面一般由前端来完成，并且登录页面并不是此处的重点，所以在此就不进行前端登录界面的示例展示。不过需要注意的是，如果使用以上示例代码配置，在前端自定义登录界面中一定要采用配置的表单登录提交的 url 路径以及相应的用户名、密码参数名称。

5. 自定义用户名密码

对于表单认证，还存在着用户名、密码的问题，特别是密码，在每次项目启动时都会自动生成一个全新的密码，这一点在表单登录时使用起来并不是十分方便，对此，可以通过配置来进行用户名、密码的自定义操作，具体如下：

```
@Configuration
public class DemoHttpSecurityConfiguration {

    @Bean
    public SecurityFilterChainfilterChain(HttpSecurity http) throws
Exception {
        http
                .authorizeRequests(authorizeRequests ->
                        authorizeRequests.anyRequest().authenticated())
                .formLogin(Customizer.withDefaults());
        return http.build();
    }

    //定义一个 InMemoryUserDetailsManager 的 bean，用于进行内存用户的相关配置
    @Bean
    public InMemoryUserDetailsManager user() {
        //对内存用户进行用户名、密码、角色的自定义配置
        UserDetails user = User
            .withDefaultPasswordEncoder()
            .username("username")
            .password("password")
            .roles("test")
            .build();
        return new InMemoryUserDetailsManager(user);
    }

}
```

当进行如上代码的配置之后，重新启动示例项目就可以使用该示例代码配置中自定义的用户密码进行表单登录认证了。

不过，需要注意的是，在示例代码中对内存用户进行用户名、密码、角色的自定义

配置时使用到了默认的密码加密，以便于自定义密码时的明文展示，这种方式在软件应用开发阶段时使用起来比较方便，但是一旦软件应用需要部署上线时，建议不要使用此种方式，毕竟从安全性的角度来说，这样做不太安全，更好的做法是在自定义密码的字段中填入加密后的字符串。

另外，此处的用户自定义配置使用的是内存用户，并没有进行自定义用户的持久化操作，在此处使用内存用户是为了便于理解如何进行用户的自定义配置，针对自定义用户的持久化，在后面实践章节中会有详细的介绍，此处主要是先对用户自定义配置使用有一个基础理解即可。

4.2.2 匿名认证

匿名认证，其实就是用户没有进行身份认证，该功能可以用来确定在用户没有经过身份认证时哪些资源内容能被用户访问。

1. 流程解析来源

在匿名认证中，流程的解析来源，主要有以下几个方面：

- 来源 jar 包名称：spring-security-web.jar。
- 源文件 package：org.springframework.security.web.authentication。
- 详细类名：AnonymousAuthenticationFilter。
- 需关注的重点：AnonymousAuthenticationFilter 类中的 doFilter 方法。

2. 流程图及说明

匿名认证的流程如图 4-7 所示。

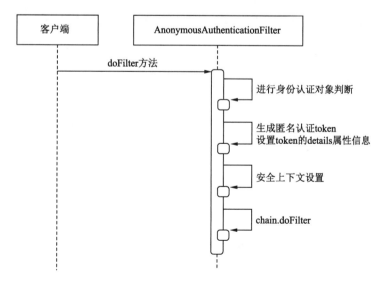

图 4-7 匿名认证流程图

结合图 4-7，我们同样要梳理一下表单认证的具体流程。

（1）客户端的请求会在 AnonymousAuthenticationFilter 的 doFilter()方法进行匿名认证逻辑处理。

（2）在 doFilter()方法中首先会判断身份认证对象 Authentication 是否为空，当身份认证对象 Authentication 不为空时，直接调用过滤器链中的下一个过滤器进行请求处理。

（3）当身份认证对象 Authentication 为空时，首先创建匿名认证 token，具体操作如下：

a. 根据 key 值、认证主体及角色权限生成匿名认证 token（即 AnonymousAuthenticationToken），其中默认的 key 值、认证主体及角色权限为 UUID、anonymousUser 及 ROLE_ANONYMOUS；

b. 设置 AnonymousAuthenticationToken 的 details 属性信息。

（4）进行安全上下文设置，即通过安全上下文持有者 SecurityContextHolder 创建获取安全上下文 SecurityContext，将身份认证对象 Authentication 放入 SecurityContext 中。

（5）调用过滤器链中的下一个过滤器进行请求处理。

以上即为匿名认证的详细流程说明，可以看出，在匿名认证中主要就是根据默认的匿名初始化参数构造了一个身份认证对象 Authentication，该身份认证对象认证主体为 anonymousUser，包含的角色权限为 ROLE_ANONYMOUS。

最后，需要说明的是，在匿名认证中认证提供者 AuthenticationProvider 对应的是 AnonymousAuthenticationProvider，在其中主要是对认证类型的支持判断，以及对该类中的 key 值哈希与匿名认证 token 进行一致性判断，最后返回一个身份认证对象 Authentication，在匿名认证中该身份认证对象 Authentication 即 AnonymousAuthenticationToken。

在介绍了匿名认证后，接下来，就看一下应该如何自定义配置使用匿名认证。

经验分享：新版本 Spring Security 中如何自定义配置使用匿名认证

在新版本的 Spring Security 中，自定义配置使用匿名认证只需自定义一个 SecurityFilterChain 的 bean，这样就可以通过对 HttpSecurity 的自定义配置来完成匿名认证的配置使用。

接下来，我们就通过一个小例子看一下如何通过配置匿名认证完成当用户没有经过身份认证时即可访问指定的资源内容，具体如下：

```
@Configuration
public class DemoHttpSecurityConfiguration {

    @Bean
    public  SecurityFilterChainfilterChain(HttpSecurity  http)  throws
Exception {
        http
                .authorizeRequests(authorizeRequests ->
```

```
                    authorizeRequests
                            <1>
                            .antMatchers("/hello").anonymous()
                            .anyRequest().authenticated())
                    .formLogin(Customizer.withDefaults());
        return http.build();
    }

}
```

以上示例代码中，标识<1>处的代码用来定义/hello 路径可以通过匿名访问，即在用户没有经过身份认证时即可访问/hello 路径。

将以上示例代码放入前面章节搭建的示例项目中，启动项目后，访问 http://localhost:8080/hello 即可直接获取到示例代码中定义的 Hello World!，如果将以上示例代码中的标识<1>处配置代码进行注释或者直接删除掉配置代码，重新启动项目后再次访问该路径的话，会看到访问路径变为表单登录的/login 路径，即需要先进行身份认证后才能进行访问。

匿名认证的自定义配置除了以上配置示例之外，如果想要修改匿名认证中生成匿名认证 token 的默认 key 值、认证主体及角色权限，也可以通过对其进行自定义配置来完成，具体如下：

```
@Configuration
public class DemoHttpSecurityConfiguration {

    @Bean
    public SecurityFilterChainfilterChain(HttpSecurity http) throws
Exception {
        http
            .authorizeRequests(authorizeRequests ->
                    authorizeRequests
                            .anyRequest().authenticated())
            .formLogin(Customizer.withDefaults())
            .anonymous(anonymous ->
                    anonymous
                            //修改匿名认证中默认的 key 值为 custom-key
                            .key("custom-key")
                            //修改匿名认证中默认的认证主体为 custom-principal
                            .principal("custom-principal")
                            //修改匿名认证中默认的角色权限为 custom-authorities
                            .authorities("custom-authorities")
```

```
                );
        return http.build();
    }

}
```

除此之外，如果不想使用匿名认证功能的话，也可以通过自定义配置对匿名认证功能进行禁用，具体如下：

```
@Configuration
public class DemoHttpSecurityConfiguration {

    @Bean
    public SecurityFilterChainfilterChain(HttpSecurity  http)  throws
Exception {
        http
            .authorizeRequests(authorizeRequests ->
                    authorizeRequests
                        .anyRequest().authenticated())
            .formLogin(Customizer.withDefaults())
            .anonymous(anonymous ->
                //调用匿名认证的 disable()方法，对匿名认证功能进行禁用
                anonymous.disable()
            );
        return http.build();
    }

}
```

以上即为如何在新版本的 Spring Security 中进行匿名认证的自定义配置操作，感兴趣的话可以基于前面章节中搭建的示例项目来进行自定义配置，通过启动项目测试来加深认识。

4.2.3 注　销

注销，即在用户进行身份认证后，提供退出登录注销的处理，与表单认证类似，注销是日常工作过程中十分常见且使用较多的一个功能。我们登录使用了某个软件应用后单击退出登录按钮操作就是最常见的注销。

关于注销的解析，与前面的子功能类似，主要分为以下两个方面。

1. 流程解析来源

在注销中，流程的解析来源主要有以下几个方面：

● 来源 jar 包名称：spring-security-web.jar。

- 源文件 package：org.springframework.security.web.authentication.logout。
- 详细类名：LogoutFilter。
- 需关注的重点：LogoutFilter 类中的 doFilter()方法。

2．流程图及说明

关于注销的具体流程，如图 4-8 所示。

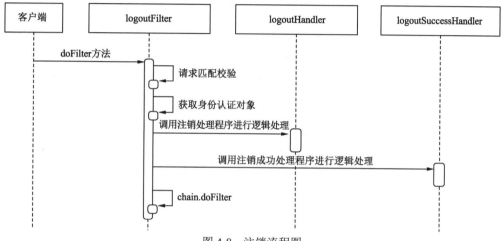

图 4-8　注销流程图

简单了解图 4-8 后，我们梳理一下注销的具体流程。

（1）客户端的请求会在 LogoutFilter 的 doFilter()方法中进行注销逻辑处理。

（2）在 doFilter()方法中首先会对请求的 url 路径进行匹配校验，默认的注销 url 路径为/logout。

（3）当请求匹配校验通过时，会进行如下操作：

a．获取身份认证对象 Authentication，通过安全上下文持有者 SecurityContextHolder 获取设置在安全上下文 SecurityContext 中的身份认证对象 Authentication；

b．调用注销处理程序进行逻辑处理，默认的注销处理程序有 CsrfLogoutHandler、SecurityContextLogoutHandler、LogoutSuccessEventPublishingLogoutHandler；

c．调用注销成功处理程序进行逻辑处理，默认的注销成功处理程序为 SimpleUrlLogout SuccessHandler。

（4）当请求匹配校验不通过时，直接调用过滤器链中的下一个过滤器进行请求处理。

注销的详细流程中，默认的注销处理程序 CsrfLogoutHandler 主要是在注销时对 csrf token 进行清空操作，SecurityContextLogoutHandler 主要是在注销时使 session 失效、清空身份认证对象 Authentication 及安全上下文；LogoutSuccessEventPublishingLogoutHandler 主要是在注销时通过事件发布器发布注销成功事件，而默认的注销成功处理程序 SimpleUrlLogoutSuccessHandler 主要是执行重定向请求的操作，比如重定向至登录首页。

　　最后，需要说明的是，与前面子功能不同的是，在注销中是不存在认证提供者AuthenticationProvider 的，认证提供者主要存在于对用户进行身份认证时，而注销则可以理解为清空身份认证。

　　在介绍了注销后，接下来就看一下应该如何自定义配置使用注销。

经验分享：新版本 Spring Security 中如何自定义配置使用注销

　　在新版本的 Spring Security 中，自定义配置使用注销同样使用自定义 Security FilterChain 的 bean，即可通过对 HttpSecurity 的自定义配置来完成注销的配置使用。

　　接下来，就通过一个小例子看看如何通过配置来显示调用注销操作，具体如下：

```
@Configuration
public class DemoHttpSecurityConfiguration {

    @Bean
    public  SecurityFilterChainfilterChain(HttpSecurity  http)  throws
Exception {
        http
            .authorizeRequests(authorizeRequests ->
                authorizeRequests.anyRequest().authenticated())
            .formLogin(Customizer.withDefaults())
            //显示调用注销操作
            .logout()
        ;
        return http.build();
    }

}
```

　　以上示例代码中即为如何显示调用注销操作，不过需要注意的是，在此处显示调用操作并无实际意义，因为还没有进行更进一步的自定义配置，并且此处的显示调用其实就是默认的注销操作。

　　那么，如果想要对注销操作进行自定义配置，应该如何进行操作呢？比如说修改默认的注销 url 路径，具体如下：

```
@Configuration
public class DemoHttpSecurityConfiguration {

    @Bean
    public  SecurityFilterChainfilterChain(HttpSecurity  http)  throws
Exception {
        http
            .authorizeRequests(authorizeRequests ->
```

```
                    authorizeRequests.anyRequest().authenticated())
                .formLogin(Customizer.withDefaults())
                .logout(logout ->
                        logout
                                //修改默认的注销url路径,其中默认的注销url路径为
/logout,修改为/out
                                .logoutUrl("/out")
                                //修改成功注销后跳转的url路径,其中默认的跳转url
路径为/login?logout,修改为/index
                                .logoutSuccessUrl("/index")
                );
        return http.build();
    }

}
```

对于以上示例代码中的自定义配置,需要注意的是,修改的 url 路径需要有相应路径的映射处理以及 url 路径需要能够被正常访问,不然就会出现在注销时找不到注销页面的情况。

当然,自定义注销操作还有一些其他的配置,比如说注销时是否清除身份认证对象、指定注销时要删除的 Cookie 名称等,具体如下:

```
@Configuration
public class DemoHttpSecurityConfiguration {

    @Bean
    public  SecurityFilterChainfilterChain(HttpSecurity  http)  throws
Exception {
        http
                .authorizeRequests(authorizeRequests ->
                        authorizeRequests.anyRequest().authenticated())
                .formLogin(Customizer.withDefaults())
                .logout(logout ->
                        logout
                                //自定义配置注销时不清除身份认证对象
                                .clearAuthentication(false)
                                //指定注销时要删除的 Cookie 名称为 cookieName
                                .deleteCookies("cookieName")
                );
        return http.build();
    }

}
```

除此之外,在配置注销相关操作时,还可以通过此种方式添加自定义实现的注销处

理程序与注销成功处理程序，以便于在软件应用业务开发时进行一些更符合业务需求方面的业务逻辑处理。

以上即为如何在新版本的 Spring Security 中进行注销的自定义配置操作，感兴趣的话同样可以基于前面章节中搭建的示例项目来进行自定义配置，通过启动项目测试来加深认识。

4.2.4 会话管理

会话管理，即对身份认证过程中的会话进行相关管理操作，例如对身份认证过程中的会话进行创建与修改等操作、对会话的并发进行控制限制操作、针对会话固定攻击进行会话防护操作等。在日常工作中，特别是在软件应用开发时，对会话的管理是十分常见的，比如说设置会话的超时时间以及在会话超时后进行哪些业务逻辑处理等。

1．流程解析来源

在会话管理中，流程的解析来源，主要有以下几个方面：

- 来源 jar 包名称：spring-security-web.jar。
- 源文件 package：org.springframework.security.web.session。
- 详细类名：SessionManagementFilter。
- 需关注的重点：SessionManagementFilter 类中的 doFilter 方法。

2．流程图及说明

关于会话管理的具体流程，如图 4-9 所示。

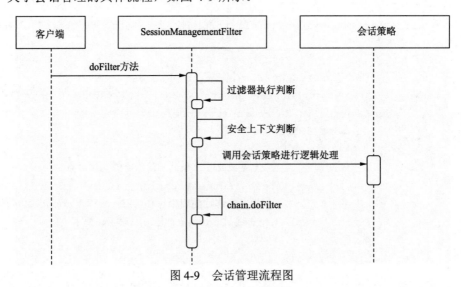

图 4-9　会话管理流程图

结合图 4-9，我们来梳理一下会话管理的具体流程。

（1）通过 ServletRequest 对象获取过自定义的过滤器执行标识 FILTER_APPLIED，

并以此来判断过滤器是否执行过，也就是说，当前 request 请求只在相应的过滤器中执行处理一次，在此判断中具体处理如下：

a. 如果判断为已经执行过，则直接调用过滤器链中的下一个过滤器进行请求处理；

b. 如果判断为没有执行过，则先进行自定义的过滤器执行标识的设置，再进行后续的操作。

（2）根据安全上下文存储判断当前 request 请求的安全上下文是否包含于其中，若不包含则根据安全上下文获取身份认证对象 Authentication，并对获取的身份认证对象 Authentication 进行有效性判断，具体为判断身份认证对象是否为空及是否为匿名认证。

（3）如果身份认证对象 Authentication 有效性判断通过，则正常调用会话策略进行会话策略相关处理操作，之后将安全上下文保存至安全上下文存储中，如果身份认证对象 Authentication 有效性判断不通过，则对 session 会话进行检查，如果需要执行会话失效策略则进行会话失效相关处理操作。

（4）调用过滤器链中的下一个过滤器进行请求处理。

以上内容即为会话管理的详细流程说明，其中默认的会话策略为 CompositeSession AuthenticationStrategy，其是一个混合会话策略，该策略中默认包含了 ChangeSessionId AuthenticationStrategy、CsrfAuthenticationStrategy 两个策略，具体如下：

- ChangeSessionIdAuthenticationStrategy，主要是做变更会话 ID 操作，这是针对会话固定攻击进行的一个会话保护防护措施。
- CsrfAuthenticationStrategy，主要是变更 csrf token，即生成一个新的 csrf token，这也是针对安全性攻击进行的一个防护措施。

除了以上默认的会话策略之外，需要注意的是，在默认情况下，不会进行会话失效相关处理操作，原因是会话失效策略默认为空。

在介绍了会话管理后，接下来就看一下应该如何自定义配置使用会话管理。

经验分享：新版本 Spring Security 如何自定义配置使用会话管理

自定义配置使用会话管理是通过对 HttpSecurity 的自定义配置来完成，在新版本的 Spring Security 中，同样是使用自定义 SecurityFilterChain 的 bean 完成相关的配置使用，这里不再赘述。

1. 配置显示调用会话管理

接下来，就通过一个小例子看看如何通过配置来显示调用会话管理，具体如下：

```
@Configuration
public class DemoHttpSecurityConfiguration {

    @Bean
    public SecurityFilterChain filterChain(HttpSecurity http) throws
```

```
Exception {
        http
                .authorizeRequests(authorizeRequests ->
                        authorizeRequests.anyRequest().authenticated())
                .formLogin(Customizer.withDefaults())
                //显示调用会话管理
                .sessionManagement();
        return http.build();
    }

  }
```

以上示例代码中即为如何显示调用会话管理，不过需要注意的是，在此处显示调用操作并无实际意义，还是属于默认的会话管理操作，要想更进一步的使用会话管理，还需要进行更进一步的自定义配置。

接下来，就通过比较常见的会话的创建、创建后的会话并发以及会话的失效超时后的处理三方面来看看应该如何更进一步的自定义配置使用会话管理。

2. 自定义配置会话创建

对于自定义配置会话的创建，应该如何操作呢？具体如下：

```
@Configuration
public class DemoHttpSecurityConfiguration {

    @Bean
    public  SecurityFilterChainfilterChain(HttpSecurity  http)  throws
Exception {
        http
                .authorizeRequests(authorizeRequests ->
                        authorizeRequests.anyRequest().authenticated())
                .formLogin(Customizer.withDefaults())
                //显示调用自定义配置会话管理
                .sessionManagement(sessionManagement ->
                        //具体自定义配置内容为会话创建策略，会话创建策略具体为
IF_REQUIRED，即在需要时创建会话

sessionManagement.sessionCreationPolicy(SessionCreationPolicy.IF_REQUIRE
D))
                ;
        return http.build();
    }

  }
```

在以上示例代码中，对于会话创建策略的选择，除了 IF_REQUIRED 之外，还可以

根据实际业务情况来选择其他策略，如 ALWAYS、NEVER、STATELESS，其中：

- ALWAYS：始终创建会话。
- NEVER：从不创建会话但是如果已经存在会话则直接使用。
- STATELESS：从不创建会话并且也不使用其获取安全上下文。

3. 自定义配置会话并发

接下来，我们看下创建后的会话并发控制管理应该如何进行配置使用，具体如下：

```
@Configuration
public class DemoHttpSecurityConfiguration {

    @Bean
    public SecurityFilterChainfilterChain(HttpSecurity http) throws
Exception {
        http
            .authorizeRequests(authorizeRequests ->
                    authorizeRequests.anyRequest().authenticated())
            .formLogin(Customizer.withDefaults())
            .sessionManagement(sessionManagement ->
                    //自定义配置最大会话数，具体配置为 1 个
                    sessionManagement.maximumSessions(1)
            );
        return http.build();
    }

}
```

以上示例代码中需要注意的是，自定义配置的最大会话数为 1，但在默认情况下为任意数量。

对于以上示例自定义配置，如果将此自定义配置放入前面章节搭建的示例项目中，启动项目后会发现同一个用户只有最后一次的登录是有效状态，即同一个用户后一次的登录会使得前一次的登录失效。

需要注意的是，如果要在本地环境下进行测试的话，不要使用同一浏览器进行测试，不然看不到自定义配置的效果，在本地可以使用不同的浏览器来进行登录并访问接口测试，比如说先使用 A 浏览器登录并访问示例项目接口，再使用 B 浏览器登录并访问示例项目接口，最后再使用 A 浏览器刷新此前访问的接口。当进行以上操作时，会在 A 浏览器中看到如图 4-10 所示的内容。

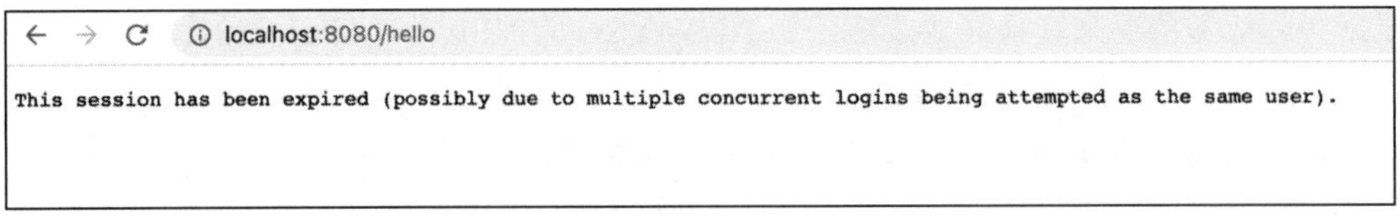

```
← → C  ⓘ localhost:8080/hello
This session has been expired (possibly due to multiple concurrent logins being attempted as the same user).
```

图 4-10　限定最大会话数时重新访问接口图

当然，如果在自定义配置了最大会话数之后，需要保持住当前用户的登录是有效状态，即同一个用户后一次的登录不能使得前一次的登录失效，这个时候应该如何进行配置使用呢？具体如下：

```
@Configuration
public class DemoHttpSecurityConfiguration {

    @Bean
    public SecurityFilterChainfilterChain(HttpSecurity http) throws
Exception {
        http
            .authorizeRequests(authorizeRequests ->
                authorizeRequests.anyRequest().authenticated())
            .formLogin(Customizer.withDefaults())
            .sessionManagement(sessionManagement ->
                sessionManagement
                    .maximumSessions(1)
                    //自定义配置最大会话数登录阻止，即当达到限定的最大
会话数时，对于此后的登录进行阻止操作
                    .maxSessionsPreventsLogin(true)
            );
        return http.build();
    }

}
```

对于以上示例自定义配置，如果将其放入前面章节搭建的示例项目中，在本地环境下使用不同的浏览器来进行测试，比如说先使用 A 浏览器进行登录并访问示例项目接口，再使用 B 浏览器进行登录，就会发现在 B 浏览器中无法登录成功，会看到如图 4-11所示的内容。

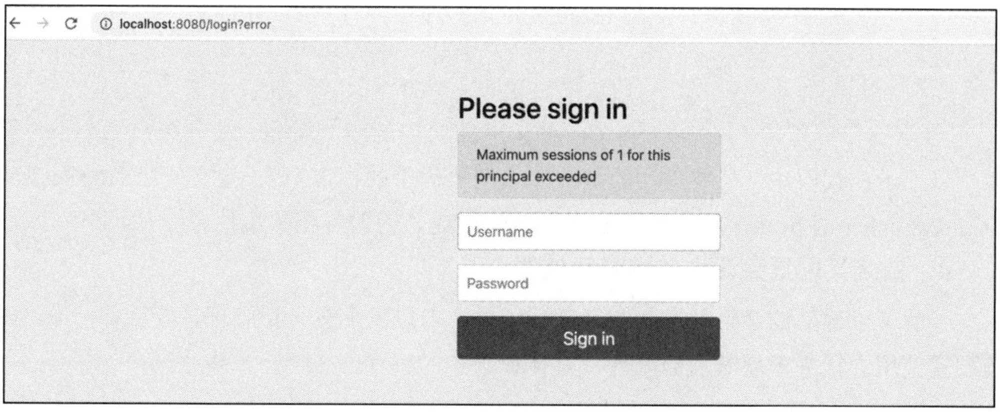

图 4-11　限定最大会话数及登录阻止图

对于以上操作，需要注意的是，当进行了最大会话数登录阻止配置后，一定要在代码层面再注入一个会话事件发布器的 bean；不然的话，即使当前用户在浏览器 A 中进行了退出注销操作，在浏览器 B 中还是无法登录成功，具体原因就是在此种情况下需要一个会话事件发布器来对会话的创建销毁等相关事件进行监听处理，该会话事件发布器其实就是一个 Listener 监听器，具体配置如下：

```
@Configuration
public class DemoHttpSecurityConfiguration {

    @Bean
    public  SecurityFilterChainfilterChain(HttpSecurity  http)  throws
Exception {
        http
            .authorizeRequests(authorizeRequests ->
                authorizeRequests.anyRequest().authenticated())
            .formLogin(Customizer.withDefaults())
            .sessionManagement(sessionManagement ->
                sessionManagement
                    .maximumSessions(1)
                    .maxSessionsPreventsLogin(true)
            );
        return http.build();
    }

    <1>
    @Bean
    public HttpSessionEventPublisherhttpSessionEventPublisher() {
```

```
        return new HttpSessionEventPublisher();
    }

}
```

以上示例代码中，需要关注的重点即示例代码中的标识<1>：定义一个 HttpSession
EventPublisher 的 bean，用于监听处理会话的创建、销毁等相关事件。

4. 自定义配置会话失效超时后处理

了解了创建后的会话并发控制管理后，对于自定义配置会话管理，最后看一下，如
何配置使用会话失效超时后的处理，具体如下：

```
@Configuration
public class DemoHttpSecurityConfiguration {

    @Bean
    public SecurityFilterChain filterChain(HttpSecurity http) throws
Exception {
        http
                .authorizeRequests(authorizeRequests ->
                        authorizeRequests
                                //配置会话无效、会话过期url路径放行
                                .antMatchers("/session/invalid","/session/
expired").permitAll()
                        .anyRequest().authenticated())
                .formLogin(Customizer.withDefaults())
                .sessionManagement(sessionManagement ->
                        sessionManagement
                                //自定义配置会话无效时url路径/session/invalid
                                .invalidSessionUrl("/session/invalid")
                                //自定义配置最大会话数下会话过期时 url 路径
/session/expired
                                .maximumSessions(1).expiredUrl("/session/
expired")
                );
        return http.build();
    }

}
```

通过以上示例代码即可完成会话无效或过期后的处理，即当会话无效或过期后，请
求会重定向至配置的相应 url 路径；不过需要注意的是，相应 url 路径需要有对应的 url

映射实现，即具体的业务逻辑处理。

以上即为如何在新版本的 Spring Security 中进行会话管理的自定义配置操作，感兴趣的话可以基于前面章节中搭建的示例项目来进行自定义配置，通过启动项目测试来加深认识。

4.2.5　Remember Me

Remember Me，即记住我，是日常工作过程中一个比较常见的功能，也就是在用户进行身份认证后，当会话失效超时后，用户不需要再次主动去进行身份认证，该过程会根据 Remember Me 自动完成。

1．流程解析来源

在 Remember Me 中，流程的解析来源主要有以下几个方面：

- 来源 jar 包名称：spring-security-web.jar。
- 源文件 package：　org.springframework.security.web.authentication.rememberme。
- 详细类名：RememberMeAuthenticationFilter。
- 需关注的重点：RememberMeAuthenticationFilter 类中的 doFilter 方法。

2．流程图及说明

关于 Remember Me 的具体流程，如图 4-12 所示。

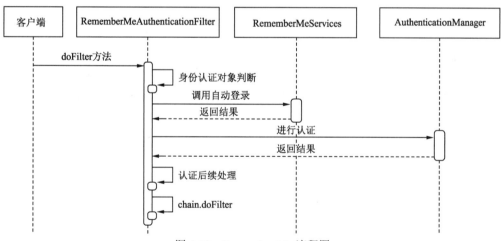

图 4-12　Remember Me 流程图

我们来梳理一下 Remember Me 的具体流程。

（1）进行身份认证对象判断，通过安全上下文获取身份认证对象 Authentication，如果已经存在则直接调用过滤器链中的下一个过滤器进行请求处理。

（2）调用 Remember Me 服务进行自动登录获取身份认证对象 Authentication，其中 Remember Me 服务自动登录主要做的是根据 Remember Me 的 cookie 获取用户进而生成身份认证对象 Authentication。

（3）当通过 Remember Me 服务获取的身份认证对象 Authentication 存在时，则会调用认证管理接口 AuthenticationManager 的认证方法来进行身份认证对象的认证。

（4）在认证完成后，会将认证完成的身份认证对象 Authentication 放入安全上下文中，之后还存在着对安全上下文进行存储持久化、发布相关事件等操作，默认是会进行相关事件的发布。

（5）调用过滤器链中的下一个过滤器进行请求处理。

除此之外，还需要说明的是，在 Remember Me 服务进行自动登录的过程中，在根据 Remember Me 的 cookie 获取用户时，还会进行 cookie 的比对操作。比对操作主要有两种对比方式，一个是基于用户名、token 失效时间、用户密码以及 Remember Me 的 key 值进行 MD5 的比对；另外一个是基于对 token 的持久化存储进行的比对，其中默认的比对方式是基于用户名、token 失效时间、用户密码以及 Remember Me 的 key 值进行 MD5 的比对。

另外，Remember Me 认证提供者 AuthenticationProvider 对应的是 RememberMeAuthenticationProvider，在其中主要是对 Remember Me 的 key 值进行 hash 比对，比对成功则返回身份认证对象 Authentication，在其中使用的身份认证对象 Authentication 即 RememberMeAuthenticationToken。

在介绍了 Remember Me 后，接下来就看一下应该如何在新版本中自定义配置使用 Remember Me。

经验分享：新版本 Spring Security 中如何自定义配置使用 Remember Me

自定义配置使用 Remember Me，相较来说更为便捷，同样也是通过对 HttpSecurity 的自定义配置来完成，在新版本的 Spring Security 中，使用自定义 SecurityFilterChain 的 bean 即可完成相关的配置使用，这里就不再赘述。

接下来通过一个小例子看看如何通过配置来开启 Remember Me 功能，具体如下：

```
@Configuration
public class DemoHttpSecurityConfiguration {

    @Bean
    public  SecurityFilterChainfilterChain(HttpSecurity  http)  throws
Exception {
        http
            .authorizeRequests(authorizeRequests ->
                authorizeRequests.anyRequest().authenticated())
            .formLogin(Customizer.withDefaults())
            //开启 Remember Me 记住我功能
            .rememberMe();
```

```
        return http.build();
    }

}
```

通过以上示例代码即可开启 Remember Me 功能，如果将此自定义配置放入前面章节搭建的示例项目中，启动项目后会发现在默认的登录界面中多了一个 Remember me 的勾选框，如图 4-13 所示。

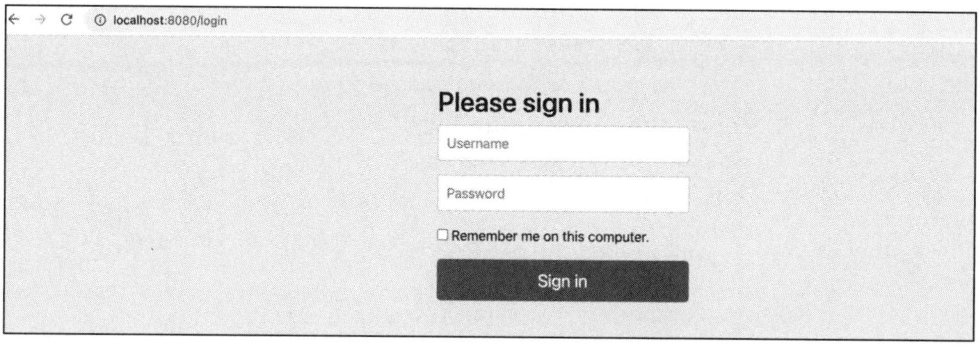

图 4-13　开启 Remember Me 后默认登录界面图

在图 4-13 中的界面进行登录时，对 Remember Me 进行了勾选操作的话，那么在登录后会在 cookie 中看到有名为 remember-me 的 cookie，如图 4-14 所示。

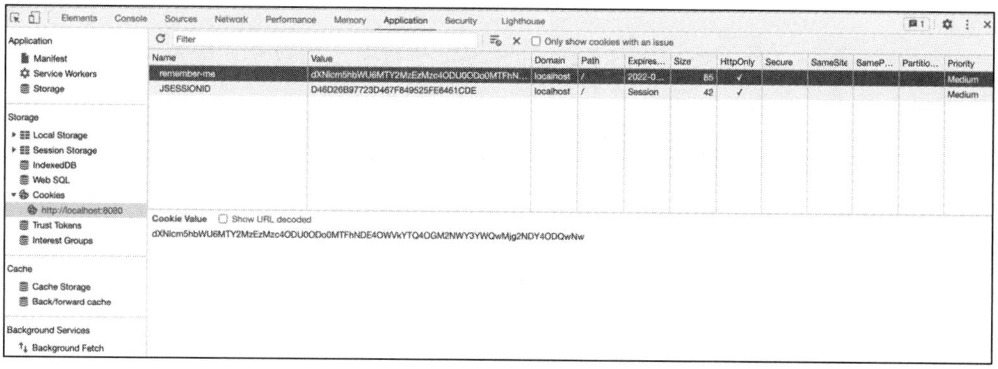

图 4-14　Remember Me cookie 图

此时如果要测试 Remember Me 功能的话，最简单的办法就是直接删除 cookie 中的 JSESSIONID，因为没有 JSESSIONID 的情况下是需要重新登录的，不过由于存在 remember-me 的 cookie，所以在删除后重新刷新页面会发现可以直接访问而不需要重新登录，这就是 Remember Me 功能最直观的体现。当然，如果注释掉以上示例代码中的 Remember Me，会发现在登录后如果直接删除 cookie 中的 JSESSIONID 的话，会直接跳转至登录界面。

除了以上操作之外，还需要知道的是，在 Remember Me 中，remember-me 的 cookie

也是存在有效期的，默认为 2 周。当然，也可以对其进行自定义配置，具体如下：

```java
@Configuration
public class DemoHttpSecurityConfiguration {

    @Bean
    public SecurityFilterChain filterChain(HttpSecurity http) throws
Exception {
        http
                .authorizeRequests(authorizeRequests ->
                        authorizeRequests.anyRequest().authenticated())
                .formLogin(Customizer.withDefaults())
                .rememberMe(rememberMe ->
                        rememberMe
                                //自定义配置 token 有效期时间，单位为秒，以下配置为
5 分钟
                                .tokenValiditySeconds(300)
                );
        return http.build();
    }

}
```

除了以上配置之外，还可以对 Remember Me 进行更多的自定义配置，具体如下：

```java
@Configuration
public class DemoHttpSecurityConfiguration {

    @Bean
    public SecurityFilterChainfilterChain(HttpSecurity http) throws
Exception {
        http
                .authorizeRequests(authorizeRequests ->
                        authorizeRequests.anyRequest().authenticated())
                .formLogin(Customizer.withDefaults())
                .rememberMe(rememberMe ->
                        rememberMe
                                .tokenValiditySeconds(300)
                                //修改默认的 Remember Me 参数为 custom-rememberMe
                                .rememberMeParameter("custom-rememberMe")
                                //设置始终创建 Remember Me 的 cookie，即使在登录
时未对 Remember Me 进行勾选也会创建相应的 cookie
```

```
                    .alwaysRemember(true)
            );
    return http.build();
    }


}
```

以上即为如何在新版本的 Spring Security 中进行 Remember Me 的自定义配置操作，感兴趣的话可以基于前面章节中搭建的示例项目来进行自定义配置，通过启动项目测试来加深认识。

——本章小结——

在本章中，主要进行了 Spring Security 核心功能——认证的相关基础介绍，其中包含 Spring Security 认证基本架构的介绍与常用基础认证子功能的详解。对于 Spring Security 认证的基本架构，重点是了解其基本处理流程以及熟悉其内部处理机制，这对于使用 Spring Security 认证的子功能来说是基础的理论知识。对于常用基础认证子功能，建议是基于前面章节中搭建的示例项目以及本章中经验分享给出的一些示例配置来实践，实际体验一下各个不同的子功能的作用与表现，以此来加深对常用的基础认证子功能的认识。

不过，在本章中对于各个常用的基础认证子功能，重点还是放在对这些子功能的一一介绍及基础使用上，并没有进行更进一步的串联使用以及更深入的认证自定义。所以，在下一章中将串联起多个认证的子功能，以此来进行更符合实际工作需求的自定义认证实践。

第 5 章　自定义认证实践

在第 4 章中，我们重点介绍了认证中不同类型的常用子功能以及其基础使用，这对于了解与掌握认证的子功能是必需的。但是，在实际的工作过程中一般不会只使用Spring Security 认证的单一功能，而是需要串联 Spring Security 认证的多个子功能来使用。

本章将在读者了解 Spring Security 核心认证功能的各个常用子功能的基础上，进行更深入的认证子功能自定义实践，这更能满足实际工作过程中软件应用认证方面的实现需要，且能够从实践层面加深对 Spring Security 认证常用子功能的认知与理解。

本章的自定义认证实践首先会进行一个整体自定义认证解决方案的介绍，然后基于该解决方案进行具体的开发实践操作，最后在开发实践完成后再对自定义认证的实现进行启动测试。

5.1　自定义认证解决方案

在介绍自定义认证解决方案之前，需要说明的是，在当前日常的工作过程中，软件项目的开发逐步倾向于前后端分离的模式，但是，为了示例闭环以及测试方便，本节中的自定义认证解决方案也会涉及少许前端部分，不过会采取简化的方式，还是以后端部分为主。

在本节中，对于自定义认证解决方案的介绍，会分为方案总目标及对应需求、方案流程图和方案实现思路三个步骤来讲解。

5.1.1　方案总目标及对应需求

自定义认证解决方案的总目标，即基于日常实际工作过程中软件应用的认证需求，结合 Spring Security 认证的多个子功能来进行自定义认证的功能实现。

自定义认证解决方案的对应需求，本例中选取的日常实际工作过程中软件应用的认证需求，主要有以下几个方面。

（1）自定义表单认证

自定义表单认证可用于对默认表单认证进行扩展；另外，在前后端分离的软件开发模式下，自定义表单认证可用来从后端定位到指定的前端 url 路径及页面上。

（2）添加额外的认证参数

关于额外的认证参数，常见的表现形式为登录页面中的验证码参数，多一层验证码校验比对，可以加强软件应用的认证安全，防止软件应用被恶意登录及暴力破解。

（3）用户持久化及密码加密

用户持久化即将用户数据放入数据库中，无需每次随机生成用户密码或者将用户数据存放于内存中，这样在软件应用重启后用户数据依旧有效，与此同时，对于用户密码进行加密存储，可以提高用户数据的安全性。

（4）自定义 logout 处理

自定义 logout 处理（自定义注销处理操作）可用于对默认的注销处理进行扩展，比如在进行注销处理时添加额外的业务操作，便于后续软件应用在业务层面进行管理等。

以上即为自定义认证解决方案的总目标及对应需求，在对以上内容有所了解后，就需要围绕这些需求，梳理一下解决方案的流程，以便理清解决方案整体流程思路。

5.1.2　方案流程图

自定义认证解决方案的具体流程如图 5-1 所示。

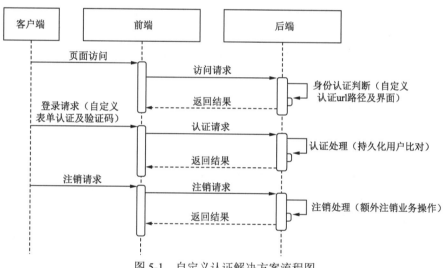

图 5-1　自定义认证解决方案流程图

从图 5-1 中可以看到，自定义认证解决方案的流程主要可以分为三个环节。

（1）客户端首次页面访问

在客户端首次通过页面访问前端时，此时由于没有通过身份认证，所以在后端的身份认证判断中会判定为未进行身份认证，接着客户端会在前端看到自定义认证的 url 路径以及对相应的界面进行渲染。

（2）客户端进行登录请求

在客户端看到自定义认证的 url 路径以及相应的界面后，该界面中的主要内容即为自定义的表单认证，其中也会包含添加的额外的验证码参数，此时客户端需要填入相应登录信息进行身份认证，在后端接收到认证请求后，会进行验证码的比对并根据填入的用户信息与持久化的用户信息进行比对，若都比对成功则认证成功。

（3）客户端进行注销请求

当客户端不再使用后，可以进行注销操作，即通过前端发起注销请求，后端接收到注销请求后，会进行正常的注销处理，此时自定义的额外的注销业务操作也会被执行，然后返回注销处理结果。

以上即为自定义认证解决方案的流程及其说明，在对自定义认证解决方案的流程有所了解后，就可以着手解决方案的实现了，不过在进行实现之前，还是先梳理一下实现思路，这样可以在实现时达到思路清晰、事半功倍的效果。

5.1.3　方案实现思路

自定义认证解决方案的实现思路按照前面介绍的解决方案流程图中的三个环节来依次进行相关实现。

首先，客户端首次页面访问环节实现。在此环节中，需要对 Spring Security 进行相关的自定义表单认证配置，主要是配置自定义表单认证的 url 路径，然后进行相应的控制器及自定义界面的实现。除此之外，在此环节实现时还需要注意的是对自定义表单认证的 url 路径进行放行设置。

其次，客户端进行登录请求环节实现。此环节中，需要做的实现具体有：

（1）对上一步实现的界面进行修改，主要是添加额外的验证码。

（2）进行自定义认证的身份认证对象与相应的自定义认证过滤器的实现，与此同时，对 Spring Security 进行相关的自定义过滤器配置。

（3）进行用户持久化数据库库表创建及相关配置的实现。

（4）对密码加密进行配置定义。

（5）进行自定义身份认证业务逻辑处理实现。

最后，客户端进行注销请求环节实现。在此环节中，先进行自定义额外的注销业务操作实现，然后对 Spring Security 进行相关的自定义注销配置。

在对自定义认证解决方案的实现思路进行梳理后，就可以参照此实现思路来实际动手进行自定义认证的编码实现了。

5.2　项目初始化

在进行自定义认证解决方案的编码实现前，重要的准备工作是进行项目的初始化，也就是新建项目工程以及确定好相关的引用依赖。

由于在前面章节中介绍 Spring Boot 集成 Spring Security 时，已经介绍过如何选定 Spring Boot 与 Spring Security 的版本，以及如何使用开发工具 IntelliJ IDEA 来进行项目的初始化，所以在此不再赘述。

不过，在本实践操作中，还是需要对项目的初始化进行简要介绍，主要原因是，在本示例项目中的引用依赖与之前章节示例项目中的引用依赖存在不同之处，所以，在此项目初始化小节中主要介绍项目初始化时的相关引用依赖。

在本实践操作中，项目初始化的相关引用依赖具体如图 5-2 所示。

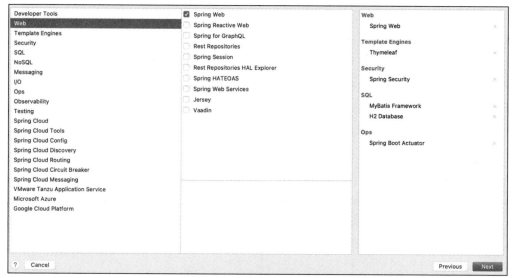

图 5-2　项目初始化引用依赖图

通过图 5-2 可看到，在本示例项目中所要使用到的具体依赖名称（中间界面），这些依赖在本示例项目中的用途见表 5-1。

表 5-1　项目依赖用途描述表

依赖名称	用途描述
Spring Web	该依赖在本示例项目中主要用于帮助构建基于 servlet 的 web 应用，使用此依赖可以实现自定义认证相关的控制器、处理自定义认证相关的请求等
Thymeleaf	该依赖在本示例项目中主要与 Spring Web 依赖结合使用，主要用于实现自定义认证中的相关自定义界面
Spring Security	该依赖在本示例项目中主要用于提供安全框架支持，自定义认证的核心基于此依赖来完成
Mybatis Framework	该依赖在本示例项目中主要用于提供用户持久化相关的支持，主要用于将示例项目中的实体类与数据库表记录进行关联映射等
H2 Database	该依赖在本示例项目中主要用于提供数据库方面的支持，选用此依赖主要是当作内存数据库来使用，以便于提高本示例项目的便捷度
Spring Boot Actuator	该依赖在本示例项目中主要用于帮助管理本示例项目，在本示例项目中使用此依赖来实现示例项目启动后的安全停止操作

在确定好项目的相关引用依赖后，直接在开发工具 IntelliJ IDEA 中定义好项目的名称、文件路径等属性，项目的基础结构便可自动生成了。

由于此处自动生成的基础项目结构与前面章节中介绍 Spring Boot 集成 Spring

Security 时的类似，所以此处不再赘述相关内容，不过在此还是提供一份本示例项目的 pom.xml 文件内容以供参考，具体内容如下：

```
<?xml version="1.0" encoding="UTF-8"?>
<project                          xmlns="http://maven.apache.org/POM/4.0.0"
xmlns:xsi="http://www.w3.org/2001/XMLSchema-instance"
       xsi:schemaLocation="http://maven.apache.org/POM/4.0.0
https://maven.apache.org/xsd/maven-4.0.0.xsd">
    <modelVersion>4.0.0</modelVersion>
    <parent>
        <groupId>org.springframework.boot</groupId>
        <artifactId>spring-boot-starter-parent</artifactId>
        <version>2.7.2</version>
        <relativePath/>
    </parent>
    <groupId>com.example</groupId>
    <artifactId>custom-authentication</artifactId>
    <version>0.0.1-SNAPSHOT</version>
    <name>custom-authentication</name>
    <description>Demo project for Spring Boot</description>
    <properties>
        <java.version>1.8</java.version>
    </properties>

    <1>
    <dependencies>
        <dependency>
            <groupId>org.springframework.boot</groupId>
            <artifactId>spring-boot-starter-actuator</artifactId>
        </dependency>
        <dependency>
            <groupId>org.springframework.boot</groupId>
            <artifactId>spring-boot-starter-security</artifactId>
        </dependency>
        <dependency>
            <groupId>org.springframework.boot</groupId>
            <artifactId>spring-boot-starter-thymeleaf</artifactId>
        </dependency>
        <dependency>
```

```xml
        <groupId>org.springframework.boot</groupId>
        <artifactId>spring-boot-starter-web</artifactId>
    </dependency>
    <dependency>
        <groupId>org.mybatis.spring.boot</groupId>
        <artifactId>mybatis-spring-boot-starter</artifactId>
        <version>2.2.2</version>
    </dependency>
    <dependency>
        <groupId>org.thymeleaf.extras</groupId>
        <artifactId>thymeleaf-extras-springsecurity5</artifactId>
    </dependency>

    <dependency>
        <groupId>com.h2database</groupId>
        <artifactId>h2</artifactId>
        <scope>runtime</scope>
    </dependency>
    <dependency>
        <groupId>org.springframework.boot</groupId>
        <artifactId>spring-boot-starter-test</artifactId>
        <scope>test</scope>
    </dependency>
    <dependency>
        <groupId>org.springframework.security</groupId>
        <artifactId>spring-security-test</artifactId>
        <scope>test</scope>
    </dependency>
    </dependencies>

<build>
    <plugins>
        <plugin>
            <groupId>org.springframework.boot</groupId>
            <artifactId>spring-boot-maven-plugin</artifactId>
        </plugin>
    </plugins>
</build>
```

```
</project>
```

对于以上 pom.xml 文件内容，重点需查看标识<1>中的引用依赖内容部分是否与前面相关引用依赖一致，若不一致则可以考虑依据以上 pom.xml 文件内容来手动添加缺失的引用依赖。

至此，自定义认证实现前的准备工作就绪，接下来就是自定义认证重要的编码实现了。

5.3 自定义认证 url 路径及界面

对于自定义认证 url 路径及界面的具体编码实现主要有以下三个类需要进行实现处理：

- Spring Security 配置类：为了对表单认证进行自定义设置以及对自定义的认证 url 路径进行放行设置。
- 自定义认证控制器：为了处理访问请求返回自定义的认证界面。
- 自定义认证界面：客户端可以通过前端浏览器看到的自定义页面。

5.3.1 Spring Security 配置类

在对 Spring Security 配置类进行实现前，需要在自动生成的基础项目结构的基础上建立相应的包以用于存放 Spring Security 配置类，具体如图 5-3 所示。

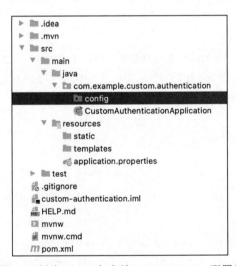

图 5-3 创建 config 包存放 Spring Security 配置类

从图 5-3 中可以看到，在基础项目结构中新建了 config 包用来存放 Spring Security 配置类。接下来看一下 Spring Security 配置类的实现内容，具体如下：

```
@Configuration
public class CustomAuthnHttpSecurityConfiguration {

    @Bean
    public SecurityFilterChain filterChain(HttpSecurity http) throws
Exception {
        http
                //设置除自定义认证的 url 路径放行之外，其他的请求都需要进行认证
                .authorizeRequests(authorizeRequests ->
                        authorizeRequests
                                .antMatchers("/index").permitAll()
                                .anyRequest().authenticated()
                )
                //自定义配置表单认证的登录页面 url 路径为/index
                .formLogin(formLogin ->
                        formLogin.loginPage("/index"))
        ;
        return http.build();
    }

}
```

5.3.2　自定义认证控制器

在对自定义认证控制器进行实现前，同样需在项目结构的基础上建立相应的包以用于存放自定义认证控制器，由于在 Spring Security 配置类的实现中已经有过介绍，此处就不再赘述。

不过需要注意的是，自定义认证控制器对应的包名称与前面的包名称不一样，在本例中自定义认证控制器对应的包名称为 controller。

接下来看看自定义认证控制器的实现内容，具体内容如下：

```
@Controller
public class IndexController {

    @GetMapping("/index")
    public String index() {
        return "index";
    }
```

```
}
```

以上代码即为自定义认证控制器的全部实现内容，比较简单，不过需要注意的是，在自定义认证控制器中的注解为@Controller，当访问/index 路径时返回的并不是 index 字符串，而是相应的 index 页面。

5.3.3 自定义认证界面

在对自定义认证界面进行实现前，不需要像 Spring Security 配置类与自定义认证控制器那样建立相应的包来存放界面文件，因为默认情况下程序会直接从项目中的 src/main/resources/templates 路径下获取相应的界面文件，所以直接将相应的界面文件放到此文件目录下即可；具体内容如下：

```html
<!DOCTYPE html>
<html                                  xmlns="http://www.w3.org/1999/xhtml"
xmlns:th="http://www.thymeleaf.org">
    <head>
        <title>自定义认证</title>
        <meta charset="utf-8" />
    </head>
    <body style="text-align:center;">
        <h3>自定义认证</h3>
        <div th:if="${param.error}" style="color:red">
            认证失败
        </div>
        <form th:action="@{/login}" method="post">
            <div style="margin:10px">
                用户名：
                <input type="text" name="username" placeholder="用户名" />
            </div>
            <div style="margin:10px">
                密   码：
                <input type="password" name="password" placeholder="密码" />
            </div>
            <input type="submit" value="登录" />
        </form>
    </body>
</html>
```

以上代码内容中，主要是完全自定义了一个表单认证界面，其中包含基本的用户名密码输入及登录按钮。另外设置了在发生认证错误时统一提示认证失败。

以上即为自定义认证界面的具体实现，至此，自定义认证 url 路径及界面就实现完毕，接下来就在此基础上看一下添加额外的验证码参数的具体实现。

5.4　添加额外的验证码参数

对于添加额外的验证码参数主要有以下四个类需要进行实现处理：

- 自定义登录界面修改：为了在上一步实现的自定义界面中添加额外的验证码参数输入。
- 自定义身份认证对象和自定义认证过滤器：这两个类都是为了适配额外的验证码参数从用于认证处理。
- Spring Security 配置类修改：为了将自定义认证过滤器进行关联引入，以便于认证请求能够被自定义认证过滤器处理。

5.4.1　自定义登录界面修改

对于自定义登录界面的修改，直接在上一步实现的基础上进行即可，具体操作为在自定义表单中添加额外的验证码参数输入，实现内容如下：

```html
<!DOCTYPE html>
<html                               xmlns="http://www.w3.org/1999/xhtml"
xmlns:th="http://www.thymeleaf.org">
    <head>
        <title>自定义认证</title>
        <meta charset="utf-8" />
    </head>
<body style="text-align:center;">
    <h3>自定义认证</h3>
    <div th:if="${param.error}" style="color:red">
        认证失败
    </div>
    <form th:action="@{/login}" method="post">
        <div style="margin:10px">
            用户名：
            <input type="text" name="username" placeholder="用户名" />
        </div>
        <div style="margin:10px">
            密   码：
            <input type="password" name="password" placeholder="密码"
/>
```

```
        </div>

        <1>
        <div style="margin:10px">
            验证码：
            <input type="text" name="captcha" value="captcha" />
        </div>
        <input type="submit" value="登录" />
    </form>
    </body>
</html>
```

以上代码内容中，需要关注的重点是标识<1>处，即在上一步实现的基础上添加了验证码输入项。需要注意的是，此处已经设置了默认的验证码参数值，在访问界面时不需要手动填写验证码参数值，这样做是为了简化后面自定义认证全部实现后的测试。

不过，在实际的工作过程中，验证码参数应该修改为动态的参数，非此处的默认固定值，因为本节中的重点在于添加了额外的验证码参数后的后续认证处理，所以对于此处的默认验证码参数固定值无须太过在意，注意点主要放在后续添加额外的验证码参数后的处理上。

5.4.2 自定义身份认证对象

在对自定义身份认证对象进行实现前，需要说明的是，在 Spring Security 默认的表单认证中，Spring Security 提供了一个身份认证对象实现类，即 UsernamePasswordAuthenticationToken。

在该类中有两个属性值可分别用于表单认证中的用户名与密码参数，由于在自定义认证中添加了额外的验证码参数，所以在此处才会要进行一个自定义身份认证对象的实现。

不过，对于此处自定义身份认证对象的实现，也不需要从零开始，完全可以基于 Spring Security 提供的身份认证对象实现类来进行扩展完成。

接下来看一下自定义身份认证对象的实现内容，具体如下：

```
public class CustomAuthnToken extends UsernamePasswordAuthenticationToken {

    private static final long serialVersionUID = 1L;

    private String captcha;

    public CustomAuthnToken(String username, String password, String captcha) {
        //通过 super 来复用 Spring Security 提供的身份认证对象实现类
```

```
        super(username, password);
        //自定义认证中添加的额外验证码参数
        this.captcha = captcha;
    }

    public    CustomAuthnToken(String    username,    String    password,
Collection<? extends GrantedAuthority> authorities) {
        //通过 super 来复用 Spring Security 提供的身份认证对象实现类
        super(username, password, authorities);
    }

    public String getCaptcha() {
        return captcha;
    }

}
```

对于此处的自定义身份认证对象文件，与前面类似，在自动生成的基础项目结构的基础上建立相应的包来存放，此处不再赘述，在本例中包名为 token。

5.4.3　自定义认证过滤器

对于自定义认证过滤器，与前面自定义身份认证对象的实现类似，同样可以基于 Spring Security 默认的表单认证中的 UsernamePasswordAuthenticationFilter 实现类来进行扩展完成，具体内容如下：

```
public class CustomAuthnFilter extends UsernamePasswordAuthenticationFilter
{

    private    static    final    Logger    logger    =
LoggerFactory.getLogger(CustomAuthnFilter.class);

    public static final String CUSTOM_AUTHN_CAPTCHA_KEY = "captcha";

    @Override
    public    Authentication    attemptAuthentication(HttpServletRequest
request, HttpServletResponse response)
        throws AuthenticationException {
        //检查当前登录请求是否为 POST 请求
        if (!HttpMethod.POST.name().equals(request.getMethod())) {
            logger.info("认证方法不支持,当前请求方法:{}",
```

```
request.getMethod());
            throw new AuthenticationServiceException("认证方法不支持,当前请
求方法:" + request.getMethod());
        }
        //通过 request 请求获取用户名、密码及验证码参数并封装为自定义身份认证对象
        String        username        =        getParameter(request,
SPRING_SECURITY_FORM_USERNAME_KEY);
        String        password        =        getParameter(request,
SPRING_SECURITY_FORM_PASSWORD_KEY);
        String        captcha         =        getParameter(request,
CUSTOM_AUTHN_CAPTCHA_KEY);
        CustomAuthnTokencustomAuthnToken = new CustomAuthnToken(username,
password, captcha);
        //复用 UsernamePasswordAuthenticationFilter 中的设置属性方法
        setDetails(request, customAuthnToken);
        //调用认证管理接口 AuthenticationManager 来进行后续认证业务逻辑
        return
this.getAuthenticationManager().authenticate(customAuthnToken);
    }

    private String getParameter(HttpServletRequest request, String name)
{
        String value = (request.getParameter(name) == null) ? "" :
request.getParameter(name);
        return value;
    }

}
```

对于此处的自定义认证过滤器文件，与前面类似，同样需在自动生成的基础项目结
构的基础上建立相应的包来存放，此处不再赘述，在本例中包名称为 filter。

5.4.4 Spring Security 配置类修改

对于 Spring Security 配置类的修改，直接在上一步实现的基础上进行即可，具体
为定义自定义认证过滤器的 bean 以及将其与 Spring Security 进行关联引入，具体内容
如下：

```
@Configuration
public class CustomAuthnHttpSecurityConfiguration {

    @Bean
```

```
    public SecurityFilterChain filterChain(HttpSecurity http) throws
Exception {
        http
                .authorizeRequests(authorizeRequests ->
                    authorizeRequests
                        .antMatchers("/index").permitAll()
                        .anyRequest().authenticated()
                )
                .formLogin(formLogin ->
                    formLogin.loginPage("/index"))
        ;
        //将自定义认证过滤器与 Spring Security 进行关联，其中设置自定义认证过滤器
顺序在默认的 UsernamePasswordAuthenticationFilter 之前
        AuthenticationManagerauthenticationManager                    =
http.getSharedObject(AuthenticationManager.class);
        http.addFilterBefore(customAuthnFilter(authenticationManager),
UsernamePasswordAuthenticationFilter.class);
        return http.build();
    }


    //声明认证管理接口 AuthenticationManager
    @Bean
    public                                      AuthenticationManager
authenticationManager(AuthenticationConfigurationauthConfig)throws
Exception {
        return authConfig.getAuthenticationManager();
    }


    //定义自定义认证过滤器 bean
    @Bean
    public   CustomAuthnFiltercustomAuthnFilter(AuthenticationManager
authenticationManager) {
        CustomAuthnFiltercustomAuthnFilter = new CustomAuthnFilter();
    customAuthnFilter.setAuthenticationManager(authenticationManager);
        return customAuthnFilter;
    }


}
```

以上即为 Spring Security 配置类修改的具体实现，至此，添加额外的验证码参数就实现完毕，接下来就看一下用户持久化及密码加密的具体实现。

5.5　用户持久化及密码加密

对于用户持久化及密码加密主要有以下三步需要进行实现处理：

（1）数据库的初始化：主要包含数据库表结构与数据的初始化及相关配置，这是为了在客户端进行登录请求时通过数据库表记录进行认证比对。

（2）实体类及对应 Mapper 的实现：该步骤是为了在认证比对前通过相应查询条件来查询用户信息。

（3）密码加密的配置定义：这一步的目的是将认证请求中的密码参数与加密后的密码数据进行比对。

5.5.1　数据库的初始化

对于数据库的初始化，首先定义数据库表结构，在本示例项目中，自定义认证所用到的数据库表为用户数据表，所以先定义一个用户表，具体内容如下：

```
CREATE TABLE `user` (
  `id` varchar(36) NOT NULL DEFAULT '' COMMENT '用户ID',
  `user_name` varchar(20) DEFAULT NULL COMMENT '用户名',
  `password` varchar(100) DEFAULT NULL COMMENT '密码',
  `create_time` datetime DEFAULT CURRENT_TIMESTAMP COMMENT '创建时间',
  `update_time` datetime DEFAULT CURRENT_TIMESTAMP COMMENT '更新时间',
  PRIMARY KEY (`id`)
);
```

以上用户表结构中，主要定义了自定义认证中所要用到的用户名及密码，相当于在客户端发起登录请求时，首先会直接比对动态的验证码参数，然后再根据以上用户表中的用户数据去比对用户名及密码参数。

在用户表定义完成后，需要准备一条初始化用户数据，具体内容如下：

```
insert        into        `user`(id,        user_name,        password)        values
('59f9899e-332b-7beb-a32d-5b67b083fb51','zhangsan','$2a$10$FJF8ROV1yHUKy
Kd6fNgwounfF/2sCxBp8PnYAeMJEwFkItv1FPb5m');
```

以上初始化的用户数据中，用户密码为采用了 BCrypt 算法加密后的密文，原始明文密码为 123456。需要注意的是，在实际的工作过程中，用户密码不要设置为这种弱密码，此处这样设置是为了简化后面自定义认证示例项目全部实现后的测试输入。

定义完用户表结构及初始化用户数据后，在自动生成的基础项目结构的基础上需要建立相应的文件以用于存放表结构及初始化数据，在本例中表结构存放于 src/main/resources/db/schema.sql 文件中，初始化数据存放于 src/main/resources/db/data.sql 文件中。

执行完以上操作后，接着就是对数据库进行相关配置，具体内容如下：

```
spring:
  datasource:
    driverClassName: org.h2.Driver
    url: jdbc:h2:mem:dbtest;database_to_upper=false
    #定义数据库访问的用户名与密码
    username: sa
    password: 123456
  sql:
    init:
      platform: h2
      #定义数据库初始化表结构脚本
      schema-locations: classpath:db/schema.sql
      #定义数据库初始化数据脚本
      data-locations: classpath:db/data.sql
  h2:
    #开启数据库控制台及访问路径定义
    console:
      enabled: true
      path: /h2
```

5.5.2　实体类及对应 Mapper 的实现

关于实体类及对应 Mapper 的具体实现，主要就是基于上一步数据库初始化中的用户表进行，具体内容如下：

```
public class CustomAuthnUser {

    private String id;

    private String userName;

    private String password;

    private Date createTime;

    private Date updateTime;

    public String getId() {
```

```java
        return id;
    }

    public void setId(String id) {
        this.id = id;
    }

    public String getUserName() {
        return userName;
    }

    public void setUserName(String userName) {
        this.userName = userName;
    }

    public String getPassword() {
        return password;
    }

    public void setPassword(String password) {
        this.password = password;
    }

    public Date getCreateTime() {
        return createTime;
    }

    public void setCreateTime(Date createTime) {
        this.createTime = createTime;
    }

    public Date getUpdateTime() {
        return updateTime;
    }

    public void setUpdateTime(Date updateTime) {
        this.updateTime = updateTime;
    }
```

```
        @Override
        public String toString() {
            return "CustomAuthnUser{" +
                    "id='" + id + '\'' +
                    ", userName='" + userName + '\'' +
                    ", password='" + password + '\'' +
                    ", createTime=" + createTime +
                    ", updateTime=" + updateTime +
                    '}';
        }


    }
```

其实细心观察可知，以上代码主要就是定义了相关属性字段以及相关 getter、setter、toString 方法。

接下来我们看看对应 Mapper 的实现，具体内容如下：

```
@Mapper
public interface UserMapper {

    CustomAuthnUser selectByUsername(String username);


}
```

以上代码中，UserMapper 的具体实现内容比较简单，就是定义了一个通过用户名查找用户的方法，不过需要注意的是，在定义了 Mapper 后，还需要相应的 mapper.xml 文件，具体内容如下：

```
<?xml version="1.0" encoding="UTF-8"?>
<!DOCTYPE mapper PUBLIC "-//mybatis.org//DTD Mapper 3.0//EN"
"http://mybatis.org/dtd/mybatis-3-mapper.dtd">
<mapper namespace="com.example.custom.authentication.dao.UserMapper">

    <select id="selectByUsername" parameterType="string"
resultType="com.example.custom.authentication.entity.CustomAuthnUser">
        select
        id, user_name, password, create_time, update_time
        from 'user'
        where user_name = #{userName}
    </select>


</mapper>
```

以上 mapper.xml 文件的具体实现内容中，主要就是定义了具体的通过用户名查找用户信息的查询 sql 语句。

以上操作完成后，就需要在项目结构的基础上建立相应的文件目录用于存放这些实现内容，在本例中用户实体类存放于 src/main/java/com/example/custom/authentication/entity 目录中，UserMapper 存放于 src/main/java/com/example/custom/authentication/dao 目录中，mapper.xml 存放于 src/main/resources/mybatis 目录中。

文件目录建立完成后，为了让 mapper 生效，还需要对 mybatis 进行相关配置，主要是配置 mapper 映射的位置以及针对数据库表中带下画线的表字段映射为驼峰形式的实体类属性，具体配置内容如下：

```
mybatis:
  mapper-locations: classpath:mybatis/*.xml
  configuration:
    map-underscore-to-camel-case: true
```

5.5.3 密码加密的配置定义

对于密码加密的具体实现，无须其他特殊操作，只需要在前面的 Spring Security 配置类中配置定义一个密码加密的 bean 即可完成，具体实现内容如下：

```
@Configuration
public class CustomAuthnHttpSecurityConfiguration {

    @Bean
    public SecurityFilterChain filterChain(HttpSecurity http) throws
Exception {
        http
            .authorizeRequests(authorizeRequests ->
                authorizeRequests
                    .antMatchers("/index").permitAll()
                    .anyRequest().authenticated()
            )
            .formLogin(formLogin ->
                formLogin.loginPage("/index"))
        ;
        AuthenticationManager authenticationManager = http.getSharedObject
(AuthenticationManager.class);
        http.addFilterBefore(customAuthnFilter(authenticationManager),
UsernamePasswordAuthenticationFilter.class);
        return http.build();
```

```
    }

    @Bean
    public
    AuthenticationManager
authenticationManager(AuthenticationConfiguration    authConfig)    throws
Exception {
        return authConfig.getAuthenticationManager();
    }

    @Bean
    public    CustomAuthnFiltercustomAuthnFilter(AuthenticationManager
authenticationManager) {
        CustomAuthnFilter customAuthnFilter = new CustomAuthnFilter();
customAuthnFilter.setAuthenticationManager(authenticationManager);
        return customAuthnFilter;
    }

    //定义密码加密bean
    @Bean
    public BCryptPasswordEncoder passwordEncoder() {
        return new BCryptPasswordEncoder();
    }

}
```

以上代码内容中，需要关注的重点即定义密码加密 bean。这里需要注意的是，此处具体的密码加密实现类采用的加密算法一定要与数据库初始化中的初始数据加密算法保持一致，不然在进行密码比对时会出现比对不成功的情况。

另外，在密码加密方面选用加密算法时，一定要采用安全性较高的加密算法，如加盐哈希、bcrypt 加密算法等。

以上即为密码加密配置定义的具体实现，至此，用户持久化及密码加密就实现完毕，接下来就看一下身份认证逻辑处理的具体实现。

5.6　身份认证逻辑处理

对于身份认证逻辑处理主要有以下两步需要进行实现处理：

（1）认证提供者 AuthenticationProvider 及其相关 service 实现：其目的是对前面构建的自定义身份认证对象进行认证业务逻辑处理。

（2）认证成功与失败后的后续处理实现：这一步是为了在客户端认证成功后跳转至新的默认界面以及在客户端认证失败后显示认证失败错误信息。

5.6.1 认证提供者及其相关 service 实现

对于认证提供者 AuthenticationProvider 及其相关 service 的实现，可以先从 service 的实现开始，相当于先将基础底层实现完成后再去实现上层内容，对于 service 的实现方式具体为实现 Spring Security 中的 UserDetailsService 接口，该接口中需要实现的内容主要是根据用户名获取相应用户，具体实现内容如下：

```
@Component
public class CustomAuthnService implements UserDetailsService {

    private        static        final        Logger        logger        =
LoggerFactory.getLogger(CustomAuthnService.class);

    @Autowired
    private UserMapper userMapper;

    @Override
    public UserDetails loadUserByUsername(String username) throws
UsernameNotFoundException {
        if (username == null || "".equals(username.trim())) {
            logger.info("用户名为空");
            throw new AuthenticationServiceException("用户名为空");
        }
        CustomAuthnUser                customAuthnUser                =
userMapper.selectByUsername(username);
        if (customAuthnUser == null) {
            logger.info("通过用户名未找到相应用户，用户名:{}", username);
            throw new UsernameNotFoundException("通过用户名未找到相应用户，
用户名: " + username);
        }
        UserDetails userDetails = User.builder()
                .username(customAuthnUser.getUserName())
                .password(customAuthnUser.getPassword())
                .roles("TEST")
                .build();
        return userDetails;
    }
```

```
    }
```

上述代码中主要做的事情就是通过用户名调用前面实现的 userMapper 来获取数据库表中相应的用户数据并返回,不过需要注意的是,由于本示例项目中暂时还未涉及权限相关内容,所以在返回相关用户时统一将用户角色设置为了自定义的 TEST 角色。

完成 service 的实现后,接下来就开始进行自定义的认证提供者的实现,具体与上一步类似,也是实现 Spring Security 中的接口,不过接口名称为 AuthenticationProvider,在该接口中需要实现的内容主要为具体的认证处理方法及自定义认证提供者对传入的身份认证对象是否支持的方法,具体实现内容如下:

```java
public class CustomAuthnProvider implements AuthenticationProvider {

    private      static      final      Logger      logger      =
LoggerFactory.getLogger(CustomAuthnProvider.class);

    private PasswordEncoder passwordEncoder;

    private CustomAuthnService customAuthnService;

    public    CustomAuthnProvider(PasswordEncoder    passwordEncoder,
CustomAuthnService customAuthnService) {
        this.passwordEncoder = passwordEncoder;
        this.customAuthnService = customAuthnService;
    }

    //具体的自定义身份认证逻辑处理方法
    @Override
    public Authentication authenticate(Authentication authentication)
throws AuthenticationException {
        CustomAuthnToken            unAuthnCustomToken            =
(CustomAuthnToken)authentication;
        //对认证请求中的验证码参数进行比对
        if (!"captcha".equals(unAuthnCustomToken.getCaptcha())) {
            logger.info(" 验 证 码 错 误 , 当 前 请 求 验 证 码 :{}",
unAuthnCustomToken.getCaptcha());
            throw new AuthenticationServiceException("验证码错误,当前请求验
证码:" + unAuthnCustomToken.getCaptcha());
        }
        //调用上一步实现的 service 获取相应用户信息
        UserDetails                      userDetails                =
```

```
this.customAuthnService.loadUserByUsername(unAuthnCustomToken.getName())
;
        if (userDetails == null) {
            logger.info("调用 service 返回的 userDetails 为 null");
            throw new InternalAuthenticationServiceException(" 调 用
service 返回的 userDetails 为 null");
        }
        //对认证请求中的密码进行比对
        String                         requestPassword                    =
authentication.getCredentials().toString();
        if ("".equals(requestPassword)) {
            logger.info("密码为空");
            throw new AuthenticationServiceException("密码为空");
        }
        if            (!this.passwordEncoder.matches(requestPassword,
userDetails.getPassword())) {
            logger.info("密码错误");
            throw new BadCredentialsException("密码错误");
        }
        CustomAuthnToken        customAuthnToken         =          new
CustomAuthnToken(userDetails.getUsername(),   userDetails.getPassword(),
userDetails.getAuthorities());
        customAuthnToken.setDetails(unAuthnCustomToken.getDetails());
        return customAuthnToken;
    }

    //定义自定义认证提供者支持自定义身份认证对象
    @Override
    public boolean supports(Class<?> authentication) {
        return
(CustomAuthnToken.class.isAssignableFrom(authentication));
    }

}
```

以上即为认证提供者 AuthenticationProvider 及其相关 service 的具体实现，不过到此还未结束，还需要在 Spring Security 配置类中进行相应的声明才能使其生效，具体如下：

```
@Configuration
public class CustomAuthnHttpSecurityConfiguration {
```

```
<1>
@Autowired
private CustomAuthnService customAuthnService;

@Bean
public SecurityFilterChainfilterChain(HttpSecurity http) throws
Exception {
    http
        .authorizeRequests(authorizeRequests ->
            authorizeRequests
                .antMatchers("/index").permitAll()
                .anyRequest().authenticated()
        )
        .formLogin(formLogin ->
            formLogin.loginPage("/index"))
    ;
    AuthenticationManager authenticationManager =
http.getSharedObject(AuthenticationManager.class);
    http.addFilterBefore(customAuthnFilter(authenticationManager),
UsernamePasswordAuthenticationFilter.class);
    return http.build();
}

@Bean
public AuthenticationManager
authenticationManager(AuthenticationConfiguration authConfig) throws
Exception {
    return authConfig.getAuthenticationManager();
}

@Bean
public CustomAuthnFilter customAuthnFilter(AuthenticationManager
authenticationManager) {
    CustomAuthnFilter customAuthnFilter = new CustomAuthnFilter();
customAuthnFilter.setAuthenticationManager(authenticationManager);
    customAuthnFilter.setAuthenticationSuccessHandler(new
CustomAuthnSuccessHandler("/hello"));
    customAuthnFilter.setAuthenticationFailureHandler(new
SimpleUrlAuthenticationFailureHandler("/index?error"));
```

```
        return customAuthnFilter;
    }

    @Bean
    public BCryptPasswordEncoder passwordEncoder() {
        return new BCryptPasswordEncoder();
    }

    <2>
    @Bean
    public AuthenticationProvider authenticationProvider(){
        CustomAuthnProvider        customAuthnProvider        =        new
CustomAuthnProvider(passwordEncoder(), customAuthnService);
        return customAuthnProvider;
    }

}
```

以上内容中需要关注的重点是标识<1>、<2>的内容，通过以上配置即可使得自定义的认证提供者及其相关 service 在后续认证过程中得到使用。

在对自定义的认证提供者及其相关 service 实现完毕后，接下来看一下认证成功与失败后的后续处理的具体实现。

5.6.2　认证成功与失败后的后续处理

我们先从认证成功后的后续处理开始，具体可以通过实现 Spring Security 中的 AuthenticationSuccessHandler 接口来完成，具体实现内容如下：

```
public        class        CustomAuthnSuccessHandler        implements
AuthenticationSuccessHandler {

    private AuthenticationSuccessHandler authenticationSuccessHandler;

    public CustomAuthnSuccessHandler(String authnSuccessUrl){
        SimpleUrlAuthenticationSuccessHandler    successHandler    =    new
SimpleUrlAuthenticationSuccessHandler(authnSuccessUrl);
        this.authenticationSuccessHandler = successHandler;
    }

    @Override
    public void onAuthenticationSuccess(HttpServletRequest  request,
```

```
HttpServletResponse    response,    Authentication    authentication)    throws
IOException, ServletException {

this.authenticationSuccessHandler.onAuthenticationSuccess(request,
response, authentication);
        }


    }
```

　　以上内容中，最主要的就是声明了一个 SimpleUrlAuthenticationSuccessHandler，该类由 Spring Security 提供，在认证成功后调用该类的方法，即可跳转至指定的 url 路径。

　　完成以上实现后，还需要将认证成功后的后续处理与自定义的认证过滤器相关联，以便于认证请求在经过自定义认证过滤器认证成功后能够进入指定的后续处理中，具体关联实现如下：

```
@Bean
public    CustomAuthnFilter    customAuthnFilter(AuthenticationManager
authenticationManager) {
    CustomAuthnFilter customAuthnFilter = new CustomAuthnFilter();

customAuthnFilter.setAuthenticationManager(authenticationManager);
    <1>
    customAuthnFilter.setAuthenticationSuccessHandler(new
CustomAuthnSuccessHandler("/hello"));
    return customAuthnFilter;
}
```

　　以上实现内容中，可以看到认证成功后的后续处理与自定义的认证过滤器相关联只需要在自定义的认证过滤器声明处添加标识<1>处的设置即可完成。也就是说，在经过自定义认证过滤器认证成功后，即会跳转至指定的/hello 路径。

　　不过由于此处设置的/hello 并没有相关实现，所以还需要实现对应的控制器及返回的界面，具体如下：

```
@Controller
public class HelloController {

    @GetMapping("/hello")
    public String hello() {
        return "hello";
    }


}
```

实现控制器后，接下来实现控制器定义的 hello 界面，具体如下：

```
<!DOCTYPE html>
<html                          xmlns="http://www.w3.org/1999/xhtml"
xmlns:th="http://www.thymeleaf.org">
    <head>
        <title>自定义认证</title>
        <meta charset="utf-8" />
    </head>
    <body style="text-align:center;">
        <h3>认证成功后页面</h3>
    </body>
</html>
```

至此，认证成功后的后续处理实现完毕。

至于认证失败后的后续处理实现就简单多了，由于前面已经介绍过如何通过 Spring Security 中的相关接口来完成，所以在此直接简化认证失败后的后续处理实现，具体如下：

```
@Bean
public    CustomAuthnFilter    customAuthnFilter(AuthenticationManager
authenticationManager) {
    CustomAuthnFilter customAuthnFilter = new CustomAuthnFilter();

customAuthnFilter.setAuthenticationManager(authenticationManager);
    customAuthnFilter.setAuthenticationSuccessHandler(new
CustomAuthnSuccessHandler("/hello"));
    <1>
    customAuthnFilter.setAuthenticationFailureHandler(new
SimpleUrlAuthenticationFailureHandler("/index?error"));
    return customAuthnFilter;
}
```

可以看到，以上认证失败后的后续处理是直接简化引用了 Spring Security 中 SimpleUrlAuthenticationSuccessHandler 类，具体见标识<1>处的设置，即在经过自定义认证过滤器认证失败后，会跳转至指定的/index?error 路径，此处的设置与前面认证成功后的后续处理设置并没有本质上的区别，唯一的区别即是否为自定义实现处理。

这两种不同的实现方式，相比之下，如果想要更多的自定义业务操作，可以考虑采用认证成功后的后续处理方式；如果没有更多的自定义业务操作，可以考虑采用认证失败后的后续处理方式以简化实现。

以上即为认证成功与失败后的后续处理的全部实现，至此，身份认证逻辑处理就实现完毕，接下来就看一下自定义注销处理的具体实现。

5.7　自定义注销处理

对于自定义注销处理主要有以下两步需要进行实现处理：

（1）自定义额外的注销业务操作实现：主要是实现在客户端进行注销时向数据库表中增加一条相关的注销数据记录，此举是为了展示如何进行自定义的额外注销业务操作。

（2）Spring Security 配置类关联配置：为了将自定义的额外注销业务操作进行关联配置以便于操作生效。

5.7.1　自定义额外的注销业务操作

对于自定义额外的注销业务操作的实现，首先需要创建相应的数据库表，所以先定义一个日志表，具体内容如下：

```
CREATE TABLE `log` (
 `id` varchar(36) NOT NULL DEFAULT '' COMMENT '日志ID',
 `user_name` varchar(20) DEFAULT NULL COMMENT '用户名',
 `content` text COMMENT '日志内容',
 `create_time` datetime DEFAULT CURRENT_TIMESTAMP COMMENT '创建时间',
 `update_time` datetime DEFAULT CURRENT_TIMESTAMP COMMENT '更新时间',
 PRIMARY KEY (`id`)
);
```

以上日志表结构中，主要定义了用户名与日志内容字段，用于在客户端发起注销请求时，将相应的用户名与注销行为进行持久化保存。

接下来就是相关的实体类及对应 Mapper 的具体实现，主要就是定义相关属性字段及相关 getter、setter、toString 方法，具体内容如下：

```
public class CustomAuthnLog {

    private String id;

    private String userName;

    private String content;

    private Date createTime;

    private Date updateTime;
```

```java
public String getId() {
    return id;
}

public void setId(String id) {
    this.id = id;
}

public String getUserName() {
    return userName;
}

public void setUserName(String userName) {
    this.userName = userName;
}

public String getContent() {
    return content;
}

public void setContent(String content) {
    this.content = content;
}

public Date getCreateTime() {
    return createTime;
}

public void setCreateTime(Date createTime) {
    this.createTime = createTime;
}

public Date getUpdateTime() {
    return updateTime;
}

public void setUpdateTime(Date updateTime) {
    this.updateTime = updateTime;
}
```

```java
    @Override
    public String toString() {
        return "CustomAuthnLog{" +
                "id='" + id + '\'' +
                ", userName='" + userName + '\'' +
                ", content='" + content + '\'' +
                ", createTime=" + createTime +
                ", updateTime=" + updateTime +
                '}';
    }

}
```

我们来看一下对应 Mapper 的实现内容，具体如下：

```java
@Mapper
public interface LogMapper {

    int insert(CustomAuthnLog customAuthnLog);

}
```

以上 LogMapper 具体实现中主要定义了一个新增日志数据的方法；接下来，定义相应的 mapper.xml 文件，文件中定义了新增日志表数据的 sql 语句，具体如下：

```xml
<?xml version="1.0" encoding="UTF-8"?>
<!DOCTYPE mapper PUBLIC "-//mybatis.org//DTD Mapper 3.0//EN"
"http://mybatis.org/dtd/mybatis-3-mapper.dtd">
<mapper namespace="com.example.custom.authentication.dao.LogMapper">

    <insert                                             id="insert"
parameterType="com.example.custom.authentication.entity.CustomAuthnLog">
        insert into `log`
        <trim prefix="(" suffix=")" suffixOverrides=",">
            <if test="id != null">
                id,
            </if>
            <if test="userName != null">
                user_name,
            </if>
            <if test="content != null">
                content,
```

```
        </if>
    </trim>
    <trim prefix="values (" suffix=")" suffixOverrides=",">
        <if test="id != null">
            #{id},
        </if>
        <if test="userName != null">
            #{userName},
        </if>
        <if test="content != null">
            #{content},
        </if>
    </trim>
</insert>


</mapper>
```

在以上内容都实现后，便可将相应的实现类放到此前已建立好的 entity、dao 及 mybatis 目录中即可。

在做好相应的准备工作后，接下来就是对自定义的额外注销业务操作的实现了，具体如下：

```
@Component
public class CustomAuthnLogoutHandler implements LogoutHandler {


    private       static       final       Logger       logger       =
LoggerFactory.getLogger(CustomAuthnLogoutHandler.class);


    @Autowired
    private LogMapper logMapper;


    @Override
    public void logout(HttpServletRequest request, HttpServletResponse
response, Authentication authentication) {
        CustomAuthnLog customAuthnLog = new CustomAuthnLog();
        customAuthnLog.setId(UUID.randomUUID().toString());
        customAuthnLog.setUserName(authentication.getName());
        customAuthnLog.setContent("注销");
        logger.info("customAuthnLog:{}", customAuthnLog);
        logMapper.insert(customAuthnLog);
```

```
        }

    }
```

从以上实现内容中可以看到，自定义额外的注销业务操作实现主要通过实现 Spring
Security 中的 LogoutHandler 接口来完成，主要实现内容为在客户端进行注销时向上一
步新建的日志表中添加一条相关注销记录。

5.7.2 Spring Security 配置类关联配置

对于自定义的注销处理在 Spring Security 配置类中的关联配置，主要是基于前面实
现的 Spring Security 配置类来完成，具体内容如下：

```
@Configuration
public class CustomAuthnHttpSecurityConfiguration {

    @Autowired
    private CustomAuthnService customAuthnService;

    //引入自定义注销处理
    @Autowired
    private CustomAuthnLogoutHandler customAuthnLogoutHandler;

    @Bean
    public SecurityFilterChain filterChain(HttpSecurity http) throws
Exception {
        http
                .authorizeRequests(authorizeRequests ->
                        authorizeRequests
                                .antMatchers("/index").permitAll()
                                .anyRequest().authenticated()
                )
                .formLogin(formLogin ->
                        formLogin.loginPage("/index"))
                //配置自定义注销处理与 logout 关联
                .logout(logout -> logout
                        .addLogoutHandler(customAuthnLogoutHandler))
        ;
        AuthenticationManager              authenticationManager         =
http.getSharedObject(AuthenticationManager.class);
        http.addFilterBefore(customAuthnFilter(authenticationManager),
```

```
UsernamePasswordAuthenticationFilter.class);
        return http.build();
    }


    @Bean
    public                                            AuthenticationManager
authenticationManager(AuthenticationConfiguration authConfig) throws
Exception {
        return authConfig.getAuthenticationManager();
    }

    @Bean
    public CustomAuthnFilter customAuthnFilter(AuthenticationManager
authenticationManager) {
        CustomAuthnFilter customAuthnFilter = new CustomAuthnFilter();

customAuthnFilter.setAuthenticationManager(authenticationManager);
        customAuthnFilter.setAuthenticationSuccessHandler(new
CustomAuthnSuccessHandler("/hello"));
        customAuthnFilter.setAuthenticationFailureHandler(new
SimpleUrlAuthenticationFailureHandler("/index?error"));
        return customAuthnFilter;
    }


    @Bean
    public BCryptPasswordEncoder passwordEncoder() {
        return new BCryptPasswordEncoder();
    }


    @Bean
    public AuthenticationProvider authenticationProvider(){
        CustomAuthnProvider        customAuthnProvider      =      new
CustomAuthnProvider(passwordEncoder(), customAuthnService);
        return customAuthnProvider;
    }


}
```

以上内容中需要关注的重点即代码注释处，通过以上配置即可使得自定义的注销处理在后续客户端进行注销时能够生效。也就是说，当后续客户端进行注销时，可以在数据库的日志表中同步看到一条相关的注销记录信息。

以上即为自定义注销处理的全部实现，至此，自定义认证即全部实现完毕，接下来，就进行项目的启动测试。

5.8 项目启动测试

前面我们一步步完成了自定义认证的相关实现，自定义认证示例项目就可以开始进行启动测试了；不过，在直接开始进行测试之前，还有一些周边的补充与准备工作要先完成，主要有项目启动后的安全停止配置与数据库的页面访问配置，待完成了这些补充及准备工作后才可以进入真正的测试验证阶段。

5.8.1 测试前的补充及准备工作

对于测试前的补充及准备工作，首先完成项目启动后的安全停止配置，其次完成数据库的页面访问配置。此处，对于安全停止配置的完成主要是为了便于在测试过程中如有需要则可以随时对项目进行安全停止，对于数据库页面访问配置的完成主要是为了便于在测试过程中能够较为直观地查看数据库中各表的数据。

先看一下项目启动后的安全停止配置应该如何处理，具体处理操作为在示例项目的 src/main/resources/application.yml 文件中添加相应配置，具体如下：

```
management:
  server:
    #设置 actuator 使用的端口号，即需要项目启动后进行安全停止时访问的端口号
    port: 18080
  endpoint:
    shutdown:
      #对安全停止 shutdown 接口进行开启设置
      enabled: true
  endpoints:
    web:
      exposure:
        #默认没有公开 shutdown 接口，通过此配置暴露此端点
        include: shutdown
```

完成 application.yml 文件中安全停止的相关配置后，接下来在 Spring Security 配置类中设置放行，具体如下：

```
@Bean
public SecurityFilterChainfilterChain(HttpSecurity http) throws
Exception {
    http
        .authorizeRequests(authorizeRequests ->
```

```
                    authorizeRequests
                        <1>
                        .antMatchers("/index","/actuator/**").permitA
ll()
                        .anyRequest().authenticated()
            )
            .csrf(csrf ->
                    <2>
                    csrf.ignoringAntMatchers("/actuator/**"))
                ...
        ;
        ...
    return http.build();
}
```

以上内容中需要关注的重点即标识<1>、<2>处，通过以上配置即可使得安全停止接口能够被正常访问与执行。

完成项目启动后的安全停止配置，接下来看一下数据库的页面访问配置，在 Spring Security 配置类中设置放行即可，具体如下：

```
@Bean
public    SecurityFilterChainfilterChain(HttpSecurity    http)    throws
Exception {
    http
        .authorizeRequests(authorizeRequests ->
                authorizeRequests
                    <1>
                    .antMatchers("/index","/actuator/**","/h2/**"
).permitAll()
                    .anyRequest().authenticated()
            )
        .csrf(csrf ->
                <2>
                csrf.ignoringAntMatchers("/actuator/**","/h2/**"))
        .headers(headers ->
                <3>
                headers.frameOptions().sameOrigin())
            ...
        ;
        ...
```

```
        return http.build();
    }
```

以上内容中需要关注的重点即标识<1>、<2>、<3>处，通过以上配置即可使得数据库的页面能够被正常访问，之所以相较于安全停止配置多了标识<3>处的设置，是因为数据库的页面中存在着 iframe 的使用。

至此，我们完成了测试前的补充及准备工作，接下来就正式进行项目的启动测试。

5.8.2　测试验证自定义认证

在项目测试阶段，我们主要从项目启动、认证成功、注销、认证失败四个方面详细讲解相关测试的具体实现。

1. 项目启动

在进行项目的测试验证前，首先需要启动项目，最便捷的方式即在本地环境下的开发工具 IntelliJ IDEA 中进行启动，在项目启动后可在控制台看到如下日志内容：

```
  .   ____          _            __ _ _
 /\\ / ___'_ __ _ _(_)_ __  __ _ \ \ \ \
( ( )\___ | '_ | '_| | '_ \/ _` | \ \ \ \
 \\/  ___)| |_)| | | | | || (_| |  ) ) ) )
  '  |____| .__|_| |_|_| |_\__, | / / / /
 =========|_|==============|___/=/_/_/_/
 :: Spring Boot ::                (v2.7.2)

 2022-10-16  12:12:08.214    INFO  43442  --- [               main]
c.e.c.a.CustomAuthenticationApplication          :          Starting
CustomAuthenticationApplication using Java 1.8.0_261 on xxx-Pro.local with
PID                    21351                    (/Spring
Security/spring-security-projects/custom-authentication/target/classes
started          by          xxx          in          /Spring
Security/spring-security-projects/custom-authentication)
 2022-10-16  12:12:08.218    INFO  43442  --- [               main]
c.e.c.a.CustomAuthenticationApplication  : No active profile set, falling
back to 1 default profile: "default"
 2022-10-16  12:12:09.520    INFO  43442  --- [               main]
o.s.b.w.embedded.tomcat.TomcatWebServer  : Tomcat initialized with port(s):
8080 (http)
 2022-10-16  12:12:09.528    INFO  43442  --- [               main]
o.apache.catalina.core.StandardService   : Starting service [Tomcat]
 2022-10-16  12:12:09.529    INFO  43442  --- [               main]
org.apache.catalina.core.StandardEngine  : Starting Servlet engine: [Apache
```

```
Tomcat/9.0.65]
    2022-10-16  12:12:09.632  INFO  43442  ---  [              main]
o.a.c.c.C.[Tomcat].[localhost].[/]      : Initializing Spring embedded
WebApplicationContext
    2022-10-16  12:12:09.633  INFO  43442  ---  [              main]
w.s.c.ServletWebServerApplicationContext : Root  WebApplicationContext:
initialization completed in 1357 ms
    2022-10-16  12:12:09.774  INFO  43442  ---  [              main]
com.zaxxer.hikari.HikariDataSource      : HikariPool-1 - Starting...
    2022-10-16  12:12:09.876  INFO  43442  ---  [              main]
com.zaxxer.hikari.HikariDataSource      : HikariPool-1 - Start completed.
    2022-10-16  12:12:09.886  INFO  43442  ---  [              main]
o.s.b.a.h2.H2ConsoleAutoConfiguration   : H2 console available at '/h2'.
Database available at 'jdbc:h2:mem:dbtest'
    2022-10-16  12:12:10.243  INFO  43442  ---  [              main]
o.s.s.web.DefaultSecurityFilterChain    : Will secure any request with
[org.springframework.security.web.session.DisableEncodeUrlFilter@cda6019,
org.springframework.security.web.context.request.async.WebAsyncManagerIn
tegrationFilter@797c3c3b,
org.springframework.security.web.context.SecurityContextPersistenceFilte
r@7a8b9166,
org.springframework.security.web.header.HeaderWriterFilter@188ac8a3,
org.springframework.security.web.csrf.CsrfFilter@1a96d94c,
org.springframework.security.web.authentication.logout.LogoutFilter@14a049
f9, com.example.custom.authentication.filter.CustomAuthnFilter@2849434b,
org.springframework.security.web.authentication.UsernamePasswordAuthenti
cationFilter@ed91d8d,
org.springframework.security.web.savedrequest.RequestCacheAwareFilter@10
c72a6f,
org.springframework.security.web.servletapi.SecurityContextHolderAwareRe
questFilter@56cfe111,
org.springframework.security.web.authentication.AnonymousAuthenticationF
ilter@4012d5bc,
org.springframework.security.web.session.SessionManagementFilter@aaa0f76,
org.springframework.security.web.access.ExceptionTranslationFilter@2f4e4
0d7,
org.springframework.security.web.access.intercept.FilterSecurityIntercep
tor@6535117e]
    2022-10-16  12:12:10.359  INFO  43442  ---  [              main]
o.s.b.a.w.s.WelcomePageHandlerMapping   : Adding welcome page template:
index
    2022-10-16  12:12:10.710  INFO  43442  ---  [              main]
o.s.b.w.embedded.tomcat.TomcatWebServer : Tomcat started on port(s): 8080
(http) with context path ''
```

```
    2022-10-16  12:12:10.768   INFO 43442 --- [              main]
o.s.b.w.embedded.tomcat.TomcatWebServer : Tomcat initialized with port(s):
18080 (http)
    2022-10-16  12:12:10.769   INFO 43442 --- [              main]
o.apache.catalina.core.StandardService  : Starting service [Tomcat]
    2022-10-16  12:12:10.769   INFO 43442 --- [              main]
org.apache.catalina.core.StandardEngine : Starting Servlet engine: [Apache
Tomcat/9.0.65]
    2022-10-16  12:12:10.776   INFO 43442 --- [              main]
o.a.c.c.C.[Tomcat-1].[localhost].[/]    : Initializing Spring embedded
WebApplicationContext
    2022-10-16  12:12:10.776   INFO 43442 --- [              main]
w.s.c.ServletWebServerApplicationContext : Root  WebApplicationContext:
initialization completed in 62 ms
    2022-10-16  12:12:10.787   INFO 43442 --- [              main]
o.s.b.a.e.web.EndpointLinksResolver     : Exposing 1 endpoint(s) beneath
base path '/actuator'
    2022-10-16  12:12:10.816   INFO 43442 --- [              main]
o.s.b.w.embedded.tomcat.TomcatWebServer : Tomcat started on port(s): 18080
(http) with context path ''
    2022-10-16  12:12:10.831   INFO 43442 --- [              main]
c.e.c.a.CustomAuthenticationApplication          :         Started
CustomAuthenticationApplication in 3.002 seconds (JVM running for 3.774)
    2022-10-16  12:12:11.236   INFO 43442 --- [on(2)-127.0.0.1]
o.a.c.c.C.[Tomcat].[localhost].[/]      : Initializing Spring
DispatcherServlet 'dispatcherServlet'
    2022-10-16  12:12:11.236   INFO 43442 --- [on(2)-127.0.0.1]
o.s.web.servlet.DispatcherServlet       : Initializing Servlet
'dispatcherServlet'
    2022-10-16  12:12:11.238   INFO 43442 --- [on(2)-127.0.0.1]
o.s.web.servlet.DispatcherServlet       : Completed initialization in 2 ms
```

通过以上启动日志内容，可以看到项目已经成功启动并且在启动过程中无任何报错信息；与此同时，项目开启了 8080 与 18080 两个端口，其中 8080 为自定义认证访问端口，18080 为安全停止访问端口。

接下来，就先通过访问 8080 端口来进行自定义认证的测试。

2．认证成功测试验证

首先，客户端进行首次页面访问测试，直接访问定义的 /hello 访问路径（http://localhost:8080/hello），结果如图 5-4 所示。

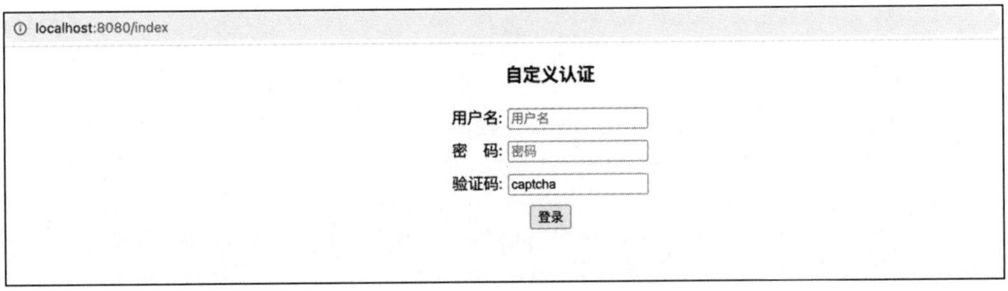

图 5-4　客户端首次页面访问测试图

通过图 5-4 可以看到，由于此前并没有进行过身份认证，此时在浏览器中看到的内容为自定义的登录界面的 url 路径与相应的界面，即/index 路径与自定义的表单认证，其中 form 表单中还包含自定义的验证码参数输入。

然后，进行客户端登录请求测试，使用初始化的用户数据（用户名 zhangsan、密码 123456）进行登录请求，结果如图 5-5 所示。

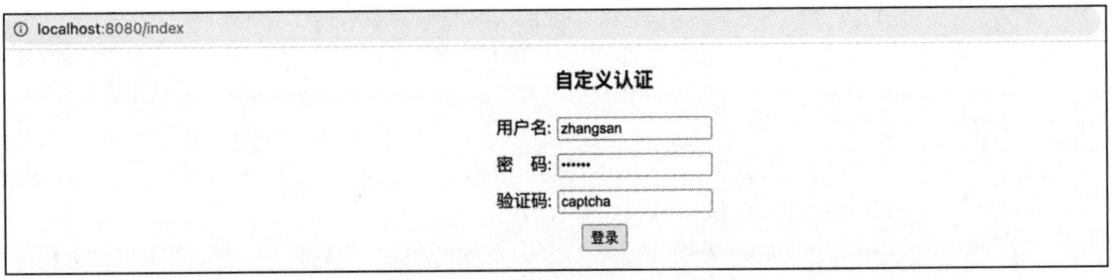

图 5-5　使用初始化的用户数据进行登录请求图

此处需要注意的是，验证码参数在界面编写时设置了一个固定的默认值，此时的验证码参数无须手动输入，在输入完相应的初始化用户数据后点击登录按钮即可。

单击"登录"按钮发起登录请求后，会看到如图 5-6 所示的认证成功界面。

图 5-6　认证成功界面

可以看到，在客户端进行登录请求且认证成功后，界面会跳转至指定的 url 路径，即/hello 路径，由于在编写 hello 界面时只设置了一个标题，所以在对应界面内容中只会看到一个标题内容。

3．注销测试验证

为便于客户端进行注销请求测试，需在 hello 界面中添加注销操作按钮，具体代码实现如下：

```
<!DOCTYPE html>
<html                                    xmlns="http://www.w3.org/1999/xhtml"
xmlns:th="http://www.thymeleaf.org">
    <head>
        <title>自定义认证</title>
        <meta charset="utf-8" />
    </head>
    <body style="text-align:center;">
        <h3>认证成功后页面</h3>
        <form th:action="@{/logout}" method="post">
          <input type="submit" value="注销" />
        </form>
    </body>
</html>
```

在添加完注销操作按钮后，重新启动项目并且重新登录后，可以看到如图 5-7 所示的界面。

图 5-7　添加注销操作按钮图

在进行客户端注销请求测试时，只需要单击图 5-7 中的注销操作按钮即可。注销操作后，会看到如图 5-8 所示的界面。

图 5-8　注销后界面图

通过图 5-8 可以看到，当客户端进行注销请求后，会直接返回至自定义的登录界面。接下来，继续验证在实现注销处理时添加的额外业务操作，即通过数据库查看日志表是否存在相关记录信息。

首先，通过浏览器访问数据库界面，即访问 http://localhost:8080/h2，结果如图 5-9 所示。

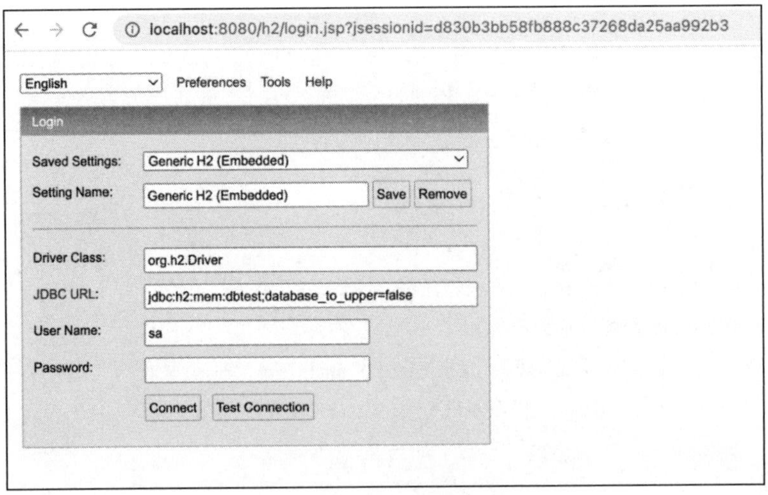

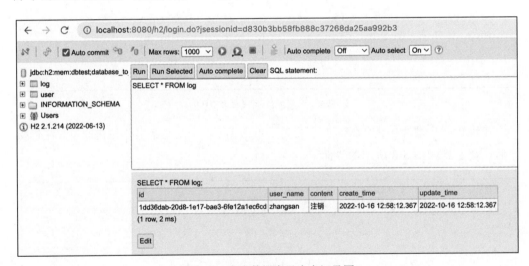

图 5-9 访问数据库界面图

其次，输入在配置文件 application.yml 中设置的数据库密码完成登录，并查询数据库中的日志表记录，结果如图 5-10 所示。

图 5-10 查询数据库日志表记录图

通过图 5-10 可以看到，当客户端进行注销请求时，添加的额外业务操作也被执行，即日志表中新增了相应的日志记录。

以上即为正常流程下的自定义认证测试，接下来看一下认证失败的相关测试。

4．认证失败测试验证

首先，在自定义登录界面中输入错误的用户名与密码，然后单击"登录"按钮，会看到如图 5-11 所示的界面。界面中会提示认证失败错误，并且页面跳转至设置的 url 路径，即/index?error 路径。

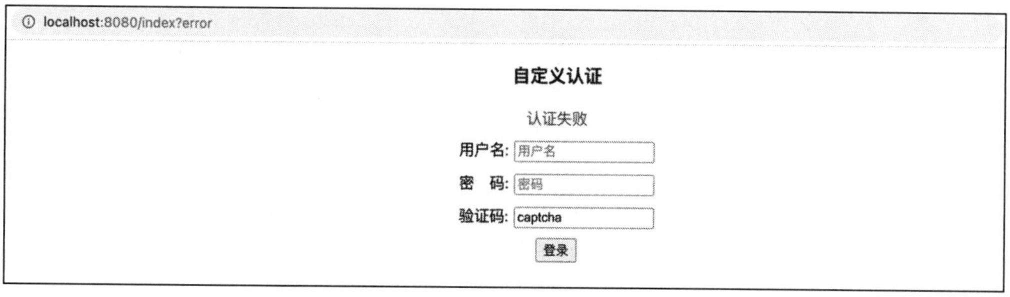

图 5-11　认证失败测试图

不过，在此处可以看到，当认证失败时提示的错误信息统一为：认证失败，并没有具体的详细认证错误信息，如果在此处需要显示详细的认证错误信息可以通过修改自定义登录界面来完成，具体修改如下：

```
<!DOCTYPE html>
<html                                xmlns="http://www.w3.org/1999/xhtml"
xmlns:th="http://www.thymeleaf.org">
    <head>
        <title>自定义认证</title>
        <meta charset="utf-8" />
    </head>
    <body style="text-align:center;">
        <h3>自定义认证</h3>
        <div th:if="${param.error}" style="color:red">
            认证失败
        </div>
        <form th:action="@{/login}" method="post">
            <div style="margin:10px">
                用户名：
                <input type="text" name="username" placeholder="用户名" />
            </div>
            <div style="margin:10px">
                密   码：
                <input type="password" name="password" placeholder="密码" />
            </div>
            <div style="margin:10px">
                验证码：
                <input type="text" name="captcha" value="captcha" />
            </div>
            <input type="submit" value="登录" />
        </form>
```

```html
        <p th:if="${param.error}" style="color:red">
            错 误 详 情： <span  th:text="${session?.SPRING_SECURITY_LAST_
EXCEPTION?.message}" />
        </p>
    </body>
</html>
```

以上修改主要是在 form 表单下添加了一行错误详情的信息显示；重新启动项目，并且按照上面操作重新进行登录后，可以看到如图 5-12 所示的界面。

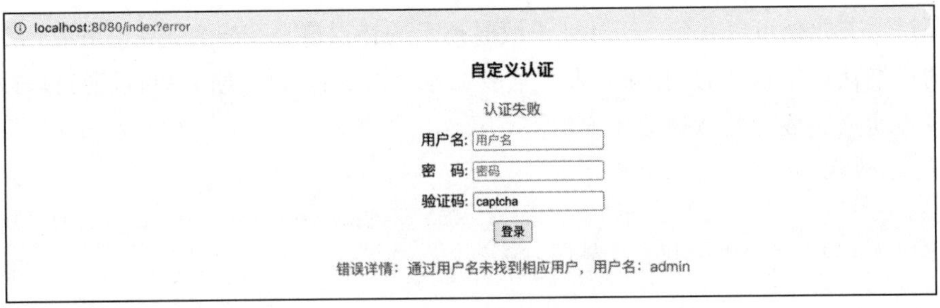

图 5-12   认证失败显示错误详情图

可以看到，当认证失败时自定义登录界面会提示具体的认证失败错误详情，包括用户名、密码、验证码错误等。

接下来，我们通过 18080 端口进行项目启动后的安全停止测试，此举是为了便于在测试过程中如有需要则可以按照此方式随时对项目进行安全停止。

具体测试方法为访问安全停止接口，即访问 http://localhost:18080/actuator/shutdown，结果如图 5-13 所示。

图 5-13   项目启动后安全停止测试图

通过图 5-13 可以看到，当发起安全停止请求时会得到停止响应，此时返回到开发工具 IntelliJ IDEA 中可以看到项目已经被安全停止。

以上即为项目启动测试的全部内容，至此，自定义认证的实现及相关测试都已完成。

经验分享：自定义认证实现后添加会话管理失效如何应对

在实际的工作过程中，除了自定义认证相关需求之外，还存在着会话管理相关的需求；但是，如果在自定义认证的基础上添加配置会话并发控制管理，会发现原有的会话管理配置方式在配置之后并没有起到应有的效果。

究其失效的原因，主要是由于在实现自定义认证的过程中使用了自定义的认证过滤器且没有相关的设置，所以导致原有的会话并发控制管理失效，此时，如果想要会话并发控制管理能够正常工作的话，就需要在以上自定义认证实现的基础上进行 Spring Security 配置类的修改，具体操作是在 Spring Security 配置类中对会话并发控制相关过滤器及策略等进行声明与关联配置。

接下来，直接通过代码实现来看一下如何应对自定义认证实现后添加会话并发控制管理失效的问题，具体代码内容如下：

```
@Configuration
public class CustomAuthnHttpSecurityConfiguration {

    ...

    @Bean
    public SecurityFilterChainfilterChain(HttpSecurity http) throws
Exception {
        http

            ...
            <1>
            .sessionManagement(sessionManagement                 ->
sessionManagement
                        .sessionAuthenticationStrategy(sessionAuth
enticationStrategy()))
        ;

        ...

        return http.build();
    }
```

```
    ...


    @Bean
    public CustomAuthnFilter  customAuthnFilter(AuthenticationManager
authenticationManager) {
        CustomAuthnFilter customAuthnFilter = new CustomAuthnFilter();

        ...
        <1>

customAuthnFilter.setSessionAuthenticationStrategy(sessionAuthentication
Strategy());
        return customAuthnFilter;
    }


    ...


    <2>
    @Bean
    public SessionRegistry sessionRegistry(){
        SessionRegistry sessionRegistry = new SessionRegistryImpl();
        return sessionRegistry;
    }

    <2>
    @Bean
    public                              SessionAuthenticationStrategy
sessionAuthenticationStrategy() {
        List<SessionAuthenticationStrategy> delegateStrategies = new
ArrayList<>();
        ConcurrentSessionControlAuthenticationStrategy
concurrentSessionControlAuthenticationStrategy        =        new
ConcurrentSessionControlAuthenticationStrategy(sessionRegistry());

concurrentSessionControlAuthenticationStrategy.setMaximumSessions(1);

concurrentSessionControlAuthenticationStrategy.setExceptionIfMaximumExce
eded(true);
```

```
delegateStrategies.add(concurrentSessionControlAuthenticationStrategy);
        SessionFixationProtectionStrategy
sessionFixationProtectionStrategy                              =              new
SessionFixationProtectionStrategy();
        delegateStrategies.add(sessionFixationProtectionStrategy);
        RegisterSessionAuthenticationStrategy
registerSessionAuthenticationStrategy                         =              new
RegisterSessionAuthenticationStrategy(sessionRegistry());
        delegateStrategies.add(registerSessionAuthenticationStrategy);
        CompositeSessionAuthenticationStrategy
compositeSessionAuthenticationStrategy                        =              new
CompositeSessionAuthenticationStrategy(delegateStrategies);
        return compositeSessionAuthenticationStrategy;
    }


    <2>
    @Bean
    public ConcurrentSessionFilter concurrentSessionFilter() {
        ConcurrentSessionFilter    concurrentSessionFilter    =      new
ConcurrentSessionFilter(sessionRegistry());
        return concurrentSessionFilter;
    }


    <3>
    @Bean
    public HttpSessionEventPublisher httpSessionEventPublisher() {
        return new HttpSessionEventPublisher();
    }

}
```

以上实现内容中，标识<1>、<2>等对应说明如下：

<1>：对会话并发控制进行关联配置。

<2>：对会话并发控制相关过滤器及策略等进行声明，限制最大会话数。

<3>：进行 HttpSessionEventPublisher 声明以监听处理会话的创建、销毁等相关事件。

在进行了以上 Spring Security 配置类修改后，接下来就重新启动项目，进行会话并发控制测试验证。

首先，通过浏览器 A 进行登录认证，结果如图 5-14 所示。

图 5-14 会话并发控制浏览器 A 登录认证图

通过图 5-14 可以看到，在浏览器 A 中通过初始化用户已认证成功并跳转至认证成功后页面。接下来，再通过浏览器 B 使用初始化用户进行登录认证，结果如图 5-15 所示。

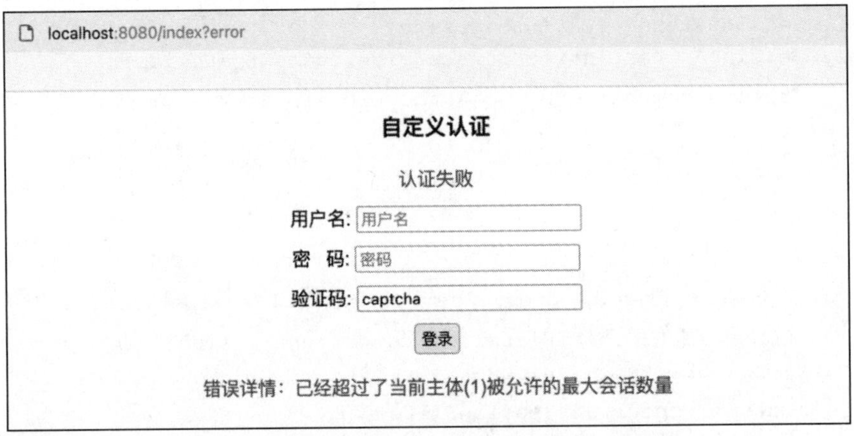

图 5-15 会话并发控制浏览器 B 登录认证图

通过图 5-15 可以看到，在浏览器 B 中通过初始化用户进行登录认证提示认证失败，会话并发控制管理已经生效。接下来，我们在浏览器 A 中进行用户注销操作，然后重新使用初始化用户在浏览器 B 中进行登录认证，结果如图 5-16 所示。

图 5-16 会话并发控制浏览器 A 注销后浏览器 B 认证成功图

通过图 5-16 可以看到，此时，在浏览器 B 中可以进行正常的登录认证。

不过，在此处需要注意的是，在进行 Spring Security 配置类的修改时，一定要记得加上 HttpSessionEventPublisher 的声明，否则在浏览器 A 中进行用户注销操作后，也无法在浏览器 B 中进行登录认证成功。

——本章小结——

　　本章主要对 Spring Security 自定义认证解决方案做了介绍，与此同时，基于解决方案的介绍做了相关自定义认证的实现及验证测试。在方案实现的过程中，重点在于了解如何串联使用 Spring Security 认证的多个子功能来进行自定义认证，而对于业务方面的简易逻辑实现无须太过关注，知道在什么地方进行业务逻辑实现即可，因为在实际的工作过程中各个项目的业务逻辑各不相同，需要根据实际业务情况来进行相应的业务逻辑实现。

　　在对 Spring Security 自定义认证有所了解后，关于 Spring Security 的核心功能——认证就介绍完毕了，在接下来的章节中将开启 Spring Security 另一个核心功能——授权的介绍。

第6章 授　权

在第4、5章中我们详细了解了 Spring Security 的核心功能：认证，并从实践角度认识到该功能主要解决用户认证的问题，即判断用户是谁，在解决了该问题后，接下来就需要解决用户能做什么的问题。

确切地说，用户能做什么就是对用户的访问控制（用户的授权），它同样是 Spring Security 的核心功能。本章的讲解脉络与认证章节类似，采用先整体后部分的原则，先对授权的整体架构进行介绍，之后再对不同类型的常用子功能进行细致讲解。

6.1　授权的基本架构

对于 Spring Security 授权的基本架构，我们还是从授权的基本处理流程和授权的内部处理机制两个方面来讲。授权的基本处理流程可以帮助我们从整体上对授权的基本架构建立起全局的认识，而授权的内部处理机制则是对授权基本架构进一步的深入与细化。总的来说，了解了授权的基本架构，也就了解了对用户的访问控制在内部是如何进行实现处理的，这对于后续使用常用的授权子功能以及进行自定义的授权操作十分有帮助。

6.1.1　授权的基本处理流程

授权的基本处理流程是通过 Spring Security 过滤器链中的过滤器来完成的，简单来说，就是经过过滤器链中的过滤器来进行访问控制处理，处理完成后就能够根据相应权限访问相应的资源服务了。我们通过图 6-1 来直观地了解一下授权的基本处理流程。

图 6-1　授权基本处理流程概览图

通过图 6-1 可以看到，在客户端对资源服务进行访问请求时，首先会经过 Spring Security 的过滤器链，而过滤器链中包含了相应的过滤器来对客户端的资源访问请求进行访问控制处理，在处理过程中，若客户端具有相应的资源服务访问权限，则对该访问请求进行放行。

在对授权的基本处理流程进行细化前，需要先回顾认证示例项目启动时默认生成的 Spring Security 过滤器链，由于前面的 4.1 节中已经列出过 DefaultSecurityFilterChain 中各个过滤器的处理顺序及相关描述，所以在此就不再赘述。不过需要注意的是，在 DefaultSecurityFilterChain 中名为 FilterSecurityInterceptor 的过滤器安全拦截器，就是与授权相关的过滤器。

由此可以对授权的基本处理流程进行细化，如图 6-2 所示。

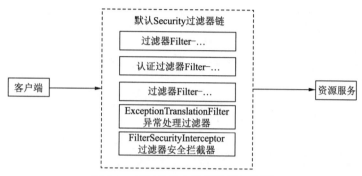

图 6-2　授权的基本处理流程细化图

在阐述授权的基本处理流程前，我们先看一下图 6-1 中默认生成的 Spring Security 过滤器链中的关键内容。该过滤器链中存在着 FilterSecurityInterceptor 过滤器，该过滤器的作用即为对资源做安全处理，也就是授权的相关处理；另外，该过滤器的位置位于过滤器链中的末尾，也就是说，在默认的 Spring Security 过滤器链中该过滤器最后被执行。

结合上述内容，我们梳理一下细化后的授权基本处理流程：在客户端对资源服务进行访问请求时，客户端先会经过 Spring Security 过滤器链，而授权相关的过滤器即位于该过滤器链中；另外，客户端的访问请求并不是直接从过滤器链中一开始就进行授权处理，而是先通过认证等相关处理，最后才进行授权处理，也就是前面所说的，先解决了判断用户是谁的问题之后才进行用户能做什么的问题处理。

最后，需要注意的是，如果在授权处理的过程中发生了相关的访问控制异常等，会有异常处理过滤器来进行相应的异常捕获处理。

可以看到，授权的基本处理流程与认证类似，都是由相关的过滤器来进行完成处理的。不过，在默认的初始化中，认证对应着多个相关的过滤器，而授权只对应着一个过滤器，也就是说，可以通过多种不同的方式来确认用户是谁，而对于用户能做什么则是唯一的。

接下来，我们了解一下，在新版本的 Spring Security 中授权的基本处理流程的变化，因为这涉及授权的内部处理机制的变化。

经验分享：新版本 Spring Security 中授权基本处理流程的相关变化

针对授权的基本处理流程来说，在新版本的 Spring Security 中的主要变化就是授权相关的过滤器，这一点可以通过在项目启动时的启动日志中看到。

我们先看一下采用原始授权配置的项目启动日志内容，具体内容如下：

```
2022-10-16  20:10:39.121    INFO  66796  --- [                    main]
o.s.s.web.DefaultSecurityFilterChain       : Will secure any request with
[org.springframework.security.web.session.DisableEncodeUrlFilter@49aa766b,
org.springframework.security.web.context.request.async.WebAsyncManagerIn
tegrationFilter@963176,
org.springframework.security.web.context.SecurityContextPersistenceFilte
r@7e46d648,
org.springframework.security.web.header.HeaderWriterFilter@4e8e8621, org.
springframework.security.web.csrf.CsrfFilter@7578e06a,
org.springframework.security.web.authentication.logout.LogoutFilter@198e
f2ce,
org.springframework.security.web.authentication.UsernamePasswordAuthenti
cationFilter@4c27d39d,
org.springframework.security.web.authentication.ui.DefaultLoginPageGener
atingFilter@6fca2a8f,
org.springframework.security.web.authentication.ui.DefaultLogoutPageGene
ratingFilter@65004ff6,
org.springframework.security.web.authentication.www.BasicAuthenticationF
ilter@1542af63,
org.springframework.security.web.savedrequest.RequestCacheAwareFilter@2b
0b4d53,
org.springframework.security.web.servletapi.SecurityContextHolderAwareRe
questFilter@38548b19,
org.springframework.security.web.authentication.AnonymousAuthenticationF
ilter@4cafa9aa,
org.springframework.security.web.session.SessionManagementFilter@3af356f,
org.springframework.security.web.access.ExceptionTranslationFilter@7cedf
a63,
org.springframework.security.web.access.intercept.FilterSecurityIntercep
tor@6c37bd27]
```

接下来，我们看一下采用新的授权配置的项目启动日志内容，具体内容如下：

```
2022-10-16  20:12:35.751    INFO  66955  --- [                    main]
o.s.s.web.DefaultSecurityFilterChain       : Will secure any request with
[org.springframework.security.web.session.DisableEncodeUrlFilter@659925f4,
org.springframework.security.web.context.request.async.WebAsyncManagerIn
tegrationFilter@4cd1c1dc,
org.springframework.security.web.context.SecurityContextPersistenceFilte
r@303a5119,
org.springframework.security.web.header.HeaderWriterFilter@2b0b4d53, org.
springframework.security.web.csrf.CsrfFilter@30404dba,
org.springframework.security.web.authentication.logout.LogoutFilter@7695
4a33,
```

```
org.springframework.security.web.authentication.UsernamePasswordAuthenti
cationFilter@44c5a16f,
org.springframework.security.web.authentication.ui.DefaultLoginPageGener
atingFilter@42c2f48c,
org.springframework.security.web.authentication.ui.DefaultLogoutPageGene
ratingFilter@47f08b81,
org.springframework.security.web.authentication.www.BasicAuthenticationF
ilter@48c4245d,
org.springframework.security.web.savedrequest.RequestCacheAwareFilter@1b
cb79c2,
org.springframework.security.web.servletapi.SecurityContextHolderAwareRe
questFilter@2cfbeac4,
org.springframework.security.web.authentication.AnonymousAuthenticationF
ilter@b9dfc5a,
org.springframework.security.web.session.SessionManagementFilter@38548b19,
org.springframework.security.web.access.ExceptionTranslationFilter@3af356f,
org.springframework.security.web.access.intercept.AuthorizationFilter@4a
29f290]
```

通过对比以上两个启动日志内容，可以看到，两者最主要的区别在于最后的授权处
理过滤器，老版本中，授权处理的过滤器采用的是 FilterSecurityInterceptor，而在新版
本中采用的是 AuthorizationFilter。所以在新版本的 Spring Security 中，授权的基本处理
流程将会变为如图 6-3 所示的样子。

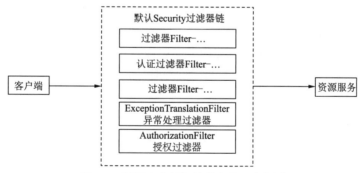

图 6-3　新版本中授权的基本处理流程图

最后，还要解释一下，为什么在新版本 Spring Security 中授权的基本处理流程已经
有了变化，但默认还是采用老版本的处理流程，这是为了兼容老版本的使用。不过，在
目前使用 Spring Security 时还是推荐在授权配置时不要再使用老版本的配置方式，因为
新版本替换掉老版本是大势所趋。

6.1.2　授权的内部处理机制

既然新版本 Spring Security 中授权的基本处理流程发生了变化，那么，相应的，授权
的内部处理机制也会随之变化，原因在于过滤器 FilterSecurityInterceptor 与 Authorization

Filter 中的内部处理方式不同。

1．授权内部处理机制的分步处理

为便于读者理解，我们同样分步骤来介绍 Spring Security 中授权的内部处理机制，先看一下授权的内部处理机制图，如图 6-4 所示。

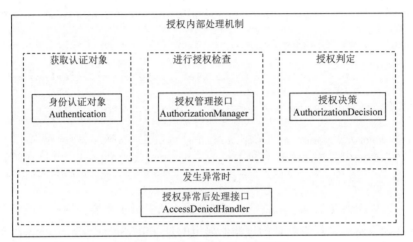

图 6-4　授权的内部处理机制图

通过图 6-4 可以清晰地看到授权功能的内部处理细节，即在授权的内部处理机制中，主要将授权的处理过程分为获取认证对象、进行授权检查和授权判定三个步骤。

（1）获取认证对象

获取认证对象是进行授权检查前的准备阶段，主要操作就是获取身份认证对象 Authentication，不过这里需要注意的是，此时获取的 Authentication 是在认证结束后已经经过认证的 Authentication。

（2）进行授权检查

进行授权检查的主要操作就是通过授权管理接口 AuthorizationManager 来进行访问控制权限检查，在检查完成后会返回一个检查结果，即授权决策 AuthorizationDecision 对象。不过这里需要注意的是，当执行授权检查时如果出现不确定的访问权限因素时，此时返回的检查结果可能不是授权决策 AuthorizationDecision 对象，而是直接返回一个空值。

（3）授权判定

授权判定是授权检查后的后续判定阶段，主要操作是针对上一步中的授权检查结果来进行授权的判定处理，如果授权检查结果无误则直接进行后续的正常流程，即在授权阶段授权通过。不过这里需要注意的是，如果授权决策 AuthorizationDecision 对象中的授权状态是未授权，此时会直接抛出授权异常，即在授权阶段授权未通过。

在授权过程中，除了以上几步之外，还会有异常处理部分来对授权相关的异常进行专门处理，其主要操作就是调用授权异常后处理接口 AccessDeniedHandler 来进行授权异常处理，比如说设置 response 响应状态码、请求转发至错误界面等。

通过以上内容我们了解了具体的授权内部处理机制；不过，在授权的内部处理机制中也涉及授权管理接口 AuthorizationManager、授权决策 AuthorizationDecision 对象等一系列组件，这些组件对于理解授权处理过程非常重要，接下来，我们就对授权的内部处理机制中涉及的组件进行系统介绍。

2. 授权的内部处理机制中涉及的组件

需要说明的是，由于此前在认证的内部处理机制中已经介绍过身份认证对象 Authentication，所以在接下来主要对未介绍过的组件进行讲解，包括组件名称、组件描述、组件包含的主要内容以及组件之间的关系，具体见表 6-1。

表 6-1　授权内部处理机制中涉及组件具体描述

组件名称	组件描述	组件包含的主要内容	组件之间的关系
AuthorizationManager（授权管理接口）	提供授权检查支持，进行授权检查时调用该接口完成授权检查，其有多个实现类，最常见的实现类为 Authority Auth orizationManager（根据访问权限进行授权检查）	主要包含两个方法：check 方法，用于实现授权检查的具体逻辑并返回授权决策 AuthorizationDecision 对象；verify 方法，默认调用 check 方法并在授权未通过时抛出相关授权异常	授权决策对象 AuthorizationDecision 生成的依赖接口
AuthorizationDecision（授权决策对象）	提供授权检查结果支持，在授权管理接口执行完 check 方法后会返回授权检查结果，即为该授权决策对象 AuthorizationDecision	主要包含一个授权状态 granted 标识，当该标识为真时，则为已授权的状态，当该标识不为真时，则为未授权的状态	授权管理接口 AuthorizationManager 执行完 check 方法后返回的结果对象
AccessDeniedHandler（授权异常后处理接口）	提供授权异常发生后的相关逻辑处理支持，其多个实现类，在异常处理的 Filter 过滤器中默认实现类处理逻辑主要是设置 response 响应状态码及将请求转发至错误界面	主要包含一个 handle 方法，即对授权异常进行相关逻辑处理的方法	此组件属于授权异常发生时触发的组件，与上述正常流程下的授权过程中组件不直接进行关联，除非在授权过程中有抛出相关授权异常

对于表 6-1 中的这些内容重在理解即可，如果想要从源码的角度来对授权的内部处理机制加深认知的话，可以通过新版本 Spring Security 中对应的授权过滤器为切入点来进行查看，具体为位于 jar 包 spring-security-web.jar 中 org.springframework.security.web.access.intercept 包下的 AuthorizationFilter。

通过对授权的基本处理流程与授权的内部处理机制的理解，对于授权的架构也就基本清楚了，这样就打好了 Spring Security 授权功能中最底层的基础，不过这里需要注意的是，对于授权的内部处理机制一定要以新版本的处理机制为准。

在对授权架构的相关基础知识有了认知后，接下来，就开始对基于授权基础之上的各个常用的基础的授权子功能进行了解，以便于后续自定义授权功能的实践。

6.2　常用的授权子功能

从授权子功能类型来看，常用的授权子功能主要集中在授权功能类与授权支持类这两大类之中。授权功能类包含的内容主要是基于 url 的授权与基于方法的授权，而授权支持类包含的内容主要是权限表达式支持。

由于在此前章节中介绍 Spring Security 核心功能时，已经对划分的不同类型的授权子功能进行了相关的功能描述，所以，在接下来的介绍中，重点直接放在功能概述以外的内容。

另外，本节讲解顺序为先介绍授权支持类再介绍授权功能类，至于如此介绍顺序的原因，主要是因为在授权功能类中的子功能有使用到授权支持类中的子功能。

6.2.1　权限表达式

权限表达式就是使用 EL 表达式来对访问控制进行判断，具体为使用 EL 表达式来定义访问控制相关的访问权限，当用户进行访问控制时，如果判定使用 EL 表达式定义的访问权限无误，则可以进行后续的权限访问。

在 Spring Security 的授权功能中，为便于访问控制的相关规则配置，已经内置了一些常用的权限表达式，不过，在日常工作过程中，当使用 Spring Security 的授权功能时，权限表达式一般不会单独使用，而是通过授权功能类中的子功能来结合使用、以用于对访问控制的相关配置，比如说判断用户具有某个角色或某个权限才能够对某个受限资源进行访问。

关于对权限表达式的解析，主要集中在权限表达式的来源与常用的内置权限表达式这两个方面。

1. 权限表达式来源

在权限表达式中，其来源主要有以下几个方面：

- 来源 jar 包名称：spring-security-core.jar。
- 源文件 package：org.springframework.security.access.expression。
- 详细文件名：SecurityExpressionOperations。
- 需关注的重点：SecurityExpressionOperations 接口的抽象实现类 SecurityExpressionRoot。

2. 常用的内置权限表达式

在介绍常用的内置权限表达式前，需要说明的是，虽然常用的内置权限表达式来源于 SecurityExpressionOperations 接口与其抽象实现类 SecurityExpressionRoot，但是后者还有两个子类，分别为 WebSecurityExpressionRoot 与 MethodSecurityExpressionRoot，其中：

- WebSecurityExpressionRoot 主要应用于授权功能类中的基于 url 的授权子功能。
- MethodSecurityExpressionRoot 主要应用于授权功能类中的基于方法的授权子功能。

另外，MethodSecurityExpressionRoot 的来源与其父类 SecurityExpressionRoot 一致，都来源于 jar 包 spring-security-core.jar 中，但是 WebSecurityExpressionRoot 的来源与其父类 SecurityExpressionRoot 不同，其单独位于 jar 包 spring-security-web.jar 中，在常用的内置权限表达式中 WebSecurityExpressionRoot 单独提供了一个基于 url 的授权子功能使用的权限表达式。

接下来，我们通过表 6-2 来看一下常用的内置权限表达式具体包含哪些内容。

表 6-2　常用的内置权限表达式

表 达 式	表达式所属类别	表达式描述	用法示例	关联实现类
hasAuthority (String)	权限判断	判断当前用户是否具有指定的权限，如果有则判定为真	hasAuthority（"read"）、has Auth ority（"write"）、has Authority（"ROLE_TEST"）	SecurityExpressionRoot
hasAnyAuthority (String...)	权限判断	判断当前用户是否具有指定的权限，只要有其中任意一个指定的权限则判定为真	hasAuthority（"read", "writ e"）、hasAuthority（"cr eate"，"delete"）、hasAutho rity（"R OLE_TEST", "ROLE_AD MIN"）	SecurityExpressionRoot
hasRole(String)	角色判断	判断当前用户是否具有指定的角色，如果有则判定为真	hasRole（"TEST"）、hasRole（"ADMIN"）	SecurityExpressionRoot
hasAnyRole (String...)	角色判断	判断当前用户是否具有指定的角色，只要有其中任意一种指定的角色则判定为真	hasAnyRole（"TEST", "AD MIN"）	SecurityExpressionRoot
permitAll()	直接放行	不进行任何判断，直接判定为真	permitAll()	SecurityExpressionRoot
denyAll()	直接拒绝	不进行任何判断，直接判定为假	denyAll()	SecurityExpressionRoot
isAnonymous()	认证判断	判断当前用户是否为匿名认证用户，如果是则判定为真	isAnonymous()	SecurityExpressionRoot

续表

表 达 式	表达式所属类别	表达式描述	用法示例	关联实现类
isAuthenticated()	认证判断	判断当前用户是否非匿名认证用户，如果是则判定为真	isAuthenticated()	SecurityExpressionRoot
isRememberMe()	认证判断	判断当前用户是否为 Remember Me 记住我用户，如果是则判定为真	isRememberMe()	SecurityExpressionRoot
isFullyAuthenticated()	认证判断	判断当前用户是否非匿名认证用户并且非 Remember Me 记住我用户，如果是则判定为真	IsFullyAuthenticated()	SecurityExpressionRoot
hasPermission (Object, Object)	指定对象判断	判断当前用户是否对指定对象具有指定的权限，如果是则判定为真	hasPermission(#user, "read")、hasPermission（obj ect, "ad min"）	SecurityExpressionRoot
hasPermission (Object, String, Object)	指定对象判断	判断当前用户是否对指定对象具有指定的权限，其中包括 Id、类型及权限，如果是则判定为真	hasPermission（#id,"com. example.User", "read"）、has Permission（1,"com.ex ample.User", "admin"）	SecurityExpressionRoot
hasIpAddress (String)	指定 IP 判断	判断当前用户请求是否在指定的 IP 地址范围内，如果在则判定为真	hasIpAddress("10.0.0.0/16")、hasIpAddr ess（"192.168. 0.0 /24"）	WebSecurityExpression Root

在以上内置表达式中需要注意的是，角色判断类别中的表达式 hasRole(String)与 hasAnyRole(String...)在传入角色名称时会默认加上角色名称前缀，默认的前缀为 ROLE_，即当传入的角色名称为 ADMIN 时，在角色判断中该角色判断时取的值为 ROLE_ADMIN。

另外，在内置的表达式中指定 IP 判断类别中的表达式 hasIpAddress(String)关联的实现类为 WebSecurityExpressionRoot，即该表达式主要用于授权功能类中的基于 url 的授权子功能。

6.2.2 基于 url 的授权

基于 url 的授权，有时也被称为基于 web 的授权，主要是针对请求的 url 来制定相关的访问控制策略，该功能在日常工作过程中使用较多，比如说需要对某个 url 路径进行授权访问、规定对某个 url 路径进行访问时必须具备某个角色等。

1. 流程解析来源

在基于 url 的授权中，流程的解析来源主要有以下几个方面：

- 来源 jar 包名称：spring-security-web.jar、spring-security-core.jar。
- 源文件 package：spring-security-web 中的 org.springframework.security.web.access. intercept、spring-security-core 中的 org.springframework.security.authorization。
- 详细文件名：AuthorizationFilter、AuthorizationManager。
- 需关注的重点：AuthorizationFilter 类中的 doFilterInternal 方法及接口 AuthorizationManager 下的实现类 RequestMatcherDelegatingAuthorizationManager、 AuthenticatedAuthorizationManager、AuthorityAuthorizationManager。

2. 流程图及说明

基于 url 的授权的流程如图 6-5 所示。

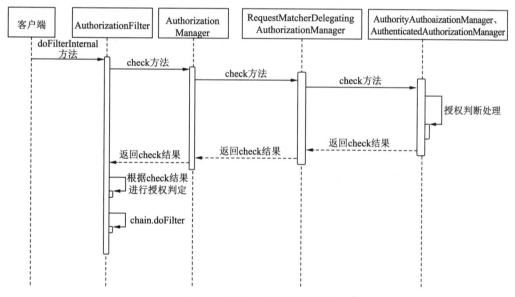

图 6-5 基于 url 的授权流程图

结合图 6-5 我们来细致梳理一下 url 的授权流程。

（1）客户端请求首先会经过 AuthorizationFilter 中的 doFilterInternal() 方法进行基于 url 的授权逻辑处理。

（2）在 doFilterInternal() 方法中会调用授权管理接口 AuthorizationManager 的 check() 方法来获取授权决策 AuthorizationDecision 对象，具体操作如下：

a. 调用授权管理接口 AuthorizationManager 的实现类 RequestMatcherDelegatingAuthorizationManager 的 check() 方法；

b.在实现类 RequestMatcherDelegatingAuthorizationManager 中根据设定的 url 规则进行相应匹配；

c.根据 url 规则匹配结果调用授权管理接口 AuthorizationManager 的实现类 AuthorityAuthorizationManager 或 AuthenticatedAuthorizationManager 的 check() 方法；

d.在实现类 AuthorityAuthorizationManager 或 AuthenticatedAuthorizationManager 的 check()方法中对当前用户进行授权判断，比如判断当前用户是否具备相应权限、是否为匿名用户等。

（3）针对上一步中获取到的授权决策 AuthorizationDecision 对象进行授权判定，当授权判定未通过时抛出相关授权异常。

（4）通过 chain.doFilter 调用过滤器链中的下一个过滤器进行请求处理。

当在授权处理过程中有相关授权异常抛出的话，同样会进入异常处理部分来对授权相关的异常进行专门的异常处理，这一点在授权的内部处理机制中有过相关介绍，这里不再赘述。

最后，还需要说明的是，基于 url 的授权的详细流程中授权管理接口 Authorization Manager 出现了三个实现类，其中可以将实现类 RequestMatcherDelegating Authorization Manager 视为一个代理类，主要代理了另外两个实现类 Authority AuthorizationManager 与 AuthenticatedAuthorizationManager，而 AuthorityAuthorization Manager 主要是负责处理当前用户请求权限相关判断，AuthenticatedAuthorization Manager 主要是负责处理当前用户请求认证相关判断。

在介绍了基于 url 的授权后，接下来就从实践角度看看应该如何自定义配置使用基于 url 的授权。

经验分享：新版本 Spring Security 中如何自定义配置使用基于 url 的授权

在新版本的 Spring Security 中自定义配置使用基于 url 的授权，首先需要了解的是如何使用新的授权配置，其次才能在此基础上进行相关的自定义配置使用。

1．使用新的授权配置

自定义配置使用基于 url 的授权，一般是通过配置 HttpSecurity 来完成的，这一点其实在此前的章节中已经有过简单的应用，比如说此前在认证章节中配置所有的请求都需要先进行身份认证、配置某些 url 路径进行直接放行等。

对于老版本的 Spring Security，配置 HttpSecurity 一般采用的处理方式即继承抽象类并重写方法，而在新版本的 Spring Security 中，要对 HttpSecurity 进行配置，只需要将原有的处理方式替换为定义 bean 的方式即可，这一点与认证章节中的相关自定义配置类似，在此就不再赘述。

不过，在新版本的 Spring Security 中，自定义配置使用基于 url 的授权可不仅仅只有以上这一点变化，更重要的是在配置 HttpSecurity 时需要采用新的授权配置，这样做的目的就是使用新版本 Spring Security 的授权处理流程，具体是将老版本中采用的授权处理的过滤器 FilterSecurityInterceptor 替换为新版本中的授权处理的过滤器 AuthorizationFilter。

接下来，先看一下在新版本的 Spring Security 中如何采用新的授权配置，具体如下：

```
@Configuration
public class DemoHttpSecurityConfiguration {

    //在新版本的 Spring Security 中采用定义 bean 的方式
    @Bean
    public SecurityFilterChain filterChain(HttpSecurity http) throws
Exception {
        http
                //老版本的授权配置方式
                .authorizeRequests(authorizeRequests -> authorizeRequests.
                    ...
                )
                ...
        ;
        return http.build();
    }

    //在新版本的 Spring Security 中采用定义 bean 的方式
    @Bean
    public SecurityFilterChain filterChain(HttpSecurity http) throws
Exception {
        http
                //新版本的授权配置方式
                .authorizeHttpRequests(authorizeHttpRequests -> authorizeHttp
Requests.
                    ...
                )
                ...
        ;
        return http.build();
    }

}
```

通过以上示例即可看出，在新版本的 Spring Security 中采用新的授权配置十分便捷，只需要将原有 HttpSecurity 的调用方法 authorizeRequests 变更为 authorizeHttpRequests 即可。

如果需要验证项目是否已经变更为使用新的授权处理流程，此时只需要将以上示例代码放入前面 Spring Security 基础使用章节搭建的示例项目中，然后分别使用新老版本的授权配置方式来启动项目，启动项目后查看项目的启动日志即可确认，具体为查看默认的过滤器链 DefaultSecurityFilterChain 中包含的过滤器内容。

2. 自定义指定 url 路径直接放行与拒绝

在了解了在新版本的 Spring Security 中如何自定义配置基于 url 的授权的方法后，就可以使用此方法来进行具体的基于 url 的授权配置了，接下来，就通过一个小例子看看如何配置指定 url 路径的直接放行与直接拒绝，具体如下：

```
@Configuration
public class DemoHttpSecurityConfiguration {

    @Bean
    public SecurityFilterChain filterChain(HttpSecurity http) throws
Exception {
        http
                .authorizeHttpRequests(authorizeHttpRequests -> authorizeHttp
Requests
                        //配置/permitAll 路径直接放行
                        .mvcMatchers("/permitAll").permitAll()
                        //配置/denyAll 路径直接拒绝
                        .mvcMatchers("/denyAll").denyAll()
                )
        ;
        return http.build();
    }

}
```

将以上示例代码放入前面章节搭建的基础示例项目中，启动项目就可以看到当访问 /permitAll 路径时可以直接进行访问，当访问/denyAll 路径时会无法进行访问，提示 403 Forbidden 错误，即拒绝了访问请求。

3. 使用权限表达式进行自定义配置

接下来，再来看看，如果想要结合前面介绍的权限表达式来对基于 url 的授权进行自定义配置，应该如何处理，具体如下：

```
@Configuration
public class DemoHttpSecurityConfiguration {

    @Bean
    public SecurityFilterChain filterChain(HttpSecurity http) throws
Exception {
        http
                .authorizeHttpRequests(authorizeHttpRequests -> authorize
HttpRequests
                        .mvcMatchers("/permitAll").permitAll()
                        //配置/test 路径需要当前用户具有 TEST 角色才能访问
                        .mvcMatchers("/test").hasRole("TEST")
                        //配置/admin 路径需要当前用户具有 ROLE_ADMIN 权限才能访问
                        .mvcMatchers("/admin").hasAuthority("ROLE_ADMIN")
                        //配置/anyRole 路径需要当前用户具有 TEST、ADMIN 任意一种
角色才能访问
                        .mvcMatchers("/anyRole").hasAnyRole("TEST","ADMIN")
                        //其他的 url 路径都需要身份认证后才能访问
                        .anyRequest().authenticated()
                )
                .formLogin()
        ;
        return http.build();
    }

    //定义内存用户便于访问测试
    @Bean
    public InMemoryUserDetailsManager user() {
        //定义 test 用户，具有 TEST 角色
        UserDetails test = User
                .withDefaultPasswordEncoder()
                .username("test")
                .password("password")
                .roles("TEST")
                .build();
        //定义 admin 用户，具有 ADMIN 角色
        UserDetails admin = User
                .withDefaultPasswordEncoder()
                .username("admin")
                .password("password")
                .roles("ADMIN")
```

```
            .build();
        //定义 manager 用户，具有 MANAGER 角色
        UserDetails manager = User
                .withDefaultPasswordEncoder()
                .username("manager")
                .password("password")
                .roles("MANAGER")
                .build();
        return new InMemoryUserDetailsManager(test, admin, manager);
    }

}
```

将以上示例代码放入前面章节搭建的基础示例项目中，启动项目后就可以对以上配置的 url 路径以及此前编写的/hello 路径进行访问测试，其中：

- /permitAll 路径：无须登录即可直接访问。
- /test 路径：需要先进行用户登录，且只有 test 用户可以访问，admin、manager 用户不能访问。
- /admin 路径：需要先进行用户登录，且只有 admin 用户可以访问，test、manager 不能访问。
- /anyRole 路径：需要先进行用户登录，除了 manager 用户不能访问，test、admin 用户都可访问。
- /hello 路径：需要先进行用户登录，test、admin、manager 用户都可访问。

这里需要注意的是，示例代码中定义配置的 url 路径需要由相应路径的映射处理实现，不然就会出现找不到相应页面等情况。

除此之外，在实际日常工作过程中基于 url 的授权自定义配置的情况有很多，以上只是列举了部分示例，比如并没有将全部的权限表达式进行应用，但是自定义配置的基本方法相同，至于不同的 url 路径规则配置可以参考以上方式，在工作过程中根据实际的业务情况进行自定义配置。

以上即为如何在新版本 Spring Security 中进行基于 url 的授权的自定义配置操作，可以基于前面章节中搭建的示例项目来进行自定义配置，通过启动项目测试来加深认识。

6.2.3　基于方法的授权

基于方法的授权也称为基于注解的授权，主要就是在代码层面（如服务方法上面）来制定相关的访问控制策略，比如说指定某个业务方法在执行前必须具备某个角色、某个业务方法在执行后需要进行相关的权限检查等。

1．流程解析来源

在基于方法的授权中，流程的解析来源主要有以下几个方面：

- 来源 jar 包名称：spring-security-core.jar。
- 源文件 package：org.springframework.security.authorization.method。
- 详细文件名：AuthorizationManagerBeforeMethodInterceptor、AuthorizationManager AfterMethodInterceptor、AuthorizationManager。
- 需关注的重点：AuthorizationManagerBeforeMethodInterceptor、AuthorizationManager AfterMethodInterceptor 类中的 attemptAuthorization 方法及接口 Authorization Manager 下 的 实 现 类 PreAuthorizeAuthorizationManager、 SecuredAuthorizationMan ager、 Jsr250AuthorizationManager、PostAuthorizeAuthori zationManager。

2．流程图及说明

基于方法的授权流程如图 6-6 所示。

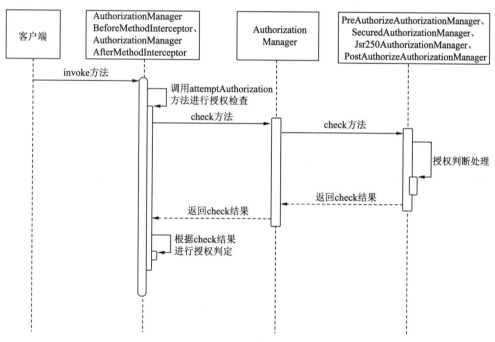

图 6-6　基于方法的授权流程图

我们来看一下授权流程的具体细节。

（1）客户端的请求在执行具体的服务方法前首先会经过相应的 Authorization ManagerBeforeMethodInterceptor 与 AuthorizationManagerAfterMethodInterceptor 中的 invoke() 方法来进行基于方法的授权逻辑处理。

（2）在 invoke()方法中会调用内部实现的 attemptAuthorization()方法来进行授权检查处理。

（3）在 attemptAuthorization()方法中的具体操作如下：

a．调用授权管理接口 AuthorizationManager 的 check()方法来获取授权决策 AuthorizationDecision 对象，其中具体调用的是授权管理接口 AuthorizationManager 的实现类；

b．在授权管理接口 AuthorizationManager 的实现类中会进行真正的授权判断处理；

c．针对前面步骤授权判断处理完毕后返回的授权决策 AuthorizationDecision 对象来进行授权判定，当授权判定未通过时抛出相关授权异常。

需要注意的是，在以上流程中，AuthorizationManagerBeforeMethodInterceptor 为在服务方法执行之前进行授权逻辑处理的类，而 AuthorizationManagerAfterMethod Interceptor 为在服务方法执行之后进行授权逻辑处理的类。

另外，在 AuthorizationManagerBeforeMethodInterceptor 类中对应的授权管理接口 AuthorizationManager 的实现类为 PreAuthorizeAuthorizationManager、SecuredAuthorization Manager、Jsr250AuthorizationManager，而在 AuthorizationManagerAfterMethodInterceptor 类中对应的授权管理接口 AuthorizationManager 的实现类为 PostAuthorizeAuthorization Manager。

在这些不同的授权管理接口 AuthorizationManager 的实现类中，具体使用的是哪个实现类是根据实际配置定义的注解而来；另外，如果基于 url 的授权与基于方法的授权同时使用时，一般授权处理流程是先进行基于 url 的授权检查逻辑处理，之后才到基于方法的授权检查逻辑处理。

经验分享：新版本 Spring Security 中如何自定义配置使用基于方法的授权

在新版本 Spring Security 中自定义配置使用基于方法的授权，首先需要了解的是如何使用新的启用注解来开启基于方法的授权功能，其次才能在此基础上进行相关的自定义配置使用。

1．使用新的启用注解开启基于方法的授权功能

在具体使用注解来进行授权相关配置之前，需要先手动开启基于方法的授权功能，具体操作也是通过注解来进行启用，在这一点上新老版本采用的启用方式是一样的。

虽然新老版本的 Spring Security 启用基于方法的授权功能在方式上一样，但是在具体启用时使用的注解却不一样，具体为在新版本的 Spring Security 中使用的是@Enable MethodSecurity 注解，而老版本使用的是@Enable GlobalMethodSecurity 注解，只有使用新版本中对应的启用注解才会应用到前面介绍的新版本授权流程上。

接下来，就先看一下在新版本 Spring Security 中如何采用新的启用注解来开启基于方法的授权功能，具体如下：

```
<1>
```

```
@EnableMethodSecurity
@Configuration
public class DemoHttpSecurityConfiguration {

    @Bean
    public SecurityFilterChainfilterChain(HttpSecurity http) throws
Exception {
        http
            ...
        ;
        return http.build();
    }

}
```

以上示例代码中，对应示例代码中的标识<1>，即使用@EnableMethodSecurity 注解开启新版本的 Spring Security 中基于方法的授权功能。

不过，以上示例仅仅是开启了基于方法的授权功能，还未真正自定义配置使用基于方法的授权，接下来就来看一下如何进行基于方法的授权配置。

2. 自定义配置使用 Pre、Post 相关注解

在进行具体的基于方法的授权配置前，还需要说一下@EnableMethodSecurity 注解，因为当在新版本的 Spring Security 中使用该注解时，默认 Pre、Post 相关注解已经被开启，具体 Pre、Post 相关注解见表 6-3。

表 6-3　Pre、Post 相关注解及说明

注解名称	说　　明
@PreAuthorize	在服务方法执行前进行相关的授权检查
@PostAuthorize	在服务方法执行后进行相关的授权检查
@PreFilter	在服务方法执行前对方法参数进行相关过滤操作
@PostFilter	在服务方法执行后对返回结果进行相关过滤操作。

从表 6-3 中不难看出，要进行具体的基于方法的授权配置，主要是使用@PreAuthorize、@PostAuthorize 这两个注解，接下来就看看如何通过这两个注解来进行具体的配置。

（1）使用@PreAuthorize 注解进行基于方法的授权配置

为便于测试验证效果，先基于 url 进行配置授权，具体为配置所有请求都进行放行，另外新建一个具有 TEST 角色的 test 用户以及具有 ADMIN 角色的 admin 用户，具体代码如下：

```
@EnableMethodSecurity
@Configuration
```

```
public class DemoHttpSecurityConfiguration {

    @Bean
    public SecurityFilterChainfilterChain(HttpSecurity http) throws
Exception {
        http
                .authorizeHttpRequests(authorizeHttpRequests->authorizeHt
tpRequests
                        .anyRequest().permitAll()
                )
                .formLogin()
        ;
        return http.build();
    }


    @Bean
    public InMemoryUserDetailsManager user() {
        UserDetails test = User
                .withDefaultPasswordEncoder()
                .username("test")
                .password("password")
                .roles("TEST")
                .build();
        UserDetails admin = User
                .withDefaultPasswordEncoder()
                .username("admin")
                .password("password")
                .roles("ADMIN")
                .build();
        return new InMemoryUserDetailsManager(test, admin);
    }

}
```

接着，新建一个 Controller 控制器用于使用@PreAuthorize 注解来进行基于方法的
授权配置，具体代码如下：

```
@RestController
public class DemoController {


    <1>
```

```
    @PreAuthorize("hasRole('TEST')")
    @GetMapping("/test")
    public String test() {
        System.out.println("test 方法执行");
        return "test";
    }


    <2>
    @PreAuthorize("hasRole('ADMIN')")
    @GetMapping("/admin")
    public String admin() {
        System.out.println("admin 方法执行");
        return "admin";
    }


    <3>
    @PreAuthorize("hasAnyRole('TEST','ADMIN')")
    @GetMapping("/anyRole")
    public String anyRole() {
        System.out.println("anyRole 方法执行");
        return "anyRole";
    }


}
```

以上示例代码中，对应示例代码中的<1>、<2>、<3>标识，即：

<1>：配置 test()方法在方法执行前进行授权检查，即需要当前用户具有 TEST 角色才能访问；

<2>：配置 admin()方法在方法执行前进行授权检查，即需要当前用户具有 ADMIN 角色才能访问；

<3>：配置 anyRole()方法在方法执行前进行授权检查，即需要当前用户具有 TEST、ADMIN 任意一种角色才能访问。

将以上示例代码放入前面章节搭建的基础示例项目中，启动项目后就可以进行访问测试，其中：

- 访问 test()方法时，需要先进行用户登录，登录后只有 test 用户可以成功访问，且后台日志会打印输出 test()方法执行；当 admin 用户访问时会显示无权访问，且后台日志不会打印输出 test()方法执行。

- 访问 admin()方法时，需要先进行用户登录，登录后只有 admin 用户可以成功访问，且后台日志会打印输出 admin()方法执行；当 test 用户访问时会显示无权访问，且后台日志不会打印输出 admin()方法执行。
- 访问 anyRole()方法时，需要先进行用户登录，登录后 test、admin 用户都可以成功访问，且后台日志会打印输出 anyRole()方法执行。
- 访问原有 hello()方法时，无须进行用户登录即可成功访问。

（2）使用@PostAuthorize 注解进行基于方法的授权配置。

@PostAuthorize 注解的使用与@PreAuthorize 注解类似，为便于理解，直接在以上示例代码中进行修改，具体修改如下：

```
@RestController
public class DemoController {

    <1>
    //@PreAuthorize("hasRole('TEST')")
    @PostAuthorize("hasRole('TEST')")
    @GetMapping("/test")
    public String test() {
        System.out.println("test 方法执行");
        return "test";
    }


    <2>
    //@PreAuthorize("hasRole('ADMIN')")
    @PostAuthorize("hasRole('ADMIN')")
    @GetMapping("/admin")
    public String admin() {
        System.out.println("admin 方法执行");
        return "admin";
    }


    <3>
    //@PreAuthorize("hasAnyRole('TEST','ADMIN')")
    @PostAuthorize("hasAnyRole('TEST','ADMIN')")
    @GetMapping("/anyRole")
    public String anyRole() {
        System.out.println("anyRole 方法执行");
        return "anyRole";
```

```
        }


    }
```

以上示例代码中，对应示例代码中的<1>、<2>、<3>标识，即：

<1>：配置 test()方法在方法执行后进行授权检查，即需要当前用户具有 TEST 角色才能返回结果；

<2>：配置 admin()方法在方法执行后进行授权检查，即需要当前用户具有 ADMIN 角色才能返回结果；

<3>：配置 anyRole()方法在方法执行后进行授权检查，即需要当前用户具有 TEST、ADMIN 任意一种角色才能返回结果。

将以上示例代码放入前面章节搭建的基础示例项目中，启动项目后就可以进行访问测试，其中：

- 访问 test()方法时，需要先进行用户登录，登录后只有 test 用户可以成功访问；当 admin 用户访问时会显示无权访问，但是不论是 test 用户还是 admin 用户在访问时后台日志都会打印输出 test()方法执行。

- 访问 admin()方法时，需要先进行用户登录，登录后只有 admin 用户可以成功访问；当 test 用户访问时会显示无权访问，但是不论是 admin 用户还是 test 用户在访问时后台日志都会打印输出 admin()方法执行。

- 访问 anyRole()方法时，需要先进行用户登录，登录后 test、admin 用户都可以成功访问，在访问时后台日志都会打印输出 anyRole()方法执行。

- 访问原有 hello()方法时，无须进行用户登录即可成功访问。

可以看出@PreAuthorize、@PostAuthorize 注解都可以进行基于方法的授权配置，最主要的区别就是一个在方法执行前进行授权检查，一个在方法执行后进行授权检查。

不过，还需要注意的是，以上示例代码中定义配置的方法授权为图简便是直接基于控制器 Controller 中的方法来实现的，在实际日常工作过程中可以根据实际业务情况在业务接口代码的方法中添加相关方法授权配置。另外，以上示例中有结合使用到前面介绍的权限表达式，但是并没有将全部的权限表达式进行应用，不过使用的基本方法相同，至于其他的权限表达式的应用可以参考以上方式进行使用。

3. 其他配置方法

当然，在自定义配置使用基于方法的授权中，除了以上 Pre、Post 注解之外，还可以使用 Secured 注解与 JSR-250 注解进行配置使用，其中：

- Secured 注解用于确定哪些角色权限可以进行访问。

- JSR-250 注解遵循了 JSR-250 规范的注解，主要包含 DenyAll（全部拒绝）、PermitAll（全部通过）、RolesAllowed（哪些角色权限可以进行访问）三个注解。

（1）使用@Secured 注解来进行基于方法的授权配置

在使用@Secured 注解前，需要先在@EnableMethodSecurity 注解中对其进行开启，具体如下：

```
<1>
@EnableMethodSecurity(securedEnabled = true)
@Configuration
public class DemoHttpSecurityConfiguration {

    @Bean
    public SecurityFilterChainfilterChain(HttpSecurity http) throws
Exception {
        http
            ...
        ;
        return http.build();
    }

}
```

以上示例代码中，对应示例代码中的标识<1>，即通过在@EnableMethodSecurity 注解中设置 securedEnabled 属性值来开启@Secured 注解支持。

开启@Secured 注解后，便是基于前面的示例代码进行修改，具体修改如下：

```
@RestController
public class DemoController {

    <1>
    //@PreAuthorize("hasRole('TEST')")
    //@PostAuthorize("hasRole('TEST')")
    @Secured("ROLE_TEST")
    @GetMapping("/test")
    public String test() {
        System.out.println("test 方法执行");
        return "test";
    }

    <2>
    //@PreAuthorize("hasRole('ADMIN')")
    //@PostAuthorize("hasRole('ADMIN')")
    @Secured("ROLE_ADMIN")
```

```
@GetMapping("/admin")
public String admin() {
    System.out.println("admin 方法执行");
    return "admin";
}


<3>
//@PreAuthorize("hasAnyRole('TEST','ADMIN')")
//@PostAuthorize("hasAnyRole('TEST','ADMIN')")
@Secured({"ROLE_TEST", "ROLE_ADMIN"})
@GetMapping("/anyRole")
public String anyRole() {
    System.out.println("anyRole 方法执行");
    return "anyRole";
}


}
```

以上示例代码中，对应示例代码中的<1>、<2>、<3>标识，即：

<1>：配置 test()方法进行授权检查，即需要当前用户具有 TEST 角色才能访问。

<2>：配置 admin()方法进行授权检查，即需要当前用户具有 ADMIN 角色才能访问。

<3>：配置 anyRole()方法进行授权检查，即需要当前用户具有 TEST、ADMIN 任意一种角色才能访问。

将以上示例代码放入前面章节搭建的基础示例项目中，启动项目后就可以进行访问测试，其中：

- 访问 test()方法时，需要先进行用户登录，登录后只有 test 用户可以成功访问，且后台日志会打印输出 test()方法执行；当 admin 用户访问时会显示无权访问，且后台日志不会打印输出 test()方法执行。

- 访问 admin()方法时，需要先进行用户登录，登录后只有 admin 用户可以成功访问，且后台日志会打印输出 admin()方法执行；当 test 用户访问时会显示无权访问，且后台日志不会打印输出 admin 方法执行。

- 访问 anyRole()方法时，需要先进行用户登录，用户登录后 test、admin 用户都可以成功访问，且后台日志会打印输出 anyRole()方法执行。

- 访问原有 hello()方法时，无须进行用户登录即可成功访问。

不难看出，@Secured 注解与前面@PreAuthorize()注解配置效果类似，区别在于@PreAuthorize 注解中可以使用权限表达式，而@Secured 注解中不支持权限表达式。另外，上述代码中，使用@Secured 注解时在定义角色名称时需要加上角色前缀，默认的角色前缀为 ROLE_。

（2）使用 JSR-250 注解来进行基于方法的授权配置

在使用 JSR-250 注解前，同样需要先在@EnableMethodSecurity 注解中对其进行开启，具体如下：

```
<1>
@EnableMethodSecurity(securedEnabled = true, jsr250Enabled = true)
@Configuration
public class DemoHttpSecurityConfiguration {

    @Bean
    public SecurityFilterChainfilterChain(HttpSecurity http) throws
Exception {
        http
            ...
        ;
        return http.build();
    }

}
```

以上示例代码中，对应示例代码中的标识<1>，即通过在@EnableMethodSecurity 注解中设置 jsr250Enabled 属性值来开启 JSR-250 注解支持。

开启 JSR-250 注解后，还是基于前面的示例代码进行修改，具体修改如下：

```
@RestController
public class DemoController {

    <1>
    //@PreAuthorize("hasRole('TEST')")
    //@PostAuthorize("hasRole('TEST')")
    //@Secured("ROLE_TEST")
    @RolesAllowed("TEST")
    @GetMapping("/test")
    public String test() {
        System.out.println("test 方法执行");
        return "test";
    }

    <2>
    //@PreAuthorize("hasRole('ADMIN')")
```

```
//@PostAuthorize("hasRole('ADMIN')")
//@Secured("ROLE_ADMIN")
@RolesAllowed("ADMIN")
@GetMapping("/admin")
public String admin() {
    System.out.println("admin 方法执行");
    return "admin";
}


<3>
//@PreAuthorize("hasAnyRole('TEST','ADMIN')")
//@PostAuthorize("hasAnyRole('TEST','ADMIN')")
//@Secured({"ROLE_TEST", "ROLE_ADMIN"})
@RolesAllowed({"TEST", "ADMIN"})
@GetMapping("/anyRole")
public String anyRole() {
    System.out.println("anyRole 方法执行");
    return "anyRole";
}


<4>
@PermitAll
@GetMapping("/permitAll")
public String permitAll() {
    System.out.println("permitAll 方法执行");
    return "permitAll";
}


<5>
@DenyAll
@GetMapping("/denyAll")
public String denyAll() {
    System.out.println("denyAll 方法执行");
    return "denyAll";
}

}
```

以上示例代码中，对应示例代码中的<1>、<2>、<3>等标识，即：

<1>：配置 test()方法进行授权检查，即需要当前用户具有 TEST 角色才能访问。

<2>：配置 admin()方法进行授权检查，即需要当前用户具有 ADMIN 角色才能访问。

<3>：配置 anyRole()方法进行授权检查，即需要当前用户具有 TEST、ADMIN 任意一种角色才能访问。

<4>：配置 permitAll()方法直接通过。

<5>：配置 denyAll()方法直接拒绝。

将以上示例代码放入前面章节搭建的基础示例项目中，启动项目后就可以进行访问测试，其中：

- 访问 test()方法时，需要先进行用户登录，登录后只有 test 用户可以成功访问，且后台日志会打印输出 test 方法执行；当 admin 用户访问时会显示无权访问，且后台日志不会打印输出 test()方法执行。
- 访问 admin()方法时，需要先进行用户登录，登录后只有 admin 用户可以成功访问，且后台日志会打印输出 admin()方法执行；当 test 用户访问时会显示无权访问，且后台日志不会打印输出 admin()方法执行。
- 访问 anyRole()方法时，需要先进行用户登录，登录后 test、admin 用户都可以成功访问，且后台日志会打印输出 anyRole()方法执行。
- 访问 permitAll()方法时，无须进行用户登录即可成功访问。
- 访问 denyAll()方法时，会跳转至登录界面，但是不论是使用 test 用户还是 admin 用户进行登录，在登录后也无权访问。
- 访问原有 hello()方法时，无须进行用户登录即可成功访问。

需要注意的是，在 JSR-250 注解中也是不支持权限表达式的。另外，上述代码中，使用@RolesAllowed 注解时在定义角色名称时无须加上角色前缀，默认会添加角色前缀 ROLE_。

——本章小结——

本章中主要是对 Spring Security 核心功能——授权进行了相关的基础介绍，主要包含 Spring Security 授权的基础架构与常用的基础授权子功能的详解。对于 Spring Security 授权的基本架构，需要关注的重点就是了解其基本处理流程以及熟悉其内部处理机制。对于常用的基础授权子功能，最好是先了解授权支持类的权限表达式，然后再对授权功能类的基于 url 的授权与基于方法的授权进行熟悉，建议还是基于前面章节中搭建的示例项目以及本章中经验分享给出的一些示例配置来进行实践一下，以此加深对 Spring Security 核心功能授权的认识。

不过，在本章中对于常用的基础授权子功能，重点还是放在对这些子功能的介绍及一些基础使用上，并没有进行更深入地授权自定义，所以，在下一章中将继续深入实践自定义授权，与此同时，会将其与前面的自定义认证实践相结合。

第 7 章　自定义授权实践

在实际的工作过程中，对于软件应用的安全方面，一般不仅仅局限于授权的实现，还需要结合认证来进行使用，即软件应用需要先知道用户是谁，然后再需要知道用户能做什么。

本章将基于对授权这一核心功能充分了解的基础上，结合前面自定义认证实践，进行授权的自定义实践，满足实际工作过程中软件应用在授权方面实现的需要。

围绕着上述思路，本章首先会进行一个整体的解决方案介绍，然后基于介绍的解决方案来进行具体的开发实践操作，最后在开发实践完成后再对实践内容进行启动测试。

7.1　自定义授权解决方案

在介绍自定义授权解决方案之前，还需要重复提一下，对于软件应用来说，授权一般不会单独的存在，往往都是与认证结合使用，对于这一点一定要有清楚的认识，所以对于本节中自定义授权解决方案而言，一定是结合前面自定义认证而来。

对于自定义授权解决方案的介绍，本节中主要分为方案总目标及对应需求、方案流程图和方案实现思路三步来进行。

7.1.1　方案总目标及对应需求

自定义授权解决方案的总目标，即结合前面自定义认证并基于日常实际工作过程中软件应用的授权需求，进行自定义授权的功能实现。

自定义授权解决方案的对应需求，本例中选取的日常实际工作过程中软件应用的授权需求，主要有以下几个方面：

（1）授权规则设置

授权规则设置，即根据业务需求确定相关授权规则，并根据授权规则进行相应的设置，这在日常实际工作过程中非常常见，毕竟这是授权需求的基本，能够确保软件应用的基础安全性。

（2）授权持久化

授权持久化，即将用户相关权限角色信息放到数据库中，而不是使用固定值写在代码层面，这样可以使得用户相关权限角色信息的变更只需要修改数据库中的数据即可，而不用每次都在代码层面进行修改。

（3）自定义授权错误处理

自定义授权错误处理，即在客户端请求发生授权错误的情况下进行自定义的错误处理操作，可用于对默认的授权错误处理进行扩展与变更，便于后续软件应用在业务层面的管理与实现等。

以上即为自定义授权解决方案的总目标及对应需求，在对以上内容有所了解后，接着围绕这些需求，梳理一下解决方案的流程，以便于理清解决方案整体流程思路。

7.1.2　方案流程图

自定义授权解决方案的流程主要分为客户端首次页面访问、客户端进行登录请求和客户端进行业务访问三个步骤，具体如图 7-1 所示。

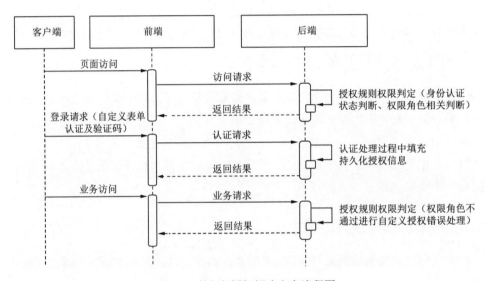

图 7-1　自定义授权解决方案流程图

结合图 7-1，我们详细了解一下这三个步骤。

（1）客户端首次页面访问

在客户端首次页面访问前端时，后端会根据设定的具体授权规则来对该次访问请求进行权限判定，若设定的授权规则为身份认证状态的判断则直接进行身份认证状态的判断；若授权规则为权限角色相关的判断则先进行身份认证状态的判断再对相关权限角色进行判断。由于客户端为首次页面访问，此时并没有进行过身份认证，所以在身份认证状态的判断中会判定为未进行身份认证，此时客户端会在前端看到自定义认证相关界面。

（2）客户端进行登录请求

在客户端看到前端自定义认证后，会在前端填入相关认证信息用于用户身份认证，后端在对其进行身份认证的过程中会去获取持久化的授权信息，并将其填充至用户认证数据中。

（3）客户端进行业务访问

当客户端通过了身份认证后，继续进行业务访问请求时，后端对每次的业务请求都会根据设定的具体授权规则来对该次访问请求进行权限判定，若设定的授权规则为身份认证状态的判断则正常返回结果响应，若设定的授权规则为权限角色相关的判断则继续对相关权限角色进行判断，如果用户具备相关权限角色则正常返回结果响应，反之，则进行自定义授权错误处理并返回自定义错误响应。

不难看出，自定义授权解决方案的流程与前面章节中自定义认证解决方案的流程类似，原因就是前面所说的授权一般不会单独的存在，往往都是与认证结合使用。但是仔细查看的话，二者还是存在着不同，主要的不同在于在自定义认证的基础上添加了相关授权判断及处理。

在对自定义授权解决方案的流程有所了解后，接着就着手于解决方案的实现，不过在进行实现之前，还是先梳理一下实现思路。

7.1.3　方案实现思路

关于自定义授权解决方案的实现思路，我们还是按照图 7-1 流程中的三个环节来依次介绍。

（1）客户端首次页面访问环节实现

在此环节中，需要做的实现具体有：

a．使用新的授权方式来进行自定义授权。

b．对 Spring Security 进行相关的自定义授权规则设置。

（2）客户端进行登录请求环节实现

在此环节中，需要做的实现具体有：

a．进行授权持久化数据库库表创建。

b．在自定义认证业务逻辑处理基础上添加授权数据填充处理。

（3）客户端进行业务访问环节实现

在此环节中，需要做的实现具体有：

a．进行自定义授权错误处理逻辑实现。

b．对 Spring Security 进行相关的自定义授权错误处理关联配置。

在对自定义授权解决方案的实现思路进行梳理后，就可以参照此实现思路来实际动手进行自定义授权的编码实现了。

7.2　授权规则设置

在进行自定义授权的实践操作前，需要说明的是，在本节中不会像前面自定义认证实践前那样去进行项目的初始化操作，具体原因是自定义授权是结合前面自定义认证而来，对于项目工程的代码可以直接在前面自定义认证的项目工程代码的基础上进行编码实现。

对于自定义授权规则设置的具体编码实现主要有以下两个类需要进行实现处理：

- Spring Security 配置类：为了使用新的授权方式来进行自定义授权。
- 自定义认证成功后跳转路径授权规则设置：为了将自定义的角色权限规则应用至自定义认证成功后跳转路径上。

7.2.1 Spring Security 配置类

对于 Spring Security 配置类的实现，直接在自定义认证中已完成的 CustomAuthn HttpSecurityConfiguration 类中进行修改即可，具体为将 HttpSecurity 调用的 authorizeRequests() 方法进行替换，具体实现内容如下：

```
@Configuration
public class CustomAuthnHttpSecurityConfiguration {

    ...

    @Bean
    public SecurityFilterChain filterChain(HttpSecurity http) throws
Exception {
        http
            <1>
            .authorizeHttpRequests(authorizeHttpRequests ->
                authorizeHttpRequests
                    .antMatchers("/index","/actuator/**","/h2/
**").permitAll()
                    .anyRequest().authenticated()
            )
            .csrf(csrf ->
                csrf.ignoringAntMatchers("/actuator/**","/h2/**"))
            .headers(headers ->
                headers.frameOptions().sameOrigin())
            .formLogin(formLogin ->
                formLogin.loginPage("/index"))
            .logout(logout -> logout
                .addLogoutHandler(customAuthnLogoutHandler))
            .sessionManagement(sessionManagement          ->
```

```
sessionManagement
                            .sessionAuthenticationStrategy(sessionAuth
enticationStrategy()))
        ;
        AuthenticationManager authenticationManager = http.getSharedObj
ect(AuthenticationManager.class);
        http.addFilterBefore(customAuthnFilter(authenticationManager),
UsernamePasswordAuthenticationFilter.class);
        return http.build();
    }

    ...

}
```

以上代码内容中，需要关注的重点即标识<1>处，即将 HttpSecurity 原有调用的
authorizeRequests()方法替换为 authorizeHttpRequests()方法，以便于在自定义授权中使
用新的授权方式来进行自定义授权。

以上即为 Spring Security 配置类修改的具体实现，接下来看一下自定义认证成功后
跳转路径授权规则设置的具体实现。

7.2.2　设置跳转路径授权规则

自定义认证成功后跳转路径的授权规则，其实已经包含在上一步中 Spring Security
配置类的实现中，即需要进行身份认证。不过在此处，还需要对跳转路径添加一个自定
义的角色权限规则，以便于将自定义的角色权限规则应用至自定义认证成功后跳转路径
上。

对跳转路径设置授权规则直接采用基于方法的授权方式，以便于与此前自定义认证
中的实践进行区分，接下来看看具体实现内容。

首先，通过@EnableMethodSecurity 注解开启基于方法的授权功能，具体内容如下：

```
<1>
@EnableMethodSecurity
@Configuration
public class CustomAuthnHttpSecurityConfiguration {

    ...

    @Bean
    public SecurityFilterChain filterChain(HttpSecurity http) throws
```

```
Exception {

      ...

    }


    ...


  }
```

以上代码内容中，需要关注的重点即标识<1>处，即使用新版本注解开启 Spring Security 中基于方法的授权功能。

其次，在自定义认证成功后跳转路径的控制器映射中添加相应的角色权限规则，具体内容如下：

```
@Controller
public class HelloController {


  <1>
  @PreAuthorize("hasAnyRole('TEST','ADMIN')")
  @GetMapping("/hello")
  public String hello() {
      return "hello";
  }


}
```

以上代码内容中，需要关注的重点即标识<1>处，即使用@PreAuthorize 注解来应用角色权限规则，也就是使用 anyRole()方法在服务方法执行前进行授权检查，当用户具有 TEST、ADMIN 任意一种角色时即可访问自定义认证成功后跳转路径。

以上即为设置跳转路径授权规则的具体实现，至此，自定义授权规则设置就实现完毕，接下来就看一下授权持久化的具体实现。

7.3 授权持久化

对于授权持久化的具体编码实现主要有以下三步需要进行实现处理。

（1）数据库的初始化：主要包含数据库表结构与数据的初始化，这是为了创建授权相关库表以支持授权持久化功能，与此同时，内置测试数据用于后续项目启动测试。

（2）实体类及对应 Mapper 的实现：为了在自定义认证业务逻辑处理过程中通过相应查询条件来查询相关授权信息。

（3）自定义认证基础上授权数据填充处理：为了将授权数据填充至用户身份认证对象中便于后续权限检查中使用。

7.3.1　数据库的初始化

对于数据库的初始化，首先需要定义数据库表结构。在本示例项目中，对于自定义授权所需用到的数据库表除了自定义认证的用户数据表，还需要角色数据表以及用户角色关联数据表，所以先进行这两张表的定义，具体内容如下：

```
CREATE TABLE `role` (
  `id` varchar(36) NOT NULL DEFAULT '' COMMENT '角色ID',
  `role_name` varchar(30) DEFAULT NULL COMMENT '角色名称',
  `create_time` datetime DEFAULT CURRENT_TIMESTAMP COMMENT '创建时间',
  `update_time` datetime DEFAULT CURRENT_TIMESTAMP COMMENT '更新时间',
  PRIMARY KEY (`id`)
);

CREATE TABLE `user_role` (
  `id` varchar(36) NOT NULL DEFAULT '' COMMENT '用户角色关联ID',
  `user_id` varchar(36) DEFAULT NULL COMMENT '用户ID',
  `role_id` varchar(36) DEFAULT NULL COMMENT '角色ID',
  `create_time` datetime DEFAULT CURRENT_TIMESTAMP COMMENT '创建时间',
  `update_time` datetime DEFAULT CURRENT_TIMESTAMP COMMENT '更新时间',
  PRIMARY KEY (`id`)
);
```

以上示例内容中，role 表和 user_role 表即为角色数据表和用户角色关联数据表，其中角色数据表主要是定义了自定义授权中所要用到的相关角色信息，用户角色关联数据表主要是定义了自定义授权中用户数据表与角色数据表相关联的数据信息，相当于用户数据表通过用户角色关联数据表可以取得角色数据表的相关信息，再通过角色数据表相关信息到角色数据表中取得具体的角色信息。

在角色数据表与用户角色关联数据表定义完成后，接下来就初始化几条测试数据，具体内容如下：

```
insert into `user`(id, user_name, password) values ('1','test','$2a$10$FJF8ROV1yHUKyKd6fNgwounfF/2sCxBp8PnYAeMJEwFkItv1FPb5m');
insert into `user`(id, user_name, password) values ('2','admin','$2a$10$FJF8ROV1yHUKyKd6fNgwounfF/2sCxBp8PnYAeMJEwFkItv1FPb5m');

insert into `role`(id, role_name) values ('1','TEST');
insert into `role`(id, role_name) values ('2','ADMIN');

insert into `user_role`(id, user_id, role_id) values ('1','1','1');
insert into `user_role`(id, user_id, role_id) values ('2','2','2');
```

以上初始化数据内容对应说明如下：

- 用户数据表，在原有测试数据基础上新增 2 条数据，分别为新增 test、admin 用户，用户密码都沿用此前自定义认证中的密码，即原始明文密码为 123456。
- 角色数据表，初始化新增 2 条数据，分别为 TEST、ADMIN 角色。
- 用户角色关联数据表，初始化新增 2 条数据，分别为将用户数据表中 test 用户对应角色数据表中 TEST 角色，将用户数据表中 admin 用户对应角色数据表中 ADMIN 角色。

需要注意的是，此处的初始化数据内容（如表 ID、用户密码等）都设置得较为简单，在日常实际工作过程中，需要保障数据安全性，建议不要设置得过于简单，此处是为了方便示例所用。

在定义完授权相关表结构及初始化测试数据后，需要将表结构创建以及初始化数据脚本存放于项目工程文件中，与自定义认证实践时一样，将表结构创建语句存放于 src/main/resources/db/schema.sql 文件中，而初始化数据则存放于 src/main/resources/db/data.sql 文件中。

7.3.2　实体类及对应 Mapper 的实现

对于实体类及对应 Mapper 的具体实现，主要就是基于上一步数据库初始化中的数据表来实现，不过，此处由于授权持久化主要是为了获取用户相关的角色信息，所以可以考虑进行简化实现，即只实现角色数据表中的角色实体类及对应的 Mapper，具体内容如下：

```
public class CustomAuthzRole {

    private String id;

    private String roleName;

    private Date createTime;

    private Date updateTime;

    public String getId() {
        return id;
    }

    public void setId(String id) {
        this.id = id;
```

```
    }

    public String getRoleName() {
        return roleName;
    }

    public void setRoleName(String roleName) {
        this.roleName = roleName;
    }

    public Date getCreateTime() {
        return createTime;
    }

    public void setCreateTime(Date createTime) {
        this.createTime = createTime;
    }

    public Date getUpdateTime() {
        return updateTime;
    }

    public void setUpdateTime(Date updateTime) {
        this.updateTime = updateTime;
    }

    @Override
    public String toString() {
        return "CustomAuthzRole{" +
                "id='" + id + '\'' +
                ", roleName='" + roleName + '\'' +
                ", createTime=" + createTime +
                ", updateTime=" + updateTime +
                '}';
    }

}
```

可以看到,以上代码中主要就是定义了相关属性字段及相关 getter、setter、toString

方法。

在对角色实体类进行实现后，再来看看对应 Mapper 的实现，主要定义一个通过用户 ID 获取用户相关角色信息的方法，具体内容如下：

```
@Mapper
public interface RoleMapper {

    List<CustomAuthzRole> selectByUserId(String userId);

}
```

接下来，我们还需要实现相应的 mapper.xml 文件，以便于应用用户 ID 获取用户相关角色信息的具体 sql 查询语句，具体内容如下：

```
<?xml version="1.0" encoding="UTF-8"?>
<!DOCTYPE mapper PUBLIC "-//mybatis.org//DTD Mapper 3.0//EN" "http://mybatis.org/dtd/mybatis-3-mapper.dtd">
<mapper namespace="com.example.custom.authentication.dao.RoleMapper">

    <select id="selectByUserId" parameterType="string" resultType="com.example.custom.authentication.entity.CustomAuthzRole">
        select
        id, role_name, create_time, update_time
        from `role`
        where id in
        (
            select role_id from `user_role` where user_id = #{userId}
        )
    </select>

</mapper>
```

以上 mapper.xml 文件的具体实现内容中，主要就是定义了具体的通过用户 ID 查询用户相关角色信息的查询 sql 语句，其中涉及的数据表为角色数据表与用户角色关联数据表。

在以上内容都实现后，将其放到自定义认证项目工程原有的文件目录中即可，具体为：

- 将角色实体类存放于 src/main/java/com/example/custom/authentication/entity 目录中。
- RoleMapper 存放于 src/main/java/com/example/custom/authentication/dao 目录中。
- mapper.xml 存放于 src/main/resources/mybatis 目录中。

7.3.3 自定义认证基础上授权数据填充处理

对于自定义认证基础上授权数据填充处理的具体实现，只需要在原有自定义认证业务逻辑处理的基础上进行完成即可，具体为修改 CustomAuthnService 类中 UserDetails 对象的构建，具体实现内容如下：

```
@Component
public class CustomAuthnService implements UserDetailsService {

    private static final Logger logger = LoggerFactory.getLogger(Custom
AuthnService.class);

    @Autowired
    private UserMapper userMapper;

    @Autowired
    private RoleMapper roleMapper;

    @Override
    public UserDetails loadUserByUsername(String username) throws Userna
meNotFoundException {
        if (username == null || "".equals(username.trim())) {
            logger.info("用户名为空");
            throw new AuthenticationServiceException("用户名为空");
        }
        CustomAuthnUser customAuthnUser = userMapper.selectByUsername(u
sername);
        if (customAuthnUser == null) {
            logger.info("通过用户名未找到相应用户，用户名:{}", username);
            throw new UsernameNotFoundException("通过用户名未找到相应用户，
用户名: " + username);
        }
        /*UserDetails userDetails = User.builder()
            .username(customAuthnUser.getUserName())
            .password(customAuthnUser.getPassword())
            .roles("TEST")
            .build();*/
        <1>
        User.UserBuilder userBuilder = User.builder()
            .username(customAuthnUser.getUserName())
```

```
                    .password(customAuthnUser.getPassword());
        String userId = customAuthnUser.getId();
        List<CustomAuthzRole> customAuthzRoleList = roleMapper.select
ByUserId(userId);
        if (customAuthzRoleList == null || customAuthzRoleList.isEmpty()) {
            userBuilder.roles("Visitor");
        } else {
            List<String> roleNameList = customAuthzRoleList.stream()
                    .map(CustomAuthzRole::getRoleName)
                    .collect(Collectors.toList());
            userBuilder.roles(roleNameList.toArray(new
String[roleNameList.size()]));
        }
        UserDetails userDetails = userBuilder.build();
        return userDetails;
    }

}
```

以上代码内容中，需要关注的重点即标识<1>处，即将原有固定的用户角色值修改为从持久化的授权数据中获取用户角色值并将其填充至构造的 UserDetails 对象中。

不过，在此处需要注意的是，当根据用户 ID 未获取到相关角色信息时，此处还是赋予了一个默认的角色信息即 Visitor。另外，在此处自定义认证基础上填充的授权数据是角色名称，在日常实际工作过程中，这些需要根据实际业务情况进行相应修改。

以上即为自定义认证基础上授权数据填充处理的具体实现，至此，授权持久化就实现完毕，接下来就看一下自定义授权错误处理的具体实现。

7.4 自定义授权错误处理

对于自定义授权错误处理的具体编码实现主要有以下两步需要进行实现处理。

（1）自定义授权错误的业务逻辑处理实现：主要是在客户端请求发生授权错误时后台进行相关的 JSON 响应操作，此处的逻辑处理包含内容较少，主要是为了展示如何实现的方式、方法。

（2）Spring Security 配置类关联配置：为了将自定义授权错误的业务逻辑处理进行关联配置以便于其生效。

7.4.1 自定义授权错误的业务逻辑处理

对于自定义授权错误的业务逻辑处理的具体实现，可以通过新增一个

CustomAuthzAccessDeniedHandler 类实现 Spring Security 中的 AccessDeniedHandler 接口来完成，该接口中的 handle 方法即为具体处理授权错误的方法；具体实现如下：

```java
public class CustomAuthzAccessDeniedHandler implements AccessDenied
Handler {

    @Override
    public void handle(HttpServletRequest request, HttpServletResponse
response, AccessDeniedException accessDeniedException) throws IOException,
ServletException {
        response.setContentType(MediaType.APPLICATION_JSON_VALUE);
        response.setStatus(HttpStatus.FORBIDDEN.value());
        response.setCharacterEncoding("UTF-8");
        Map<String, Object> map = new HashMap<>();
        map.put("status", HttpStatus.FORBIDDEN.value());
        map.put("detail", accessDeniedException.getMessage());
        OutputStream outputStream = response.getOutputStream();
        ObjectMapper objectMapper = new ObjectMapper();
        objectMapper.writeValue(outputStream, map);
        outputStream.flush();
    }

}
```

在以上具体实现内容中，主要就是添加了发生授权错误时进行 JSON 响应操作，在 JSON 响应中会返回两个值，一个是 Http 状态码 403 Forbidden，另一个是错误信息。

另外，对于新增的 CustomAuthzAccessDeniedHandler 类文件，在本例中将其存放于 src/main/java/com/example/custom/authentication/handler 目录中。

最后，在日常实际工作过程中，如果需要实现其他的授权错误处理逻辑，可以采用以上方式来进行修改实现。

7.4.2　Spring Security 配置类关联配置

对于自定义授权错误处理在 Spring Security 配置类中的关联配置，主要还是基于此前实现的 Spring Security 配置类 CustomAuthnHttpSecurityConfiguration 来进行完成，简单来说，就是在此前已经实现的基础之上，对 HttpSecurity 异常处理进行定义，并关联自定义授权错误处理，具体关联配置内容如下：

```java
@EnableMethodSecurity
@Configuration
public class CustomAuthnHttpSecurityConfiguration {
```

```java
    @Autowired
    private CustomAuthnService customAuthnService;

    @Autowired
    private CustomAuthnLogoutHandler customAuthnLogoutHandler;

    @Bean
    public SecurityFilterChainfilterChain(HttpSecurity http) throws
Exception {
        http
                .authorizeHttpRequests(authorizeHttpRequests ->
                        authorizeHttpRequests
                                .antMatchers("/index","/actuator/**","/h2/
**").permitAll()
                                .anyRequest().authenticated()
                )
                .csrf(csrf ->
                        csrf.ignoringAntMatchers("/actuator/**","/h2/**"))
                .headers(headers ->
                        headers.frameOptions().sameOrigin())
                .formLogin(formLogin ->
                        formLogin.loginPage("/index"))
                .logout(logout -> logout
                        .addLogoutHandler(customAuthnLogoutHandler))
                .sessionManagement(sessionManagement                    ->
sessionManagement
                                .sessionAuthenticationStrategy(sessionAuth
enticationStrategy()))
        ;
        AuthenticationManager authenticationManager = http.getShared
Object(AuthenticationManager.class);
        http.addFilterBefore(customAuthnFilter(authenticationManager),
UsernamePasswordAuthenticationFilter.class);
        //定义 HttpSecurity 异常处理，其中具体关联自定义授权错误处理
        http.exceptionHandling(exceptionHandling -> exceptionHandling
                .accessDeniedHandler(customAuthzAccessDeniedHandler()));
        return http.build();
    }
```

```java
    @Bean
    public AuthenticationManager authenticationManager(Authentication
Configuration authConfig) throws Exception {
        return authConfig.getAuthenticationManager();
    }


    @Bean
    public CustomAuthnFilter customAuthnFilter(AuthenticationManager
authenticationManager) {
        CustomAuthnFilter customAuthnFilter = new CustomAuthnFilter();
        customAuthnFilter.setAuthenticationManager(authenticationManager);
        customAuthnFilter.setAuthenticationSuccessHandler(new CustomAu
thnSuccessHandler("/hello"));
        customAuthnFilter.setAuthenticationFailureHandler(new SimpleUrl
AuthenticationFailureHandler("/index?error"));
        customAuthnFilter.setSessionAuthenticationStrategy(sessionAuth
enticationStrategy());
        return customAuthnFilter;
    }


    @Bean
    public BCryptPasswordEncoder passwordEncoder() {
        return new BCryptPasswordEncoder();
    }


    @Bean
    public AuthenticationProvider authenticationProvider(){
        CustomAuthnProvider customAuthnProvider = new CustomAuthnProv
ider(passwordEncoder(), customAuthnService);
        return customAuthnProvider;
    }


    @Bean
    public SessionRegistry sessionRegistry(){
        SessionRegistry sessionRegistry = new SessionRegistryImpl();
        return sessionRegistry;
    }


    @Bean
    public SessionAuthenticationStrategy sessionAuthenticationStrategy
```

```
() {
        List<SessionAuthenticationStrategy> delegateStrategies = new
ArrayList<>();
        ConcurrentSessionControlAuthenticationStrategy
concurrentSessionControlAuthenticationStrategy = new ConcurrentSessionCont
rolAuthenticationStrategy(sessionRegistry());

concurrentSessionControlAuthenticationStrategy.setMaximumSessions(1);
        concurrentSessionControlAuthenticationStrategy.setExceptionIfM
aximumExceeded(true);

delegateStrategies.add(concurrentSessionControlAuthenticationStrategy);
        SessionFixationProtectionStrategy sessionFixationProtectionStra
tegy = new SessionFixationProtectionStrategy();
        delegateStrategies.add(sessionFixationProtectionStrategy);
        RegisterSessionAuthenticationStrategy    registerSessionAuthentica
tionStrategy = new RegisterSessionAuthenticationStrategy(sessionRegistry());
        delegateStrategies.add(registerSessionAuthenticationStrategy);
        CompositeSessionAuthenticationStrategy
compositeSessionAuthenticationStrategy = new CompositeSessionAuthenticat
ionStrategy(delegateStrategies);
        return compositeSessionAuthenticationStrategy;
    }


    @Bean
    public ConcurrentSessionFilter concurrentSessionFilter() {
        ConcurrentSessionFilter concurrentSessionFilter = new Concurre
ntSessionFilter(sessionRegistry());
        return concurrentSessionFilter;
    }


    @Bean
    public HttpSessionEventPublisher httpSessionEventPublisher() {
        return new HttpSessionEventPublisher();
    }


    //定义自定义授权错误处理 CustomAuthzAccessDeniedHandler 的 Bean
    @Bean
    public CustomAuthzAccessDeniedHandler customAuthzAccessDeniedHandl
er() {
        return new CustomAuthzAccessDeniedHandler();
```

```
    }

}
```

通过以上配置即可使得自定义授权错误处理在后续项目运行过程中能够生效并进行处理,以上即为自定义授权错误处理的全部实现。

至此,自定义授权即全部实现完毕,接下来,就进行项目的启动测试。

7.5　项目启动测试

经过前面一步步地代码实践,对于在自定义认证示例项目基础上的自定义授权就全部完成了,接着就可以直接开始项目的启动测试了。不过,本章节中在测试之前,与自定义认证测试前类似,还需要进行一些周边的补充与准备工作,所以在测试环节中,也分为以下两个步骤来进行完成测试。

(1)测试前的补充及准备工作。

(2)测试验证自定义授权。

7.5.1　测试前的补充及准备工作

对于测试前的补充及准备工作,首先需要新增测试控制器,其次需要完成对应的授权规则配置。

接下来,先看测试控制器的新增,具体处理操作为在示例项目的 src/main/java/com/example/custom/authentication/controller 目录中新增一个测试控制器,具体如下:

```
@RestController
public class TestController {

    //定义/test 测试访问路径,当访问该路径时直接返回 test
    @GetMapping("/test")
    public String test() {
        System.out.println("test 方法执行");
        return "test";
    }

    //定义/admin 测试访问路径,当访问该路径时直接返回 admin
    @GetMapping("/admin")
    public String admin() {
        System.out.println("admin 方法执行");
        return "admin";
    }
```

```
    }
```

在完成了测试控制器的新增后，接下来完成对应的授权规则配置。

由于前面定义的测试控制器主要是为了配合测试验证，所以对于其中的授权规则配置直接采用基于方法的授权方式，这样可以不对 Spring Security 配置类进行修改，后续如有需要可以直接对测试控制器进行安全删除。

接下来，就直接基于前面测试控制器的内容进行授权规则配置，具体如下：

```java
@RestController
public class TestController {

    <1>
    @PreAuthorize("hasRole('TEST')")
    @GetMapping("/test")
    public String test() {
        System.out.println("test 方法执行");
        return "test";
    }

    <2>
    @PreAuthorize("hasRole('ADMIN')")
    @GetMapping("/admin")
    public String admin() {
        System.out.println("admin 方法执行");
        return "admin";
    }

}
```

通过以上代码内容可以看到，主要是基于此前的新增内容，在标识<1>、<2>处添加了相应的授权规则配置，具体为：

<1>：定义访问/test 路径时，当前用户需要具备 TEST 角色。

<2>：定义访问/admin 路径时，当前用户需要具备 ADMIN 角色。

对于以上授权规则的配置，主要是为了将新增的测试控制器中的内容与此前初始化的内置用户角色数据对应上，即 test 用户具备 TEST 角色能够访问/test 路径，admin 用户具备 ADMIN 角色能够访问/admin 路径。

完成了测试前的补充及准备工作，接下来就正式进行项目的启动测试。

7.5.2　测试验证自定义授权

首先启动已实现的示例项目，与自定义认证章节中启动方式一样，直接在开发工具 IntelliJ IDEA 中进行启动即可，在此不再赘述。

在此对于自定义授权的测试验证，主要是按照解决方案流程依次进行测试验证，即依次对客户端首次页面访问、客户端登录请求以及客户端业务访问来进行测试验证，不过在依次验证之前，还需要做一下数据库的确认工作，即确认数据库表初始化数据，以便于在测试过程中使用初始化的数据进行测试验证。

1．确认数据库表初始化数据

项目启动后，首先访问数据库界面（http://localhost:8080/h2），查看确认用户角色相关初始化表与数据，如图 7-2 所示。

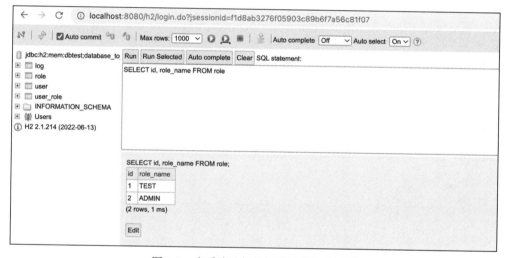

图 7-2　查看确认相关初始化表与数据图

接下来，就按照解决方案流程依次进行测试验证。

2．客户端首次页面访问测试验证

首先，客户端进行首次页面访问测试，具体为直接访问定义的/hello 访问路径，即访问 http://localhost:8080/hello，如图 7-3 所示。

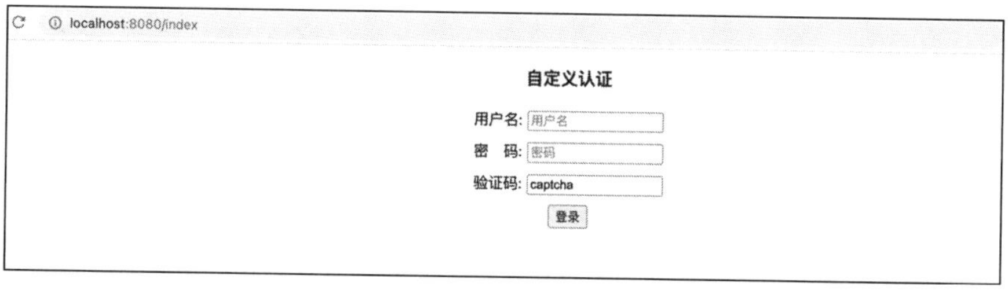

图 7-3　客户端首次页面访问测试图

可以看到，由于客户端为首次页面访问，此时并没有进行过身份认证，所以在后台的授权检查过程中，会在身份认证状态的判定环节中判定为未进行身份认证，此时客户端在前端看到的是自定义认证的登录界面。

3．客户端登录请求测试验证

接下来，进行客户端登录请求测试，具体为使用初始化的内置用户数据进行登录请求，即使用用户名 test 或者用户名 admin 来进行登录请求，这两者的登录密码均为此前设置的 123456，如图 7-4 所示。

图 7-4　客户端登录请求测试图

通过图 7-4 可以看到，当客户端进行登录请求后，界面会跳转至在自定义认证中设置的/hello 路径，由于/hello 路径在前面实现过程中配置的授权规则为当用户具有 TEST、ADMIN 任意一种角色时即可访问，而 test、admin 用户分别具备 TEST、ADMIN 角色，所以在此客户端登录请求后，可以正常访问/hello 路径。

另外，如果通过 debug 的方式来查看 CustomAuthnService 中的 UserDetails 对象时，会发现当用户名为 test、admin 时，分别会有 TEST、ADMIN 角色信息被填充，如图 7-5 所示。

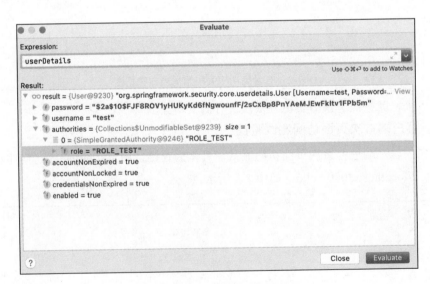

图 7-5　持久化授权信息填充图

可以看到，在客户端登录请求时，相应用户会在身份认证的过程中填充相应的持久

化授权信息,图 7-5 为 test 用户的授权信息填充,admin 用户与此类似,只不过填充的
授权信息为 ADMIN 角色。

在对客户端登录请求进行测试后,最后进行客户端业务访问的测试验证。

4. 客户端业务访问测试验证

首先,使用 test 用户进行登录,然后使用 test 用户访问/test 路径,如图 7-6 所示。

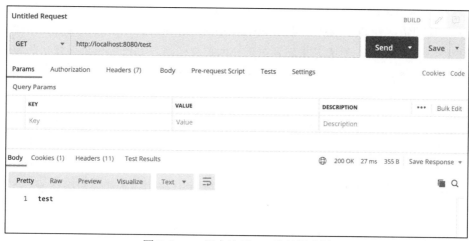

图 7-6 test 用户访问/test 路径测试图

通过图 7-6 可以看到,由于 test 用户具备 TEST 角色,所以当访问/test 路径时,可
以正常获取到 test 响应。

接着,继续使用 test 用户访问/admin 路径,如图 7-7 所示。

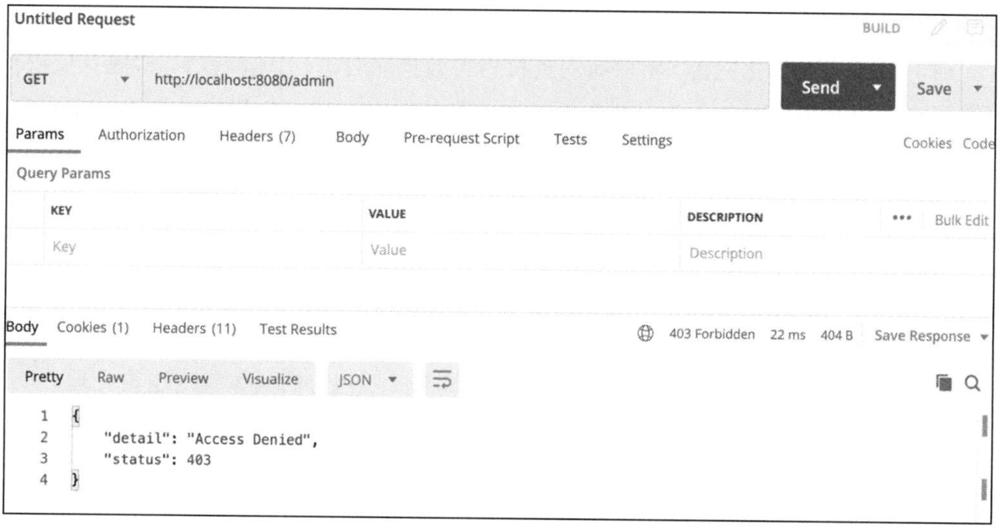

图 7-7 test 用户访问/admin 路径测试图

通过图 7-7 可以看到,由于 test 用户不具备 ADMIN 角色,所以当访问/admin 路径

时，会进行自定义授权错误处理并返回自定义的错误 JSON 响应。

如果使用 admin 用户来进行测试的话，会看到当使用 admin 用户访问/admin 路径时，由于 admin 用户具备 ADMIN 角色，所以可以正常获取到 admin 响应，当使用 admin 用户访问/test 路径时，由于 admin 用户不具备 TEST 角色，所以会进行自定义授权错误处理并返回自定义的错误 JSON 响应，其测试效果与 test 用户类似。

另外，如果使用原有自定义认证中的 zhangsan 用户来进行测试时，会看到使用 zhangsan 用户访问/hello、/test、/admin 路径，都会进行自定义授权错误处理并返回自定义的错误 JSON 响应，原因是未配置该用户的授权信息，其授权信息为默认的 Visitor 角色，所以在授权检查时会判定为不能访问这几个路径。

以上即为项目启动测试的全部内容，至此，自定义授权的实现及相关测试都已完成。

不过，由于以上实现的自定义授权比较适合业务需求固定且后期权限规则不怎么发生变更的软件应用项目。而在日常实际的工作过程中，可能存在着一些业务需求不太固定且后期权限规则会发生变更的软件应用项目，这个时候对于以上的自定义授权，在业务授权规则每次发生变更的时候，可能每次都需要去代码中进行相关权限修改，会比较麻烦。

而通过实现动态权限则可以规避以上问题，所以在此会在原有自定义授权的基础上对动态权限判定进行实现。接下来的经验分享中，我们将详细讲解自定义授权如何实现动态权限判定。

经验分享：自定义授权如何实现动态权限判定

对于动态权限判定的实现，主要分为以下五个步骤实现处理。

（1）数据库表优化完善，将原有的授权相关数据库表进行优化完善，即原有授权相关数据库表只有用户与角色的对应关系，在此基础上再添加上角色与权限的对应关系，这是为了对动态权限判定提供持久化方面的支持。

（2）实体类及对应 Mapper 的实现，这是为了在自定义认证业务逻辑处理过程中通过相应查询条件来查询相关授权信息，即通过用户信息查询到具体权限信息。

（3）授权数据填充处理修改，该步骤为了将原有填充的授权数据从用户角色相关数据变更为用户权限相关数据。

（4）自定义授权管理接口实现，为了实现动态权限判定的具体判定逻辑处理。

（5）Spring Security 配置类关联配置，为了让动态权限判定的实现能够生效处理。

1. 数据库表优化完善

对于数据库表的优化完善，首先是定义相关数据库表结构，只需要在原有数据库表的基础上添加权限数据表与角色权限关联数据表即可，关于这两张表的结构定义，具体内容如下：

```
CREATE TABLE `permission` (
  `id` varchar(36) NOT NULL DEFAULT '' COMMENT '权限 ID',
  `url` varchar(100) DEFAULT NULL COMMENT 'url 路径',
  `create_time` datetime DEFAULT CURRENT_TIMESTAMP COMMENT '创建时间',
  `update_time` datetime DEFAULT CURRENT_TIMESTAMP COMMENT '更新时间',
  PRIMARY KEY (`id`)
);

CREATE TABLE `role_permission` (
  `id` varchar(36) NOT NULL DEFAULT '' COMMENT '角色权限关联表 ID',
  `role_id` varchar(36) DEFAULT NULL COMMENT '角色 ID',
  `permission_id` varchar(36) DEFAULT NULL COMMENT '权限 ID',
  `create_time` datetime DEFAULT CURRENT_TIMESTAMP COMMENT '创建时间',
  `update_time` datetime DEFAULT CURRENT_TIMESTAMP COMMENT '更新时间',
  PRIMARY KEY (`id`)
);
```

以上示例内容中，permission 表和 role_permission 表即为权限数据表和角色权限关联数据表，其中权限数据表主要是定义了动态权限判定中所要用到的相关权限信息，角色权限关联数据表主要是定义了动态权限判定中角色数据表与权限数据表相关联的数据信息，即通过用户的角色信息可以在角色权限关联数据表中取得权限数据表相关信息，再通过权限数据表相关信息到权限数据表中取得具体的权限信息。

在权限数据表与角色权限关联数据表定义完成后，接下来就初始化几条测试数据便于后续实现动态权限判定后进行测试验证，具体内容如下：

```
insert into `permission`(id, url) values ('1','/test');
insert into `permission`(id, url) values ('2','/admin');

insert into `role_permission`(id, role_id, permission_id) values
('1','1','1');
insert into `role_permission`(id, role_id, permission_id) values
('2','2','2');
```

以上初始化数据内容对应说明如下：

- 权限数据表，初始化新增 2 条数据，分别为/test、/admin 路径权限。
- 角色权限关联数据表，初始化新增 2 条数据，分别为将角色数据表中的 TEST 角色对应权限数据表中的/test 路径权限，将角色数据表中的 ADMIN 角色对应权限数据表中的/admin 路径权限。

经过以上操作后，相当于在数据层面，test 用户具备 TEST 角色，TEST 角色对应/test 路径权限；同理，admin 用户具备 ADMIN 角色，ADMIN 角色对应/admin 路径权限。

2．实体类及对应 Mapper 的实现

在动态权限判定的实现中，对于实体类及对应 Mapper 的具体实现主要是为了获取用户相关的权限信息，所以在此也可以考虑简化实现，即只实现权限数据表中的权限实体类及其对应的 Mapper。

接下来，先看权限实体类的实现内容，主要就是定义相关属性字段及相关 getter、setter、toString 方法，具体内容如下：

```java
public class CustomAuthzPermission {

    private String id;

    private String url;

    private Date createTime;

    private Date updateTime;

    public String getId() {
        return id;
    }

    public void setId(String id) {
        this.id = id;
    }

    public String getUrl() {
        return url;
    }

    public void setUrl(String url) {
        this.url = url;
    }

    public Date getCreateTime() {
        return createTime;
    }

    public void setCreateTime(Date createTime) {
        this.createTime = createTime;
```

```
    }

    public Date getUpdateTime() {
        return updateTime;
    }

    public void setUpdateTime(Date updateTime) {
        this.updateTime = updateTime;
    }

    @Override
    public String toString() {
        return "CustomAuthzPermission{" +
                "id='" + id + '\'' +
                ", url='" + url + '\'' +
                ", createTime=" + createTime +
                ", updateTime=" + updateTime +
                '}';
    }

}
```

再来看对应 Mapper 的实现内容，主要是定义一个通过用户 ID 获取用户相关权限信息的方法，具体内容如下：

```
@Mapper
public interface PermissionMapper {

    List<CustomAuthzPermission> selectByUserId(String userId);

}
```

以上代码中实现了通过用户 ID 查询到具体的 url 路径访问权限。

在定义了 Mapper 后，接下来，还需要实现相应的 mapper.xml 文件，具体内容如下：

```
<?xml version="1.0" encoding="UTF-8"?>
<!DOCTYPE mapper PUBLIC "-//mybatis.org//DTD Mapper 3.0//EN" "http:
//mybatis.org/dtd/mybatis-3-mapper.dtd">
<mapper namespace="com.example.custom.authentication.dao.PermissionMa
pper">

    <select id="selectByUserId" parameterType="string" resultType="com.
example.custom.authentication.entity.CustomAuthzPermission">
```

```
        select
        id, url, create_time, update_time
        from `permission`
        where id in
        (
            select permission_id from `role_permission`
            where role_id in
            (
                select role_id from `user_role` where user_id = #{userId}
            )
        )
    </select>


</mapper>
```

以上 mapper.xml 文件的具体实现内容中，主要就是定义具体的通过用户 ID 查询用户相关权限信息的查询 sql 语句，其中涉及的数据表为用户角色关联数据表、角色权限关联数据表与权限数据表。

同此前一样，对于这些内容文件将其放到相应的文件目录中即可，这里不再赘述。

3．授权数据填充处理修改

对于授权数据填充处理修改的具体实现，基于此前授权数据填充处理的基础上来进行修改完成，具体也是修改 CustomAuthnService 类中 UserDetails 对象的构建，具体实现内容如下：

```
@Component
public class CustomAuthnService implements UserDetailsService {

    ...

    @Autowired
    private PermissionMapper permissionMapper;

    @Override
    public  UserDetails  loadUserByUsername(String  username)  throws
UsernameNotFoundException {

        ...

        <1>
        List<CustomAuthzPermission> customAuthzPermissionList = permissi
```

```
onMapper.selectByUserId(userId);
        if (customAuthzPermissionList == null || customAuthzPermissio
nList.isEmpty()) {
            userBuilder.roles("Visitor");
        } else {
            List<String> urlList = customAuthzPermissionList.stream()
                .map(CustomAuthzPermission::getUrl)
                .collect(Collectors.toList());
            userBuilder.authorities(urlList.toArray(new String[urlList.
size()]));
        }
        UserDetails userDetails = userBuilder.build();
        return userDetails;
    }


}
```

　　以上代码内容中，需要关注的重点即标识<1>处，即将原有来从持久化的授权数据中获取用户角色值并将其填充至构造的 UserDetails 对象中变更为从持久化的授权数据中获取用户权限数据并将其填充至构造的 UserDetails 对象中。

　　以上即为授权数据填充处理修改的具体实现，由于是在之前的授权数据填充处理的基础上进行修改且改动点不多，所以实现起来并不复杂。

4．自定义授权管理接口

　　对于自定义授权管理接口的具体实现，可以通过新增一个 CustomAuthzAuthorizationManager 类实现 Spring Security 中的 AuthorizationManager 接口来完成，该接口中的 check()方法为具体处理授权检查的方法。

　　在动态权限判定的实现中，自定义授权管理接口是最关键的，因为其负责具体的授权检查处理逻辑，接下来看一下该自定义接口的实现内容，具体如下：

```
public class CustomAuthzAuthorizationManager implements Authorization
Manager<RequestAuthorizationContext> {

    private AuthenticationTrustResolver authenticationTrustResolver =
new AuthenticationTrustResolverImpl();

    @Override
    public AuthorizationDecision check(Supplier<Authentication> authent
ication, RequestAuthorizationContext object) {
        boolean granted = false;
        Authentication authn = authentication.get();
```

```
            //先进行身份认证状态的相关判断
        if (authn != null && !authenticationTrustResolver.isAnonymous
(authn) && authn.isAuthenti cated()) {
            //在身份认证状态判定通过的情况下，进行 url 路径权限匹配判断
            Collection<? extends GrantedAuthority> authorities = authn.get
Authorities();
            String url = object.getRequest().getRequestURI();
            for (GrantedAuthority grantedAuthority : authorities) {
                if (url.equals(grantedAuthority.getAuthority())) {
                    granted = true;
                    break;
                }
            }
        }
        return new AuthorizationDecision(granted);
    }

}
```

通过以上自定义接口的实现内容即可完成在客户端进行相关业务请求时对其进行动态权限的判定，不过，要使其进行生效处理，还需要完成最后一步 Spring Security 配置类关联配置的实现才行。

5．Spring Security 配置类关联配置

对于自定义授权管理接口在 Spring Security 配置类中的关联配置，与自定义授权错误处理关联配置时一样，基于此前实现的配置类 CustomAuthnHttp SecurityConfiguration来完成，具体关联配置内容如下：

```
@EnableMethodSecurity
@Configuration
public class CustomAuthnHttpSecurityConfiguration {

    ...

    @Bean
    public  SecurityFilterChainfilterChain(HttpSecurity  http)  throws
Exception {
        http
            .authorizeHttpRequests(authorizeHttpRequests ->
                    authorizeHttpRequests
                        .antMatchers("/index","/actuator/**","/h2/
```

```
**").permitAll()
                                //.anyRequest().authenticated()
                                <1>
                                .antMatchers("/hello","/logout").authentic
ated()
                                .anyRequest().access(customAuthzAuthorizat
ionManager())
                        )
                    ...

                ;

                ...

        return http.build();
    }

    ...

    <2>
    @Bean
    public  CustomAuthzAuthorizationManager  customAuthzAuthorization
Manager() {
        return new CustomAuthzAuthorizationManager();
    }

}
```

以上代码内容中，需要关注的重点即标识<1>、<2>处，对应说明如下：

<1>：定义/hello、/logout 路径需要进行身份认证，另外，定义配置其他请求关联自定义授权管理接口进行授权检查处理。

<2>：定义自定义授权管理接口 CustomAuthzAuthorizationManager 的 Bean。

通过以上配置即可使得自定义授权管理接口能够在后续项目运行过程中进行生效处理，以上即为 Spring Security 配置类关联配置的全部实现。

至此，动态权限判定即全部实现完毕，接下来对以上实现进行一下测试验证。

6．测试验证动态权限判定

在对动态权限判定进行测试验证前，还需要做一些准备工作，即将之前/hello、/test、/admin 路径上配置的授权规则去除掉，对于授权规则的去除可以直接将其在代码层面注释掉即可，在此就不再进行展示。

在做完测试准备工作后，接下来直接启动项目进行测试。

首先，使用 test 用户进行登录，结果如图 7-8 所示。

图 7-8　动态权限判定 test 用户登录测试图

通过图 7-8 可以看到，由于 test 用户已经登录，所以可以直接访问到/hello 路径，同理，使用 admin 用户进行登录也可以看到相同的效果。

接着，使用 test 用户访问/test 路径，结果如图 7-9 所示。

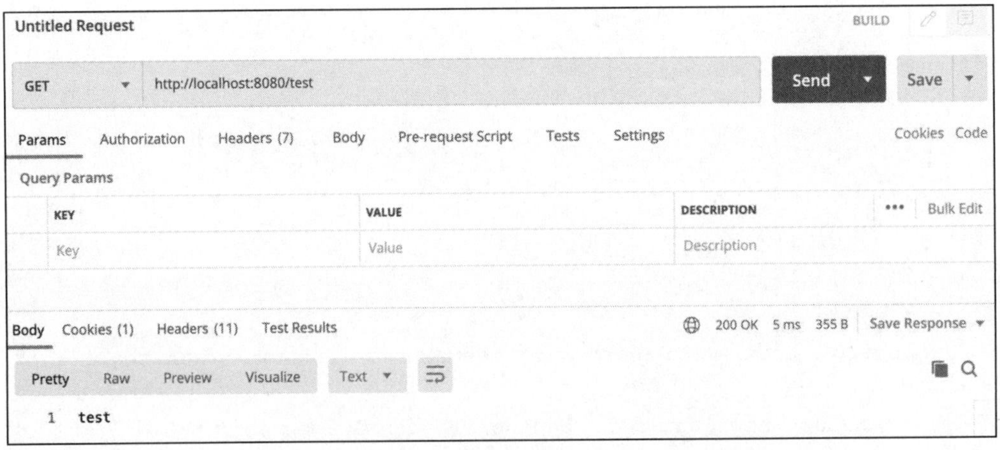

图 7-9　动态权限判定 test 用户访问/test 路径测试图

通过图 7-9 可以看到，由于 test 用户具备/test 路径的访问权限，所以当访问/test 路径时，可以正常获取到 test 响应。

接着，继续使用 test 用户访问/admin 路径，如图 7-10 所示。

通过图 7-10 可以看到，由于 test 用户不具备/admin 路径的访问权限，所以当访问/admin 路径时，会进行自定义授权错误处理并返回自定义的错误 JSON 响应。

同理，如果使用 admin 用户来进行测试的话，会看到当使用 admin 用户访问/admin 路径时，由于 admin 用户具备/admin 路径的访问权限，所以当访问/admin 路径时，可以正常获取到 admin 响应，当使用 admin 用户访问/test 路径时，由于 admin 用户不具备/test 路径的访问权限，所以会进行自定义授权错误处理并返回自定义的错误 JSON 响应。

另外，如果使用原有自定义认证中的 zhangsan 用户来进行测试时，会看到 zhangsan 用户可以正常访问/hello 路径，但是访问/test、/admin 路径时，都会进行自定义授权错误处理并返回自定义的错误 JSON 响应，原因是未配置该用户的权限信息。

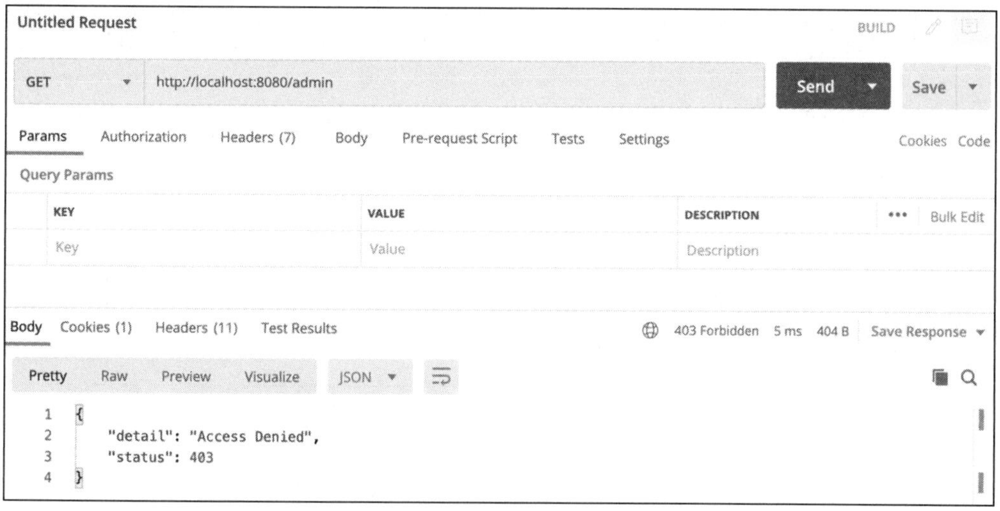

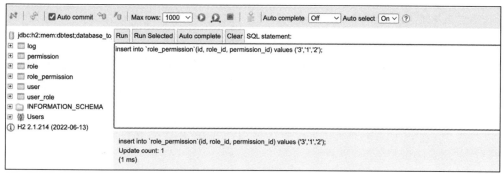

图 7-10　动态权限判定 test 用户访问/admin 路径测试图

经过以上测试可以确定实现的动态权限判定是符合预期的，即 admin 用户可以访问/admin 路径，test 用户可以访问/test 路径；接下来，再通过修改数据库表数据来进一步地验证动态权限判定。

首先，在数据库中对 test 用户权限进行修改，结果如图 7-11 所示。

图 7-11　动态权限判定修改 test 用户权限图

通过图 7-11 可以看到，对 test 用户权限修改具体为新增其对/admin 路径的访问权限，也就是说，test 用户目前不仅可以访问/test 路径还可以访问/admin 路径。

接下来，对 test 用户访问/admin 路径进行测试，如图 7-12 所示。

通过图 7-12 可以看到，在修改了 test 用户访问权限后，原本 test 用户只能访问/test 路径，现在还可以正常访问/admin 路径，而对于访问权限的修改，无须通过代码层面的修改即可完成。

同理，如果修改 admin、zhangsan 用户访问权限的话，只需在数据层面进行权限修改即可使得 admin、zhangsan 用户也可以正常访问之前不能访问的 url 路径。

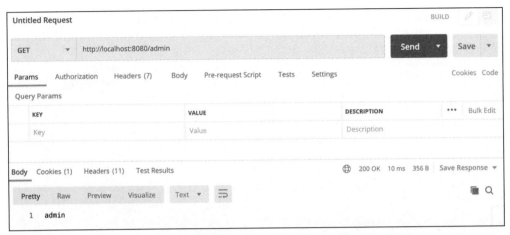

图 7-12　动态权限判定修改 test 用户权限访问/admin 路径测试图

至此，对于动态权限判定的测试验证完毕，不过，在此处需要注意的是，在实际日常工作过程中，如果要修改用户的访问权限，一定要将访问权限的修改内容确认清楚，避免造成权限错乱出现越权访问的情况。

——本章小结——

本章主要是介绍了 Spring Security 自定义授权解决方案，之后基于解决方案进行了相关的代码实现及验证测试，与此同时，针对日常实际工作过程中可能存在的业务需求不太固定且后期权限规则会发生变更的情况，进行了新版本 Spring Security 动态权限判定的经验分享。在此过程中，关注的重点应该放在如何实现授权的思路上，对于示例中业务方面的简易逻辑无须太过关注，在日常实际工作过程中根据实际业务情况进行参考实现即可。

在介绍了 Spring Security 自定义授权后，对于 Spring Security 的核心功能授权就全部介绍完毕了，在接下来的章节中，将开启 Spring Security 最后一个核心功能的介绍，即针对常见漏洞保护。

第8章 针对常见漏洞的保护

在日常使用 Spring Security 时，针对常见漏洞的保护功能并没有多大的感受，主要是因为针对常见漏洞的保护功能默认是开启状态，可以不用进行额外的操作。不过，鉴于漏洞保护的重要性以及实践中经常会遇到额外的业务配置需求，笔者斟酌之后，还是决定对其进行介绍，以便于了解与掌握针对常见漏洞保护中的各个常用子功能，这样如果在日常工作过程中出现的话，也可以按需使用针对常见漏洞保护功能，并且知道如何对其进行自定义配置。

本章中将针对常见漏洞保护的子功能进行针对性地深入介绍，介绍原则遵循先整体后部分的原则，即先介绍其基本处理流程，然后再对各个常用的子功能进行讲解。通过对本章内容的学习，读者可以了解针对常见漏洞保护中的各个常用子功能是做什么的，以及知道如何对其进行按需使用。

8.1 基本处理流程

如果从整体功能层面来看，针对常见漏洞的保护功能与认证、授权功能是不同的，因为认证、授权功能看作为一个整体，在它们的内部处理过程中，各个部分相互协作共同实现整体功能，而针对常见漏洞的保护功能 则较为分散，在其中的各个子功能主要是完成各自不同方面的保护措施，更倾向于将这些子功能理解为一个个分散的小功能插件，所以，针对常见漏洞的保护功能不太适合于从整体上来看其内部处理机制。

不过，对于针对常见漏洞保护功能来说，在其中各个不同类型的子功能还是存在着一些共性，具体为拥有类似的基本处理流程，所以在此还是会提取出这些不同子功能的共性，以此对针对常见漏洞保护功能进行一个基本处理流程的介绍。

接下来就进入正题，看看针对常见漏洞保护功能的基本处理流程。

针对常见漏洞保护的基本处理流程是基于 Spring Security 的整体工作流程而来的，简单来说，即在客户端发起相关访问请求时，通过不同的过滤器等来完成不同的保护处理。我们通过图 8-1 来直观地看一下针对常见漏洞保护的基本处理流程。

可以看到，图 8-1 所示的流程主要是在客户端与资源服务之间来进行一些保护处理措施。

具体为：当客户端进行请求时，首先会经过过滤器链代理，这个时候就有针对常见漏洞保护的一个子功能来进行保护处理，其次在经过过滤器链时，在过滤器链中会有不同的针对常见漏洞保护的子功能过滤器来进行保护处理，最后客户端请求才到达资源服务。

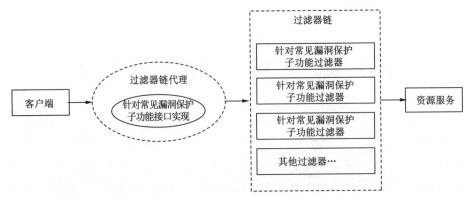

图 8-1　针对常见漏洞保护基本处理流程概览图

如果要对以上基本处理流程概览图进行细化的话，可以从具体的针对常见漏洞保护的子功能层面来进行，如图 8-2 所示。

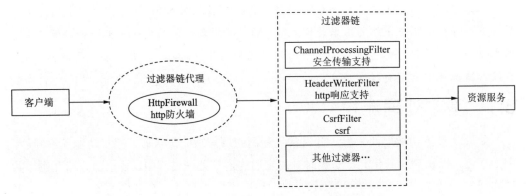

图 8-2　针对常见漏洞保护基本处理流程细化图

通过图 8-2 可以看到，在过滤器链代理中的子功能具体为 http 防火墙，而在过滤器链中的子功能具体为安全传输支持、http 响应支持与 csrf。

需要注意的是，在最基础默认生成的 Spring Security 过滤器链中，针对常见漏洞保护的子功能并不是全部都会进行加载，只加载了 http 响应支持与 csrf，而安全传输支持并没有进行加载，这一点可以回顾前面讲过的默认生成的过滤器链 DefaultSecurityFilterChain 中各个过滤器的处理顺序及相关描述，所以在此就不再赘述。

当然，还需要知道的是，如果对子功能安全传输支持进行配置使用的话，那么在项目启动时初始化过滤器链时，也会将安全传输支持对应的过滤器进行加载。

另外，在针对常见漏洞保护的功能中，其各个子功能分别分布于过滤器链代理与过滤器链之中，与此同时，在最基础使用 Spring Security 时，在过滤器链中没有对安全传输支持对应过滤器进行初始化启用。

8.2　常用的针对常见漏洞保护子功能详解

针对常见漏洞保护子功能包含功能类与支持类这两个大类，对于功能类相关的子功能会全部进行介绍，而对于支持类相关的子功能则只会选取常用部分来进行介绍。

首先我们看一下针对常见漏洞保护的子功能有哪些，具体如下：

- csrf
- http 防火墙
- http 响应支持

结合此前章节中介绍的 Spring Security 核心功能内容，不难看出，我们不会对支持类的安全传输支持子功能进行介绍，这主要是因为安全传输支持子功能是对请求传输的安全性方面的支持（比如将客户端发起的 http 请求重定向为 https 的请求），但是，在日常实际工作过程中，在软件项目开发完成后，准备将软件应用部署上线时，一般还是建议在此之前就将 https 等配置完毕（比如在配置负载均衡时就对 https 等进行相关配置），毕竟安全传输支持子功能并不在 https 层面起决定性作用，更多的是起到请求安全传输方面的辅助性作用，而在此之前就将安全传输 https 等处理妥善的话相对来说更好，能够确保从前至后的传输安全。

当然，虽然不会对安全传输支持子功能进行介绍，但是如果对安全传输支持子功能感兴趣的话也可以通过其对应的 ChannelProcessingFilter 过滤器来进行了解，该过滤器位于 jar 包 spring-security-web.jar 中的 org.springframework.security.web.access.channel 包下。

在了解了接下来会介绍的针对常见漏洞保护的子功能有哪些，以及为什么会如此安排之后，还需要说明的是，由于在此前章节中介绍 Spring Security 核心功能时，已经对针对常见漏洞保护的相关子功能进行了相关的功能描述，所以，本节介绍的重点还是会放在子功能对应的流程及其相应解析上。

8.2.1　跨站请求伪造 csrf

在针对常见漏洞的保护功能中，跨站请求伪造 csrf 子功能主要提供针对跨站请求伪造 csrf 的保护处理措施，在对该子功能进行介绍前，有必要简单了解一下跨站请求伪造 csrf 本身，这样有助于更好地理解跨站请求伪造 csrf 子功能。

简单来说，跨站请求伪造 csrf 就是通过伪造用户请求来执行一些操作。接下来我们通过图 8-3 来了解一下跨站请求伪造 csrf 的具体流程。

通过图 8-3 可以看到，当用户通过客户端在正常站点进行认证请求后，此时正常站点会返回相关的认证信息，这些认证信息一般会存储于用户的客户端中，也就是用户使用的浏览器中的 cookie；在此之后如果用户访问了恶意站点，而恶意站点返回的信息中却要求客户端发起对正常站点的一些请求,此时客户端会按照恶意站点的访问要求对正常站点进行请求,而在此请求中是会带上此前存储于用户客户端中的正常站点的相关认证信息的,即将用户使用的浏览器中的 cookie 带上,最后,正常站点会接受相应请求并进行相应的处理,然后返回相关处理信息。

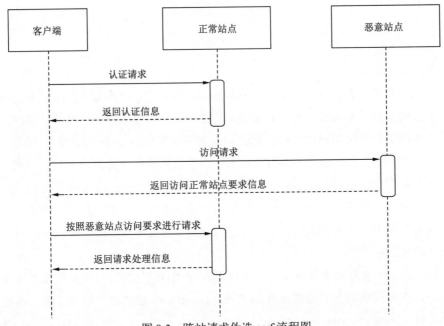

图 8-3 跨站请求伪造 csrf 流程图

然而,在以上过程中,在用户访问了恶意站点后,用户自身其实并没有对正常站点再次发起请求的意愿,在后续的请求过程中都是在用户之前并不知情的情况下发生的,这也就是通过伪造用户请求到正常站点中去执行一些操作,而这个过程其实就是所说的跨站请求伪造 csrf。

了解了跨站请求伪造 csrf 本身的含义后,就不难理解跨站请求伪造 csrf 子功能了,该功能其实就是为了防止跨站请求伪造 csrf 发生,对应用的安全性方面进行保护。

1.流程解析来源

在跨站请求伪造 csrf 子功能中,流程的解析来源主要有以下几个方面:

- 来源 jar 包名称:spring-security-web.jar。
- 源文件 package:org.springframework.security.web.csrf。
- 详细类名:CsrfFilter。
- 需关注的重点:CsrfFilter 类中的 doFilterInternal 方法。

2.流程图及说明

关于跨站请求伪造 csrf 子功能的具体流程,如图 8-4 所示。

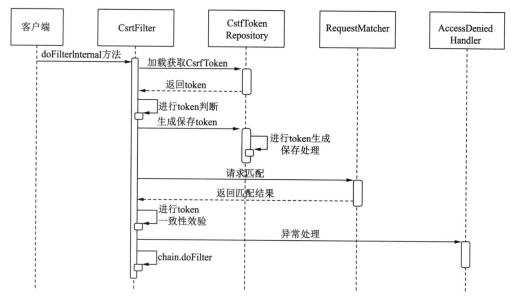

图 8-4　跨站请求伪造 csrf 子功能流程图

同样，结合图 8-4，我们来细致梳理一下具体的流程。

（1）客户端的请求会在 CsrfFilter 的 doFilterInternal() 方法中进行对于跨站请求伪造 csrf 的防护处理逻辑。

（2）在具体处理逻辑中首先会通过 csrf token 存储 CsrfTokenRepository 来加载获取 csrf token。

（3）在加载获取了 csrf token 后，会对获取的 csrf token 结果进行是否存在的判断。

a．如果获取的 csrf token 结果为空（也就是 csrf token 不存在），那么就会继续通过 csrf token 存储 CsrfTokenRepository 来进行 csrf token 的生成以及相应的保存；

b．如果获取的 csrf token 结果不为空，则直接进行后续处理流程，无须进行 csrf token 的生成及保存操作

（4）对 request 请求进行匹配。

a．如果 request 请求匹配不成功，直接调用过滤器链中的下一个过滤器进行后续处理；

b．如果 request 请求匹配成功，继续进行后续的跨站请求伪造 csrf 子功能流程。

（5）将前面步骤中获取的 csrf token 与 request 请求中的 token 值进行一致性校验。

a．如果校验不通过，那么就会创建相关 token 异常信息，并调用此前章节中介绍过的授权异常后处理接口 AccessDeniedHandler 来进行授权异常处理；

b．如果校验通过，那么则会调用过滤器链中的下一个过滤器来进行后续处理。

需要注意的是，在以上流程中对于 csrf token 的生成，其实就是生成了一个 uuid 字符串，也就是说，可以将 csrf token 理解为一个随机数。

另外，以上流程中对于 request 请求的匹配，主要就是对于请求方法的匹配，默认的匹配请求方法有 get、head、trace、options 这几种，需要注意的是，当 request 请求的请求方法为这几种时在以上流程中的匹配结果为匹配不成功，也就是说，除了 get、head、trace、options 这几种方法，其他的请求方法都需要进行跨站请求伪造 csrf 的防护处理。

不过，在此处可能会存在对于 csrf token 的疑问，即从跨站请求伪造 csrf 子功能的详细流程来看，会发现对于跨站请求伪造 csrf 的防护处理主要是通过 csrf token 与 request 请求中的 token 进行一致性校验来完成的，那么通过 csrf token 是如何防止跨站请求伪造 csrf 发生的呢？

对于以上疑问，要说明的是，跨站请求伪造 csrf 主要是通过利用浏览器中的 cookie 来完成的，但是 csrf token 不一定存储于浏览器的 cookie 之中，可能放置在生成的前端页面之中，这个时候恶意站点无法通过利用浏览器中的 cookie 来获取到的相应的 csrf token，所以可以有效地防止跨站请求伪造 csrf 的发生。

另外，即使 csrf token 就存储在浏览器的 cookie 中，由于恶意站点只能直接使用 cookie，而无法获取到 cookie 中具体的值，所以也就无法获取到相应的 csrf token，在发起 request 请求时也就无法将 csrf token 设置到 request 的 header 或 parameter 中，所以可以有效地防止跨站请求伪造 csrf 的发生。

最后要说明的是，在跨站请求伪造 csrf 子功能中，默认加载获取的 csrf token 是通过 HttpSession 来进行加载获取的。

在介绍了跨站请求伪造 csrf 子功能后，接下来，就看看如何自定义配置使用跨站请求伪造 csrf 子功能。

经验分享：新版本 Spring Security 中如何自定义配置使用跨站请求伪造 csrf

自定义配置使用跨站请求伪造 csrf 子功能，一般是通过配置 HttpSecurity 来完成的，在老版本的 Spring Security 中，配置 HttpSecurity 一般需要通过继承抽象类并重写其中的方法来完成，在新版本的 Spring Security 中，配置 HttpSecurity 一般采用定义 bean 的方式来完成，这一点在此前认证、授权章节中都有过相关介绍，这里不再赘述。

1. 将跨站请求伪造 csrf 进行全部禁用

接下来直接进入正题，通过一个小例子看看在新版本的 Spring Security 中如何配置使用跨站请求伪造 csrf，具体如下：

```
@Configuration
public class DemoHttpSecurityConfiguration {

    @Bean
    public SecurityFilterChainfilterChain(HttpSecurity http) throws
```

```
Exception {
        http
              <1>
              .csrf(csrf ->
                     csrf.disable())
              .authorizeHttpRequests(authorizeHttpRequests ->
                     authorizeHttpRequests.anyRequest().authenticated())
              .formLogin(Customizer.withDefaults());
        return http.build();
    }

  }
```

以上示例代码中，需要关注的重点即示例代码中的标识<1>处，即对 Spring Security 中的跨站请求伪造 csrf 子功能进行禁用配置。

如果将以上示例代码放入前面章节搭建的示例项目中，启动示例项目后，会发现在默认生成的 Spring Security 过滤器链 DefaultSecurityFilterChain 中相较于此前缺少了 CsrfFilter 过滤器，这是因为对跨站请求伪造 csrf 子功能实行了禁用。

另外，如果通过默认的表单认证登录界面来看的话，可以发现在登录界面的网页源代码中也没有 csrf token，如果将以上配置中对跨站请求伪造 csrf 子功能进行禁用的配置去除掉的话，可以看到，在登录界面的网页源代码中有 csrf token，如图 8-5 所示。

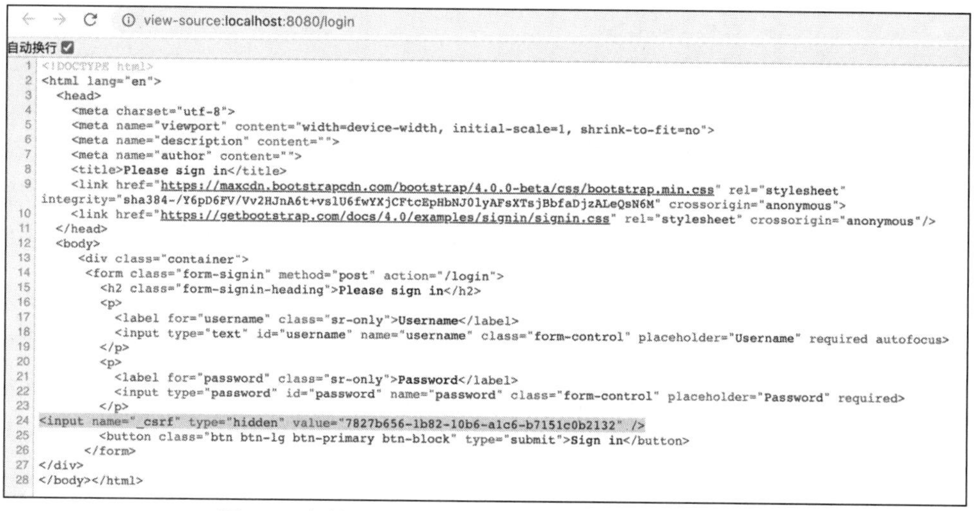

```
view-source:localhost:8080/login
自动换行
<!DOCTYPE html>
<html lang="en">
  <head>
    <meta charset="utf-8">
    <meta name="viewport" content="width=device-width, initial-scale=1, shrink-to-fit=no">
    <meta name="description" content="">
    <meta name="author" content="">
    <title>Please sign in</title>
    <link href="https://maxcdn.bootstrapcdn.com/bootstrap/4.0.0-beta/css/bootstrap.min.css" rel="stylesheet"
integrity="sha384-/Y6pD6FV/Vv2HJnA6t+vslU6fwYXjCFtcEpHbNJ0lyAFsXTsjBbfaDjzALeQsN6M" crossorigin="anonymous">
    <link href="https://getbootstrap.com/docs/4.0/examples/signin/signin.css" rel="stylesheet" crossorigin="anonymous"/>
  </head>
  <body>
     <div class="container">
      <form class="form-signin" method="post" action="/login">
        <h2 class="form-signin-heading">Please sign in</h2>
        <p>
          <label for="username" class="sr-only">Username</label>
          <input type="text" id="username" name="username" class="form-control" placeholder="Username" required autofocus>
        </p>
        <p>
          <label for="password" class="sr-only">Password</label>
          <input type="password" id="password" name="password" class="form-control" placeholder="Password" required>
        </p>
<input name="_csrf" type="hidden" value="7827b656-1b82-10b6-a1c6-b7151c0b2132" />
        <button class="btn btn-lg btn-primary btn-block" type="submit">Sign in</button>
      </form>
</div>
</body></html>
```

图 8-5　表单认证登录界面网页源代码中 csrf token 图

需要注意的是，在使用以上配置对跨站请求伪造 csrf 子功能进行禁用时，此时是将跨站请求伪造 csrf 子功能实行了全部禁用，在日常实际工作过程中，除非有特定的需求需要全部禁用，一般还是建议不要这样做，毕竟会缺失对跨站请求伪造 csrf 的防护处理。

2. 将跨站请求伪造 csrf 进行部分禁用

当然，如果不对跨站请求伪造 csrf 子功能全部禁用，但是又存在着部分功能需要对其进行禁用的话，在这种情况下，应该如何配置呢？我们直接通过示例来看一下，具体如下：

```
@Configuration
public class DemoHttpSecurityConfiguration {

    @Bean
    public  SecurityFilterChainfilterChain(HttpSecurity  http)  throws
Exception {
        http
                .authorizeHttpRequests(authorizeHttpRequests ->
                        authorizeHttpRequests
                                //设置 h2 数据库相关路径放行
                                .antMatchers("/h2/**").permitAll()
                                .anyRequest().authenticated())
                .csrf(csrf ->
                        //配置跨站请求伪造 csrf 子功能部分禁用，即对 h2 数据库相关路
径禁用
                        csrf.ignoringAntMatchers("/h2/**"))
                .formLogin(Customizer.withDefaults());
        return http.build();
    }

}
```

将以上示例代码放入前面章节搭建的示例项目中，启动示例项目后，会发现跨站请求伪造 csrf 子功能除了在 h2 数据库相关路径下是禁用状态，在其他的请求路径中都是开启状态。

在此处需要注意的是，如果不设置 h2 数据库相关路径禁用跨站请求伪造 csrf 子功能的话，会发现虽然设置了 h2 数据库相关路径放行，但是访问 h2 数据库控制台时，依旧会显示请求被拒绝，因为在默认的 h2 数据库请求中并没有包含 csrf token。

3. 设置跨站请求伪造 csrf 中 csrf token 为 cookie 存储

对于跨站请求伪造 csrf 的自定义配置使用，除了全部禁用与部分禁用之外，还可以通过自定义配置将 csrf token 设置为在 cookie 中进行保存，具体如下：

```
@Configuration
public class DemoHttpSecurityConfiguration {
```

```
    @Bean
    public  SecurityFilterChainfilterChain(HttpSecurity  http)  throws
Exception {
        http
            .authorizeHttpRequests(authorizeHttpRequests ->
                authorizeHttpRequests
                    .anyRequest().authenticated())
        <1>
        .csrf(csrf ->
            csrf.csrfTokenRepository(new  CookieCsrfTokenReposi
tory()))
        .formLogin(Customizer.withDefaults());
        return http.build();
    }

}
```

以上示例代码中，需要关注的重点即示例代码中的标识<1>处，即设置跨站请求伪造 csrf 子功能中 csrf token 存储为 cookie 存储。

启动示例项目，访问默认的表单认证登录界面，通过浏览器查看 cookie，可以看到，在 cookie 中除了原有的 JSESSIONID 之外，还多了一个 XSRF-TOKEN，也就是 csrf token，如图 8-6 所示。

图 8-6 浏览器 cookie 中 csrf token 图

需要注意的是，在以上示例代码中，前端 js 是无法对浏览器中的 cookie 进行相关操作的，也就是说，无法去获取 csrf token 的值，如果要支持前端 js 对 csrf token 的获取的话，那么还需要对 cookieHttpOnly 属性进行设置，其默认值为 true，需要将其设置为 false，具体如下：

```
@Configuration
public class DemoHttpSecurityConfiguration {

    @Bean
    public  SecurityFilterChainfilterChain(HttpSecurity  http)  throws
Exception {
        http
            .authorizeHttpRequests(authorizeHttpRequests ->
                authorizeHttpRequests
                    .anyRequest().authenticated())
            <1>
            .csrf(csrf ->
                csrf.csrfTokenRepository(CookieCsrfTokenRepositor
y.withHttpOnlyFalse()))
            .formLogin(Customizer.withDefaults());
        return http.build();
    }

}
```

以上示例代码中，需要关注的重点即示例代码中的标识<1>处，即设置跨站请求伪造 csrf 子功能中 csrf token 存储为 cookie 存储，并将其中 cookieHttpOnly 属性设置为 false。

虽然从以上示例代码中看，只是通过 csrf token cookie 存储调用了其 withHttp OnlyFalse 方法，但是需要注意的是，在该方法的内部实际上是创建了一个 cookie 存储并设置了其 cookieHttpOnly 属性，如果将以上示例代码放入前面章节搭建的示例项目中，当启动示例项目后，就可以通过前端 js 来对浏览器 cookie 中的 csrf token 进行操作了。

最后，还需说明的是，当设置 csrf token 存储为 cookie 存储时，如果没有前端 js 的操作需求的话，不太建议开放 cookieHttpOnly 属性（即将其 cookieHttpOnly 属性设置为 false），毕竟开放 cookieHttpOnly 属性，对于软件应用来说也多了一个潜在的安全威胁。

8.2.2　http 防火墙

在 Spring Security 中，http 防火墙子功能主要提供 http 请求方面的安全防护，也就是说，在使用 Spring Security 时，http 防火墙子功能会为我们默认拒绝一些潜在的不安全的 http 请求，比如说对包含非法字符的请求进行拒绝、对请求的方法类型进行限制等。

1．流程解析来源

在 http 防火墙子功能中，流程的解析来源主要有以下几个方面：

- 来源 jar 包名称：spring-security-web.jar。
- 源文件 package：org.springframework.security.web、org.springframework.security.web. firewall。
- 详细类名：FilterChainProxy、StrictHttpFirewall。
- 需关注的重点：FilterChainProxy 类中的 doFilter 与 doFilterInternal 方法以及 StrictHttpFirewall 类中的 getFirewalledRequest 与 getFirewalledResponse 方法。

2．流程图及说明

关于 http 防火墙子功能的流程，如图 8-7 所示。

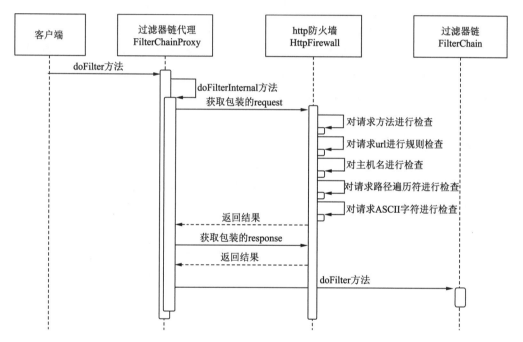

图 8-7　http 防火墙子功能流程图

通过图 8-7 对 http 防火墙子功能有了大概了解后，我们来具体梳理一下。

（1）客户端的请求首先会经过过滤器链代理 FilterChainProxy 中的 doFilter() 方法来进行处理。

（2）doFilter() 方法会调用其内部的 doFilterInternal() 方法。

（3）在 doFilterInternal() 方法中首先会调用 http 防火墙 HttpFirewall 的 getFirewalled Request() 方法，即为获取包装的 request。

（4）在 http 防火墙 HttpFirewall 中返回包装的 request 前，会进行请求相关的检查，具体如下：

a．对请求方法进行检查，主要检查请求的方法类型，在默认情况下，当方法类型为 get、post、put、delete、head、options、patch 时，则检查通过继续后续流程，而其他的请求方法类型则会被拒绝；

b．对请求 url 规则进行检查，主要使用初始化的 url 规则（如正反斜杠、双斜杠、分号、回车换行等规则）对请求的 url 进行匹配检查，如果匹配成功则会对请求进行拒绝，反之则继续后续流程；

c．对主机名进行检查，主要确定请求主机名是否是被允许的主机名，如果不是则会对请求进行拒绝，反之则继续后续流程；

d．对请求路径遍历符进行检查，主要检查请求中是否包含路径遍历符（如.、./、/.、/./、/../），如果包含则会拒绝，反之则继续后续流程；

e．对请求 ASCII 字符进行检查，主要是确保请求地址内容只包含可打印的 ASCII 字符，当检查不通过时则会拒绝请求，反之则继续后续流程。

（5）在获取了包装的 request 后，再调用 http 防火墙 HttpFirewall 的 getFirewalled Response()方法，即为获取包装的 response。

（6）在 http 防火墙 HttpFirewall 中返回包装的 response 时，未做其他特殊操作。

（7）在 doFilterInternal()方法中会匹配获取相关的过滤器，然后调用过滤器链 FilterChain 的 doFilter()方法进行后续处理。

需要注意的是，在以上流程中，对于在 http 防火墙 HttpFirewall 中返回包装的 request 前进行的请求相关检查操作中，对于主机名的检查，默认是没有做任何限制的。

另外，对于 http 防火墙 HttpFirewall 接口，在 Spring Security 中有 DefaultHttpFirewall 和 StrictHttpFirewall 两个实现类，默认情况下使用的是 StrictHttpFirewall，对此不要因为接口实现类的名称而产生误解，而实现类 StrictHttpFirewalll 与 DefaultHttpFirewal 最主要的区别就是在前者中对于请求的检查操作要比后者多，也就是说，使用 Strict HttpFirewall 对于应用来说会更安全。

最后还需要说明的是，一定要注意 http 防火墙的相关请求检查是在过滤器链之前进行的，也就是说，在 Spring Security 中，http 防火墙优先于默认的过滤器执行，只有当请求通过了 http 防火墙，才能够被 Spring Security 中默认的过滤器执行。

在介绍了 http 防火墙子功能后，接下来，就看看如何自定义配置使用 http 防火墙子功能。

经验分享：新版本 Spring Security 中如何自定义配置使用 http 防火墙

自定义配置使用 http 防火墙子功能，一般是通过定义 http 防火墙 bean 的方式来完成的。这一点新旧版本没有区别。

1. 定义 http 防火墙 bean

接下来我们直接进入正题，通过一个小例子看看如何定义 http 防火墙的 bean，具体如下：

```
@Configuration
public class DemoHttpSecurityConfiguration {

    @Bean
    public  SecurityFilterChainfilterChain(HttpSecurity  http)  throws
Exception {
        ...
        return http.build();
    }

    <1>
    @Bean
    public HttpFirewall httpFirewall() {
        StrictHttpFirewall strictHttpFirewall=new StrictHttpFirewa ll();
        return strictHttpFirewall;
    }

}
```

以上示例代码中，需要关注的重点即示例代码中的标识<1>处，即定义 http 防火墙的 bean，其中具体使用的是 StrictHttpFirewall 实现类。

将以上示例代码放入前面章节搭建的示例项目中，启动示例项目后，不会发现与此前有什么差别，因为在 Spring Security 中默认使用的也是 StrictHttpFirewall 实现类，并且在以上示例中并没有对 StrictHttpFirewall 进行任何设置。

在了解了如何定义 http 防火墙 bean 之后，就可以基于此来对 http 防火墙进行自定义配置使用了，也就是说，会在定义 http 防火墙 bean 的基础上，进一步对 StrictHttpFirewall 进行自定义设置。接下来，就依次看看如何自定义配置 http 防火墙的请求方法、请求 url 规则以及请求主机名。

2. 自定义配置请求方法

首先，看一下如何对请求方法进行自定义配置，具体如下：

```
@Configuration
public class DemoHttpSecurityConfiguration {

    @Bean
    public  SecurityFilterChainfilterChain(HttpSecurity  http)  throws
Exception {
```

```
    ...
    return http.build();
}


@Bean
public HttpFirewall httpFirewall() {
    StrictHttpFirewall strictHttpFirewall = new StrictHttpFirewall ();
    <1>
    strictHttpFirewall.setUnsafeAllowAnyHttpMethod(true);
    return strictHttpFirewall;
}

}
```

以上示例代码中，需要关注的重点即示例代码中的标识<1>处，即设置允许所有的请求方法。

将以上示例代码放入示例项目并启动，会发现所有的请求方法都可以支持了，不再是仅支持原有默认的 get、post、put、delete、head、options、patch 这几种类型。

当然，通过以上示例中调用的方法名称 setUnsafeAllowAnyHttpMethod 也可以看出，直接允许所有的请求方法并不推荐且不安全，所以，如果要对请求方法进行自定义配置的话，最好是将其配置为仅允许部分指定的请求方法，具体配置如下：

```
@Configuration
public class DemoHttpSecurityConfiguration {


    @Bean
    public  SecurityFilterChainfilterChain(HttpSecurity  http)  throws
Exception {
        ...
        return http.build();
    }


    @Bean
    public HttpFirewall httpFirewall() {
        StrictHttpFirewall strictHttpFirewall = new StrictHttpFirewall();
        <1>
        strictHttpFirewall.setAllowedHttpMethods(Arrays.asList("GET",
"POST", "PUT", "DELETE"));
        return strictHttpFirewall;
    }
```

```
    }
```

以上示例代码中，需要关注的重点即示例代码中的标识<1>处，即设置仅允许部分指定的请求方法，即 get、post、put、delete。

同样将以上示例代码放入示例项目并启动，会发现只有发送的请求方法类型为 get、post、put、delete 的请求才可能被后续 Spring Security 中的过滤器进行处理。

3. 自定义配置请求 url 规则

在了解了如何对请求方法进行自定义配置后，接下来看一下如何对请求 url 规则进行自定义配置，具体如下：

```
@Configuration
public class DemoHttpSecurityConfiguration {

    @Bean
    public SecurityFilterChainfilterChain(HttpSecurity http) throws
Exception {
        ...
        return http.build();
    }

    @Bean
    public HttpFirewall httpFirewall() {
        StrictHttpFirewall strictHttpFirewall = new StrictHttpFirewall();
        //设置 url 规则允许分号
        strictHttpFirewall.setAllowSemicolon(true);
        //设置 url 规则允许正斜杠
        strictHttpFirewall.setAllowUrlEncodedSlash(true);
        //设置 url 规则允许双斜杠
        strictHttpFirewall.setAllowUrlEncodedDoubleSlash(true);
        //设置 url 规则允许反斜杠
        strictHttpFirewall.setAllowBackSlash(true);
        //设置 url 规则允许空字符
        strictHttpFirewall.setAllowNull(true);
        //设置 url 规则允许换行符
        strictHttpFirewall.setAllowUrlEncodedLineFeed(true);
        //设置 url 规则允许回车
        strictHttpFirewall.setAllowUrlEncodedCarriageReturn(true);
        //设置 url 规则允许百分比
```

```
        strictHttpFirewall.setAllowUrlEncodedPercent(true);
        //设置url规则允许段落分隔符
        strictHttpFirewall.setAllowUrlEncodedParagraphSeparator(true);
        return strictHttpFirewall;
    }

}
```

将以上示例代码放入示例项目并启动，会发现以上列出的 url 规则允许内容都会生效，不过，需要注意的是，在日常实际工作过程中，如果要对 url 规则进行自定义配置的话，不建议一次性允许太多 url 规则，这样会增加安全风险，按自身实际业务需求来进行 url 规则的允许即可。

4. 自定义配置请求主机名

接下来，我们再来看看如何对请求主机名进行自定义配置，具体如下：

```
@Configuration
public class DemoHttpSecurityConfiguration {

    @Bean
    public SecurityFilterChainfilterChain(HttpSecurity http) throws
Exception {
        ...
        return http.build();
    }

    @Bean
    public HttpFirewall httpFirewall() {
        StrictHttpFirewall strictHttpFirewall = new StrictHttpFirewall();
        <1>
        strictHttpFirewall.setAllowedHostnames(
                (allowHostName) -> allowHostName.indexOf("localhost") != -1
        );
        return strictHttpFirewall;
    }

}
```

以上示例代码中，需要关注的重点即示例代码中的标识<1>处，即设置允许的主机名中需包含 localhost。

将以上示例代码放入示例项目并启动，当使用 localhost+端口号访问登录界面时可以正常访问，但是如果使用 127.0.0.1+端口号访问登录界面时则会被拒绝。

需要特别说明的是，对请求路径遍历符和请求 ASCII 字符这两块的检查操作在 Spring Security 的 http 防火墙中并没有提供相关设置允许的方法，也就是说，不能对这两块的检查进行自定义设置，主要是因为如果对这两块的检查进行放开的话，安全性保障会极大地降低。如果存在特定的业务需求，需要对这两块检查进行自定义设置扩展的话，可以通过 HttpFirewall 接口来进行定制化的 http 防火墙的实现，以此来满足特定的业务需求。

除了以上所讲的这些自定义配置，在 http 防火墙子功能中还可以对请求的消息头与参数进行相关自定义配置，具体配置方法与自定义配置请求主机名类似，感兴趣的话可以自行进行配置验证，这里不再赘述。

8.2.3 http 响应支持

在针对常见漏洞的保护功能中，http 响应支持主要指对于 http 响应的消息头进行相关设置，也就是将一些响应参数设置到其中，在客户端接收到响应后，会根据这些设置的响应参数做出相应处理（即有针对性地对软件应用进行保护处理），以此来提高软件应用的安全性保障，比如说设置缓存禁用、设置内容嗅探禁用等。

1. 流程解析来源

在 http 响应支持中，流程的解析来源主要有以下几个方面：

- 来源 jar 包名称：spring-security-web.jar。
- 源文件 package：org.springframework.security.web.header。
- 详细类名：HeaderWriterFilter。
- 需关注的重点：HeaderWriterFilter 类中的 doFilterInternal 方法。

2. 流程图及说明

关于 http 响应支持的具体流程，如图 8-8 所示。

结合图 8-8 所示的内容，我们来梳理一下具体流程。

（1）客户端的请求首先会经过过滤器 HeaderWriterFilter 中的 doFilterInternal()方法，在该方法中会进行 http 响应的具体处理逻辑。

（2）在进行 http 响应处理前，首先进行请求前后的判断，即判断对 http 响应的处理是在请求开始之前进行，还是在请求开始之后进行，具体如下：

a. 如果是请求前处理，先通过 HeaderWriter 进行响应设置，再调用过滤器链 FilterChain 的 doFilter()方法对请求进行后续处理；

b. 如果是请求后处理，先创建包装的 request、response 对象，再调用过滤器链 Filter Chain 的 doFilter()方法对请求进行后续处理，最后再进行响应设置，具体也是通过 Header Writer 来进行处理。

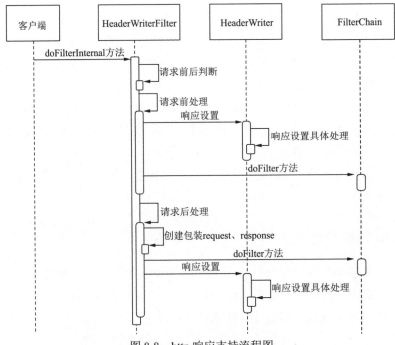

图 8-8 http 响应支持流程图

整个流程中，请求前处理与请求后处理的主要差异在于调用过滤器链 FilterChain 的 doFilter()方法的顺序，在请求的前处理中是在调用之前进行 http 响应设置，而请求的后处理即在调用之后进行 http 响应设置。

另外，需要注意的是，如果从源码的角度来看的话，在请求后处理的情况下，对于 http 的响应设置的调用是位于 finally 之中，但是，在实际过程中，对于 http 响应设置的具体处理不一定是在 finally 时才进行，由于在后处理中创建了包装的 response 对象，而 response 对象中有定义响应提交时进行 http 响应设置的具体处理操作，所以，一般情况下，在 response 响应提交时即会触发 http 响应设置的具体处理。

在了解了以上内容后，还需要说明的是，在进行响应设置时，在 HeaderWriter 中的具体处理内容。

在使用 Spring Security 时，对于 http 响应设置会通过不同的 HeaderWriter 来进行处理，具体见表 8-1。

表 8-1 默认 HeaderWriter 及相关描述

HeaderWriter 名称	描　　述	默认添加的响应头内容	响应内容作用
XContentTypeOptions HeaderWriter	对响应头 X-Content-Type-Options 进行设置的处理类	X-Content-Type-Options: nosniff	防止内容嗅探
XXssProtectionHeader Writer	对响应头 X-XSS-Protection 进行设置的处理类	X-XSS-Protection:1; mode=block	防止 XSS 跨站脚本攻击

续表

HeaderWriter 名称	描　述	默认添加的响应头内容	响应内容作用
CacheControlHeaders Writer	对响应头 Cache-Control、Pragma、Expires 进行设置的处理类	Cache-Control: no-cache,no-store,max-age=0, must-re validate Pragma: no-cache Expires: 0	防止内容缓存
HstsHeaderWriter	对响应头 Strict-Transport-Security 进行设置的处理类	Strict-Transport-Security：max-age=31536000；includeSubDomains	强制使用 https 连接
XFrameOptionsHeader Writer	对响应头 X-Frame-Options 进行设置的处理类	X-Frame-Options: DENY	禁止 frame 页面加载

通过表 8-1 我们可了解到默认的 http 响应处理内容，即在最基础使用 Spring Security 的情况下，在 http 响应消息头中可以看到以下内容：

```
X-Content-Type-Options: nosniff
X-XSS-Protection: 1; mode=block
Cache-Control: no-cache, no-store, max-age=0, must-revalidate
Pragma: no-cache
Expires: 0
Strict-Transport-Security: max-age=31536000 ; includeSubDomains
X-Frame-Options: DENY
```

不过需要注意的是，在日常实际工作过程中，当软件应用没有进行上线部署时，或者说仅在使用 http 的情况下，如果查看 http 响应消息头内容，会发现默认的 http 响应处理内容中会缺少 Strict-Transport-Security 的相关内容，这是因为在 HstsHeaderWriter 中进行具体的 http 响应处理时，会先去对请求安全进行判断，当使用 http 请求时会判定为不安全，所以在此时就不会添加 Strict-Transport-Security 的相关内容，由此也可以看出，在日常实际工作过程中，尽量还是避免使用 http，建议使用 https。

在介绍了 http 响应支持后，接下来，就看看如何自定义配置使用 http 响应。

经验分享：新版本 Spring Security 中如何自定义配置使用 http 响应

在新版本的 Spring Security 中，自定义配置使用 http 响应也是通过配置 HttpSecurity 来完成的，这里不再赘述。

1. 对整体的 http 响应支持进行禁用

接下来直接进入正题，通过一个小例子看看在新版本的 Spring Security 中如何自定义配置 http 响应，具体如下：

```
@Configuration
public class DemoHttpSecurityConfiguration {
```

```
    @Bean
    public SecurityFilterChainfilterChain(HttpSecurity http) throws
Exception {
        http
            <1>
            .headers(headers ->
                headers.disable())
            .authorizeHttpRequests(authorizeHttpRequests ->
                authorizeHttpRequests
                    .anyRequest().authenticated())
            .formLogin(Customizer.withDefaults());
        return http.build();
    }

}
```

以上示例代码中，需要关注的重点即示例代码中的标识<1>处，即对 http 响应支持
设置禁用。

将以上示例代码放入示例项目并启动，会发现在默认的初始化过滤器链 Default
SecurityFilterChain 中缺少了过滤器 HeaderWriterFilter，也就是说，不再进行任何 http()
响应处理。

需要注意的是，通过 HttpSecurity 调用其 headers()方法时会发现在 headers 中除了有
disable()方法之外，还存在一个 defaultsDisabled()方法，这两个方法从名称上来看都是设置禁
用的方法，但是这两个方法是有着区别的，disable()方法是对整个 http 响应支持进行禁用，
而 defaultsDisabled()方法则是对前面介绍的http 响应支持流程中涉及的响应头内容进行禁用。

另外，如果使用 defaultsDisabled()方法，需要指定添加的响应头内容，否则在启动
示例项目时会报错，原因是在进行过滤器 HeaderWriterFilter 的初始化时不允许
HeaderWriter 为空，所以在使用 defaultsDisabled()方法时要么额外指定需要添加的响应
头内容，要么还是直接使用 disable()方法对整个 http 响应支持进行禁用。

2．对默认的响应头内容进行禁用

接下来，我们通过一个小例子来看看对于 defaultsDisabled()方法的使用，具体如下：

```
@Configuration
public class DemoHttpSecurityConfiguration {


    @Bean
    public SecurityFilterChainfilterChain(HttpSecurity http) throws
Exception {
```

```
http
        <1>
        .headers(headers ->
                headers.defaultsDisabled().xssProtection())
        .authorizeHttpRequests(authorizeHttpRequests ->
                authorizeHttpRequests
                        .anyRequest().authenticated())
        .formLogin(Customizer.withDefaults());
    return http.build();
    }


}
```

以上示例代码中，需要关注的重点即示例代码中的标识<1>处，即对 http 响应支持中默认的响应头内容进行禁用，并且单独启用 XSS 跨站脚本攻击相关响应头。

通过以上示例代码可以看到，在使用了 defaultsDisabled()方法后，又调用了 xssProtection()方法，即对 XSS 跨站脚本攻击相关响应头进行启用，将以上示例代码放入示例项目并启动，会发现在 http 响应消息头中之前默认的响应头内容除了 X-XSS-Protec tion 还在之外，其他的响应头内容都没有了。

在了解了如何对整体的 http 响应支持进行禁用与如何对默认的响应头内容进行禁用之后，接下来就基于前面介绍 http 响应支持流程时涉及的响应头内容来依次看看，如何对这些响应头内容进行自定义配置。

3. 自定义配置响应头 X-Content-Type-Options

首先看一下在 XContentTypeOptionsHeaderWriter 中对应的响应头 X-Content-Type-Options 的自定义配置，具体如下：

```
@Configuration
public class DemoHttpSecurityConfiguration {

    @Bean
    public SecurityFilterChainfilterChain(HttpSecurity http) throws
Exception {
        http
            .headers(
                headers ->
                        //对响应头 X-Content-Type-Options 进行启用
                        headers.contentTypeOptions()
                        //对响应头 X-Content-Type-Options 进行禁用
                        headers.contentTypeOptions(
```

```
                                        contentTypeOptions -> contentTypeOpt
ions.disable()
                        )
                )
                .authorizeHttpRequests(authorizeHttpRequests ->
                        authorizeHttpRequests
                                .anyRequest().authenticated())
                .formLogin(Customizer.withDefaults());
        return http.build();
    }

}
```

通过以上示例可知，可以通过不同的方法调用来对响应头 X-Content-Type-Options 进行启用或者禁用，当在日常实际工作过程中如果需要防止内容嗅探时则对其进行启用，反之则进行禁用即可。

4. 自定义配置响应头 X-XSS-Protection

接下来，我们看一下在 **XXssProtectionHeaderWriter** 中对应的响应头 X-XSS-Protection 的自定义配置，具体如下：

```
@Configuration
public class DemoHttpSecurityConfiguration {

    @Bean
    public  SecurityFilterChainfilterChain(HttpSecurity  http)  throws
Exception {
        http
            .headers(
                headers ->
                        //对响应头 X-XSS-Protection 进行启用
                        headers.xssProtection()
                        //对响应头 X-XSS-Protection 进行禁用
                        headers.xssProtection(
                                xssProtection -> xssProtection.disable ()
                        )
                )
                .authorizeHttpRequests(authorizeHttpRequests ->
                        authorizeHttpRequests
                                .anyRequest().authenticated())
                .formLogin(Customizer.withDefaults());
```

```
            return http.build();
    }

}
```

通过以上示例可以看到，同样可以通过不同的方法调用来对响应头 X-XSS-Protection 进行启用或者禁用，当在日常实际工作过程中如果需要防止 XSS 跨站脚本攻击时则对其进行启用，反之则进行禁用即可。

另外，还可以对响应头 X-XSS-Protection 进行 block 的设置，即调用其 block()方法，如果将 block 设置为 false 的话，那么在添加的响应头 X-XSS-Protection 的内容中则会缺少 mode=block，该值的含义表示在检测到 XSS 跨站脚本攻击时阻止页面加载，也就是说，如果将 block 设置为 false 的话，则不会阻止页面加载。

5. 自定义配置响应头 Cache-Control、Pragma、Expires

接着看一下，在 CacheControlHeadersWriter 中对应的响应头 Cache-Control、Pragma、Expires 的自定义配置，具体如下：

```
@Configuration
public class DemoHttpSecurityConfiguration {

    @Bean
    public SecurityFilterChainfilterChain(HttpSecurity http) throws
Exception {
        http
            .headers(
                headers ->
                    //对响应头 Cache-Control、Pragma、Expires 进行启用
                        headers.cacheControl()
                    //对响应头 Cache-Control、Pragma、Expires 进行禁用
                        headers.cacheControl(
                            cacheControl                        ->
cacheControl.disable()
                        )
                )
            .authorizeHttpRequests(authorizeHttpRequests ->
                authorizeHttpRequests
                    .anyRequest().authenticated())
            .formLogin(Customizer.withDefaults());
        return http.build();
```

```
        }

    }
```

通过以上示例可以看到，可以通过不同的方法调用来对响应头 Cache-Control、
Pragma、Expires 进行启用或者禁用，当在日常实际工作过程中如果需要防止内容缓存
时则对其进行启用，反之则进行禁用即可。

6. 自定义配置响应头 Strict-Transport-Security

接着看一下，在 HstsHeaderWriter 中对应的响应头 Strict-Transport-Security 的自定
义配置，具体如下：

```
@Configuration
public class DemoHttpSecurityConfiguration {


    @Bean
    public SecurityFilterChainfilterChain(HttpSecurity http) throws
Exception {
        http
            .headers(
                headers ->
                        //对响应头 Strict-Transport-Security 进行启用
                        headers.httpStrictTransportSecurity()
                        //对响应头 Strict-Transport-Security 进行禁用
                        headers.httpStrictTransportSecurity(
                            httpStrictTransportSecurity -> http
StrictTransportSecurity.disable()
                        )
                )
            .authorizeHttpRequests(authorizeHttpRequests ->
                authorizeHttpRequests
                    .anyRequest().authenticated())
            .formLogin(Customizer.withDefaults());
        return http.build();
    }

}
```

通过以上示例可以看到，可以通过不同的方法调用来对响应头 Strict-T
ransport-Security 进行启用或者禁用，当在日常实际工作过程中如果需要强制使用 https
连接时则对其进行启用，反之则进行禁用即可。

另外，还可以针对默认添加的 Strict-Transport-Security 的具体内容进行修改，具体

如下：

```
@Configuration
public class DemoHttpSecurityConfiguration {

    @Bean
    public SecurityFilterChainfilterChain(HttpSecurity http) throws
Exception {
        http
            .headers(
                headers ->
                    headers.httpStrictTransportSecurity(
                        httpStrictTransportSecurity ->
                            httpStrictTransportSecurity
                                // 对默认添加的 Strict-
Transport-Security 中的 max-age 进行设置
                                .maxAgeInSeconds
(31536000)
                                // 对默认添加的 Strict-
Transport-Security 中的 includeSubDomains 进行设置
                                .includeSubDomains
(false)
                    )
            )
            .authorizeHttpRequests(authorizeHttpRequests ->
                authorizeHttpRequests
                    .anyRequest().authenticated())
            .formLogin(Customizer.withDefaults());
        return http.build();
    }

}
```

以上设置中，需要注意的是，对于 max-age 的设置默认时间为秒，默认值即一年，对于 includeSubDomains 的设置默认值为 true，即包含子域名在内，false 即不包含子域名，在日常实际工作过程中如果要进行修改的话，根据业务实际需要进行修改即可。

7. 自定义配置响应头 X-Frame-Options

最后看一下，在 XFrameOptionsHeaderWriter 中对应的响应头 X-Frame-Options 的自定义配置，具体如下：

```
@Configuration
```

```
public class DemoHttpSecurityConfiguration {

    @Bean
    public SecurityFilterChainfilterChain(HttpSecurity http) throws
Exception {
        http
            .headers(
                headers ->
                        //对响应头 X-Frame-Options 进行启用
                        headers.frameOptions()
                        //对响应头 X-Frame-Options 进行禁用
                        headers.frameOptions(
                                frameOptions -> frameOptions.disabl e()
                        )
                )
            .authorizeHttpRequests(authorizeHttpRequests ->
                authorizeHttpRequests
                        .anyRequest().authenticated())
            .formLogin(Customizer.withDefaults());
        return http.build();
    }

}
```

通过以上示例可以看到，可以通过不同的方法调用来对响应头 X-Frame-Options 进行启用或者禁用，当在日常实际工作过程中如果需要禁止 frame 页面加载时则对其进行启用，反之则进行禁用即可。

另外，还可以针对默认添加的 **X-Frame-Options** 的具体内容进行修改，具体如下：

```
@Configuration
public class DemoHttpSecurityConfiguration {

    @Bean
    public SecurityFilterChainfilterChain(HttpSecurity http) throws
Exception {
        http
            <1>
            .headers(headers -> headers.frameOptions().sameOrigin())
            .authorizeHttpRequests(authorizeHttpRequests ->
                    authorizeHttpRequests
```

```
                         .anyRequest().authenticated())
            .formLogin(Customizer.withDefaults());
    return http.build();
    }

}
```

以上示例代码中，需要关注的重点即示例代码中的标识<1>处，即对响应头 X-Frame-Options 中的值进行修改。

以上设置中，即将响应头 X-Frame-Options 中原本的值从 DENY 修改为 SAMEO RIGIN，也就是说，将禁止 frame 页面加载修改为同源情况下可以进行 frame 页面的加载，其实以上修改示例在此前自定义认证实践中就有过接触，在日常实际工作过程中如有相关需求则根据实际情况进行修改即可。

——本章小结——

本章对 Spring Security 核心功能中的针对常见漏洞保护进行了基础介绍，主要包含基本处理流程与常用的子功能的详解，对于常用的子功能，建议基于前面章节中搭建的示例项目以及本章节中经验分享中给出的一些示例配置来进行实践，加深对常用的子功能的认识。

本书中，对于针对常见漏洞保护不会再进行自定义的实践讲解，因为对于此核心功能来说，一般情况下，不用像认证与授权一样需要基于基础子功能来进行更加定制化的二次开发，在日常实际工作过程中使用该核心功能主要还是根据业务需求有针对性地进行自定义配置，所以，掌握该核心功能下的各个子功能的自定义配置一般即可满足日常工作所需。

至此，我们介绍完了 Spring Security 所有的核心功能，接下来便是本书的最后一章，我们看看如何基于 Spring Security 整体来构建安全可靠的微服务。

第 9 章　基于 Spring Security 整体构建安全可靠的微服务

在本书前面各章中，我们对于 Spring Security 框架本身以及其核心功能（认证、授权与针对常见漏洞保护）进行了介绍与实践使用，重点是各个核心功能的具体原理细节与对应包含的功能内容针对性的配置使用实践。本书进行至此，相信读者的脑海中开始逐渐建立起针对 Spring Security 框架及其细节的基本认识。

而在本章中，我们将登堂入室，步入真正的实践环节，结合前面各章节所讲内容来构建应用程序，使用 Spring Security 的整体功能来构建目前日常工作过程中使用较多的微服务，以期达到整体应用程序的安全性与可靠性。

在讲解脉络上，本章采用先理论后实践的顺序，先帮助读者补齐几个整体解决方案的介绍，然后基于整体解决方案进行具体的开发实践，最后进行启动测试，整体上检查我们搭建的微服务是否安全可靠。

9.1　知识点前置讲解

为满足不同类型读者的实践接受度，也为了让读者的学习曲线更平滑，在介绍整体解决方案前需要对其中涉及的相关知识点进行前置讲解，对于需要了解的前置知识，主要有授权协议 oauth2、认证协议 oidc、令牌标准 jwt 三个方面，其中：

（1）授权协议 oauth2 主要在应用程序的访问控制方面进行使用。

（2）认证协议 oidc 则是在授权协议 oauth2 的基础上的一个认证相关协议，主要在应用程序的身份认证与访问控制方面进行使用。

（3）令牌标准 jwt 则是应用于授权协议 oauth2 与认证协议 oidc 之中。

对于这几个方面内容的提前了解，有助于后续的开发实践，简单来说，就是可以让我们在后续的开发实践中不仅知其然更能知其所以然。

9.1.1　授权协议 oauth2

oauth2（即 OAuth 2.0）是一个标准的授权相关的协议，可以在应用程序的访问控制方面进行使用。对于授权协议 OAuth 2.0 的了解，可以从 OAuth 2.0 中包含的相关概念与处理流程这两个方面开始，下面了解一下几种常见的授权类型。

1．相关概念

OAuth 2.0 中包含的相关概念及描述见表 9-1。

表 9-1　OAuth 2.0 相关概念及描述

概 念 名 称	描　　　述
资源所有者（resource owner）	使用应用程序的相关用户
资源服务（resource server）	一系列的后台业务服务
客户端（client）	代理服务
授权服务（authorization server）	专门处理用户授权的服务

2．处理流程

在了解了以上概念后，我们再来看看 OAuth 2.0 的大体处理流程，其中会包含以上概念，如图 9-1 所示。

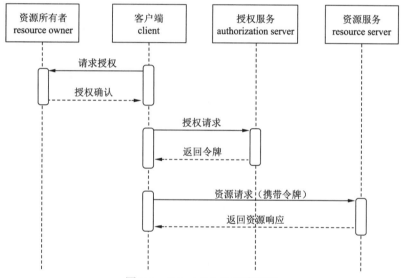

图 9-1　OAuth 2.0 处理流程图

从图 9-1 中可以看到，OAuth 2.0 的大体流程主要分为以下三步。

（1）资源所有者 resource owner 与客户端 client 的交互。

客户端 client 会对资源所有者 resource owner 发起请求，主要是请求资源所有者 resource owner 进行相关授权，最后获取到授权确认。

（2）客户端 client 与授权服务 authorization server 的交互。

客户端 client 会结合上一步中获取到的授权确认对授权服务 authorization server 发起请求，主要是请求授权服务 authorization server 进行授权处理，最后获取到授权相关令牌。

（3）客户端 client 与资源服务 resource server 的交互。

客户端 client 会结合上一步中获取到授权相关令牌对资源服务 resource server 发起

请求，主要是访问受限资源，并最后获取相关响应。

3．授权类型

在 OAuth 2.0 中，常见的授权类型主要有授权码授权、密码授权和客户端凭证授权三种。

（1）授权码授权

授权码授权主要是通过使用授权码的方式来进行授权获取令牌，它是 OAuth 2.0 中最常用的授权类型，也是接下来要重点讲解的。

（2）密码授权

密码授权是通过使用用户名与密码的方式进行授权以获取令牌，但是该授权类型的客户端要直接使用到用户名与密码，安全方面存在隐患，因此在应用实践 OAuth 2.0 时已经不再推荐使用。

（3）客户端凭证授权

客户端凭证授权一般是通过使用事先约定或申请好的客户端凭证的方式来进行授权以获取令牌。该授权方式更适用于特定的业务场景，比如说当客户端本身也是一个资源所有者时，并且客户端自身还需要通过资源服务去获取相关资源信息。

接下来，我们就重点讲解授权码授权类型，图 9-2 为具体的处理流程，我们先直观了解一下。

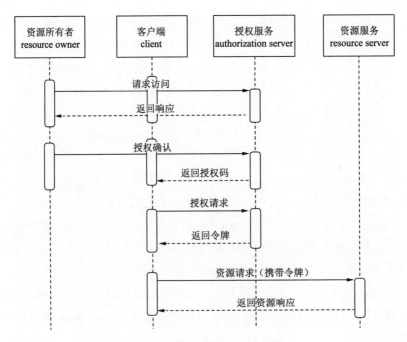

图 9-2　授权码授权处理流程图

从图 9-2 中可以看到，授权码授权处理流程主要分为以下几步：

（1）资源所有者 resource owner、客户端 client 与授权服务 authorization server 的交互。资源所有者 resource owner 会通过客户端 client 来访问授权服务 authorization server，授权服务 authorization server 返回需要资源所有者 resource owner 授权确认的响应。

（2）资源所有者 resource owner、客户端 client 与授权服务 authorization server 的交互。资源所有者 resource owner 会对授权服务 authorization server 发起授权确认的请求，授权服务 authorization server 接收到授权确认请求后，会返回授权码至客户端 client。

（3）客户端 client 与授权服务 authorization server 的交互。客户端 client 会结合上一步中获取到的授权码对授权服务 authorization server 发起授权请求，最后获取到授权相关令牌。

（4）客户端 client 与资源服务 resource server 的交互。客户端 client 会结合上一步中获取到授权相关令牌对资源服务 resource server 发起请求并获取相应响应。

通过以上流程梳理不难看出，授权码授权的处理流程与 OAuth 2.0 大体处理流程基本类似，主要区别在于资源所有者 resource owner 的授权确认与客户端 client 接收授权码并对授权服务 authorization server 进行授权请求上。

9.1.2　认证协议 oidc

oidc（即 OpenID Connect 1.0）是 OAuth 2.0 基础之上的一个标准的认证相关协议，主要用在应用程序的身份认证与访问控制中，相较于 OAuth 2.0，OpenID Connect 1.0 最主要的区别就是在 OAuth 2.0 授权的基础上多了一个身份认证，可以将其简单理解为 OAuth 2.0 与身份认证的集合。

对于认证协议 oidc 的了解，同样可以从 OpenID Connect 1.0 中包含的相关概念与处理流程这两个方面开始。

1．相关概念

OpenID Connect 1.0 中包含的相关概念及描述见表 9-2。

表 9-2　OpenID Connect 1.0 相关概念及描述

概 念 名 称	描　　述
最终用户（End-User）	一般简称为 EU，可以将其理解为 OAuth 2.0 中的资源所有者 resource owner
OpenID 提供者（OpenID Provider）	一般简称为 OP，可以将其理解为 OAuth 2.0 中的授权服务 authorization server
依赖者（Relying Party）	一般简称为 RP，可以将其理解为 OAuth 2.0 中的客户端 client

需要注意的是，在 OpenID Connect 1.0 中，OpenID 提供者 OpenID Provider 虽然可以理解为 OAuth 2.0 中的授权服务 authorization server，但是相较于 OAuth 2.0 中的授权服务 authorization server 来说，OpenID Connect 1.0 中 OpenID 提供者 OpenID Provider

除了处理用户授权之外，还额外处理了用户身份认证。

2. 处理流程

了解了相关概念，下面通过图 9-3 来了解 OpenID Connect 1.0 的大体处理流程。

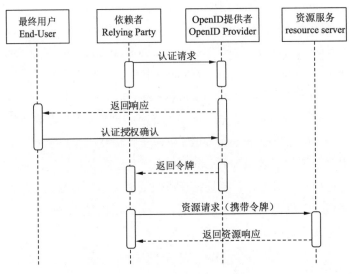

图 9-3　OpenID Connect 1.0 处理流程图

可以看到，OpenID Connect 1.0 的大体流程主要分为以下几步。

（1）依赖者 Relying Party 与 OpenID 提供者 OpenID Provider 的交互。依赖者 Relying Party 会对 OpenID 提供者 OpenID Provider 发起认证请求，以便于获取令牌。

（2）OpenID 提供者 OpenID Provider 与最终用户 End-User 的交互。OpenID 提供者 OpenID Provider 会结合上一步中接收到的认证请求，返回需要最终用户 End-User 进行认证及授权确认的响应，最终用户 End-User 进行相关的身份认证及授权确认。

（3）OpenID 提供者 OpenID Provider 与依赖者 Relying Party 的交互。OpenID 提供者 OpenID Provider 会结合上一步中接收到的认证授权确认，对依赖者 Relying Party 返回相应的令牌。

（4）依赖者 Relying Party 与资源服务 resource server 的交互。依赖者 Relying Party 会结合上一步中获取到相应令牌对资源服务 resource server 发起资源请求及获取相应响应。

在以上流程中，依赖者 Relying Party 还可以通过相应令牌对 OpenID 提供者 OpenID Provider 发起获取用户相关信息的请求并获取相应响应。

需要注意的是，授权码授权类型在 OpenID Connect 1.0 中的处理流程虽然与其在 OAuth 2.0 中的处理流程类似，但是在细节上有细微差异，具体体现在用户的身份认证需要在授权服务 authorization server（也就是 OpenID 提供者 OpenID Provider）中完成；除此之外，在用户认证授权完成后返回的令牌中会比在 OAuth 2.0 中多一个 ID Token，该 Token 内包含着用户的相关信息。

9.1.3　令牌标准 jwt

在前面介绍授权协议 oauth2 与认证协议 oidc 时，有提到授权服务 authorization server 会返回令牌到客户端 client，而这个返回的令牌则可以采用不同的形式，比如说就是一个 uuid 字符串或者是一个集合对象等。不过，在实际工作过程中，主流的做法是采用 jwt，这也是我们为什么在介绍完认证授权协议后才介绍 jwt 的原因。

那么 jwt 是什么呢？

简单来说，jwt（JSON Web Token）就是一个协议标准，可以先将其简单理解为安全传递包含着 json 对象的集合，它可以用在授权协议 oauth2 与认证协议 oidc 中，在后续的整体解决方案以及相应的开发实践环节中也将使用 jwt，所以需要对 jwt 有所了解。

对于令牌标准 jwt 的了解主要集中在它的三个组成部分，具体如下：

- 头部 Header：主要包含着签名算法与令牌类型。
- 载荷 Payload：主要包含着用户等相关的关键信息。
- 签名 Signature：主要包含的内容即签名相关信息。

接下来，就通过一个小例子来看一下 jwt 的表现形式，以便于加深对 jwt 及其三个组成部分的理解，具体如下：

```
eyJhbGciOiJIUzI1NiIsInR5cCI6IkpXVCJ9.
eyJ1c2VyX2lkIjoiMSIsInVzZXJfbmFtZSI6InpoYW5nc2FuIn0.
qZ7NuaCwXqvuyw3P8xCgIobOYJG-ZS1ecguyQtvTA0o
```

从以上代码中可以看到，其中包含了两个点的符号 "."，通过这两个点可以将以上内容分隔为三个组成部分，分别对应着头部 Header、载荷 Payload、签名 Signature，如果要对其进行解析的话，可以利用 jwt 官网的调试器（https://jwt.io/#debugger-io）来进行解析，具体解析如图 9-4 所示。

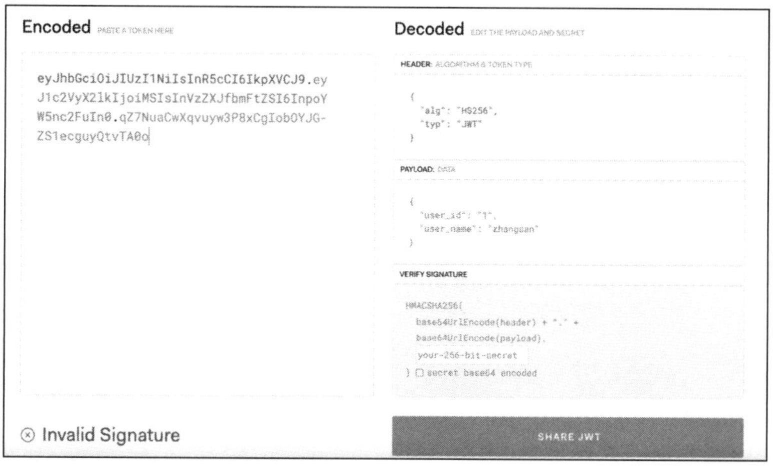

图 9-4　jwt 解析图

从图 9-4 中可以看到，前面示例的 jwt 在解析后，头部 Header 中包含签名算法即 HS256 与令牌类型即 JWT，载荷 Payload 中包含用户 ID 与用户名，而签名中即使用签名算法对头部 Header 与载荷 Payload 进行加密的签名信息。

需要注意的是，在图 9-4 中，左下角提示对签名进行校验时，签名校验失败，原因是在签名信息中使用的 secret 密钥不正确，在前面示例的 jwt 中使用的 secret 密钥为 123456，如果将 secret 密钥进行调整即可签名校验通过。

读者如果对 jwt 感兴趣的话，可以访问其官网（https://jwt.io/）进行进一步地学习与探索。

行文至此，对于整体解决方案的前置知识就足够了，接下来就进入正题，看看整体解决方案。

9.2　整体解决方案

本节中对于整体解决方案的介绍主要分为方案设计和实现思路两个部分，其中方案设计主要是介绍方案中包含的主要内容与其中的处理流程细节，而实现思路则是根据设计的方案提前整理思路，理清对应的开发实现计划。

9.2.1　方案设计

在介绍方案设计之前，需要先回顾一下前面章节中介绍的微服务架构下的整体软件安全处理，在微服务架构下，应用程序主要的认证通过网关进行处理，授权通过各个业务服务进行处理，也就是说，在微服务架构下认证采用的是前置处理，而授权采用的是后置处理。

因为在本章中使用 Spring Security 整体构建安全可靠的微服务，就是基于此前介绍的微服务架构下的整体软件安全处理解决方案而展开的。这也是笔者带领大家回顾这些内容的目的所在。

1．方案包含内容

我们就先通过整体解决方案处理图（图 9-5）来了解一下整体解决方案中包含的具体内容。

从图 9-5 中可以看到，在使用 Spring Security 整体构建安全可靠的微服务时，与此前介绍的微服务架构下的整体软件安全处理类似，即认证采用前置处理，授权采用后置处理，数据库层面进行数据存储安全处理，数据传输安全则包含在所有的通信交互中。但是它们也存在着不同，虽然都是采用认证前置处理，但是本解决方案中，具体的认证授权不再是包含在 API 网关中直接由 API 网关进行处理，而是由单独的认证授权服务来进行前期的认证授权处理。

之所以这样设计，其实是为了应用认证授权协议，另外，既然应用认证授权协议，那么就相应的会使用到令牌，而令牌的采用即为前置知识中介绍的 jwt。

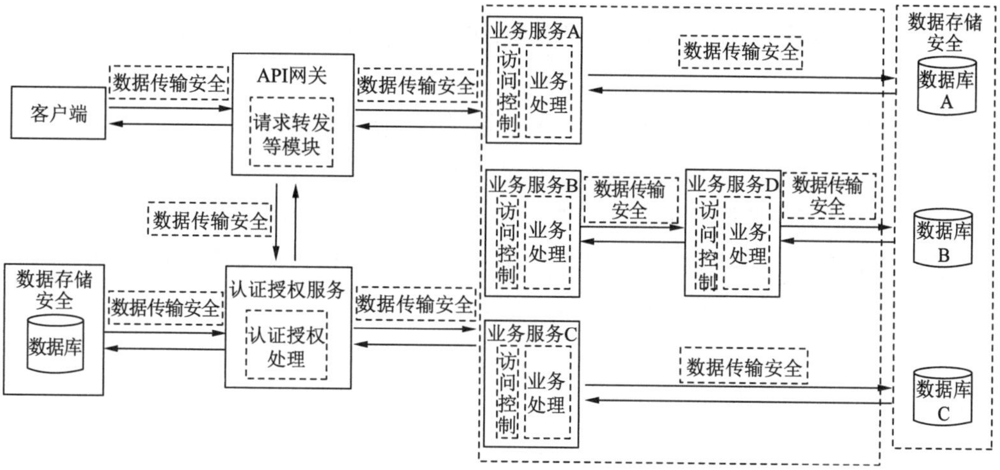

图 9-5　基于 Spring Security 构建安全可靠的微服务整体解决方案处理图

需要说明的是，在整体解决方案中使用的是认证协议 oidc，而不单单是授权协议 oauth2，根据此前的介绍，应用了认证协议 oidc 其实也就应用了授权协议 oauth2。

2．方案中各服务与协议概念的对应关系

读者在此处可能还存在疑问，通过图 9-5 无法直接与认证协议 oidc 或者授权协议 oauth2 中的相关概念建立对应关系，接下来，我们就梳理一下整体解决方案处理图中各个服务对应的协议概念。

首先是整体解决方案处理图中的客户端，其对应着认证协议 oidc 中的最终用户 End-User，也就是授权协议 oauth2 中的资源所有者 resource owner。

其次是整体解决方案处理图中的 API 网关，其对应着认证协议 oidc 中的依赖者 Relying Party，也就是授权协议 oauth2 中的客户端 client。

再次是整体解决方案处理图中的认证授权服务，其对应着认证协议 oidc 中的 OpenID 提供者 OpenID Provider，也就是授权协议 oauth2 中的授权服务 authorization server。

最后是整体解决方案处理图中的业务服务，其对应着认证协议 oidc 与授权协议 oauth2 中的资源服务 resource server。

3．业务交互流程

通过前面所讲，我们可以确定整体解决方案中使用的协议为认证协议 oidc，使用的授权类型为授权码授权，那么，对于整体解决方案的业务交互流程，其实也就确定了，它与授权协议 oauth2 中的授权码授权处理流程类似。不过，为了更好地理解整体解决方案，我们结合图 9-5 中的各个服务来说明一下业务处理流程步骤。

（1）客户端用户首先会通过 API 网关来访问认证授权服务。

（2）认证授权服务接收到请求后会要求客户端用户进行身份认证与授权确认。

（3）在客户端用户进行身份认证与授权确认后，认证授权服务会返回授权码至 API 网关。

（4）API 网关接收到授权码后对认证授权服务发起授权请求。

（5）认证授权服务将相关令牌返回至 API 网关。

（6）API 网关通过携带相关令牌对业务服务发起请求并获取响应。

需要注意的是，在以上流程中，客户端用户的认证与授权都是在认证授权服务中完成的，需要先进行身份认证才能进行授权确认。

9.2.2 实现思路

实现思路依据方案设计而来，主要分为微服务的划分和内容明确两步。

1．进行微服务的划分

对于微服务的划分，依据整体解决方案处理图即可完成，其中已经体现最基础的核心服务：认证授权服务、API 网关和业务服务。

需要注意的是，此处只划分了这三个服务，并没有微服务架构中普遍使用的服务注册中心、统一配置中心等服务，这是为了将关注的重点集中在要实现的核心服务上，在日常实际工作过程中需要按照项目实际业务情况进行其他服务的添加。

2．明确划分的各个服务的具体实现内容

（1）认证授权服务

在认证授权服务中，需要做的实现具体主要有：

- 进行自定义授权服务的配置与实现。
- 进行自定义认证的配置与实现。
- 进行 jwt 的配置与实现。
- 进行自定义认证与授权页面的实现。

（2）API 网关

在 API 网关中，需要做的实现具体主要有：

- 进行客户端的配置。
- 进行业务服务路由的配置。
- 进行默认页面的实现。

（3）业务服务

在业务服务中，需要做的实现具体主要有：

- 进行资源服务的配置。
- 进行自定义授权的配置与实现。

- 进行 jwt 的配置与实现。
- 进行具体业务的实现。

在对整体解决方案的实现思路进行梳理后，就可以参照此实现思路来实际动手进行相应编码实现了。

9.3 认证授权服务

在进行认证授权服务的实践操作前，为了便于在项目结构上统一管理划分的各个微服务，在此会先建立一个父级 pom，其内容如下：

```xml
<?xml version="1.0" encoding="UTF-8"?>
<project xmlns="http://maven.apache.org/POM/4.0.0" xmlns:xsi="http://www.w3.org/2001/XMLSchema-instance"
        xsi:schemaLocation="http://maven.apache.org/POM/4.0.0 https://maven.apache.org/xsd/maven-4.0.0.xsd">
    <modelVersion>4.0.0</modelVersion>


    <groupId>com.example</groupId>
    <artifactId>auth</artifactId>
    <version>0.0.1-SNAPSHOT</version>
    <modules>
      <module>auth-server</module>
      <module>gateway</module>
      <module>resource-server</module>
    </modules>


    <packaging>pom</packaging>


    <properties>
        <java.version>1.8</java.version>
        <!--spring boot-->
        <spring-boot.version>2.7.2</spring-boot.version>
        <!--spring-cloud-->
        <spring-cloud.version>2021.0.5</spring-cloud.version>
        <!--mybatis-spring-boot-->
        <mybatis-spring-boot.version>2.3.0</mybatis-spring-boot.version>
        <!--spring-security-oauth2-authorization-server-->
        <spring-security-oauth2-authorization-server.version>0.3.1</spring-security-oauth2-authorization-server.version>
    </properties>
```

```
</project>
```

从以上内容可以看到，在该父级 pom 中主要是定义了各个划分的微服务，其中，auth-server 即认证授权服务、gateway 即 API 网关、resource-server 即业务服务；另外还定义了 spring boot、spring cloud 等依赖版本，以便于各个子模块使用统一的依赖版本。

接下来就进入正题，进行认证授权服务的实践操作。依据实现思路来进行认证授权服务的具体编码实现，我们来梳理一下具体的步骤。

（1）初始化项目结构与配置：建立认证授权服务开发实践的基础框架以便于后续的实现处理。

（2）自定义授权服务的配置与实现：对相关授权服务及客户端等进行设置。

（3）自定义认证的配置与实现：便于客户端用户认证使用。

（4）jwt 的配置与实现：对使用的 jwt 进行设置以及进行相关的自定义 token 的实现。

（5）自定义认证授权页面实现：为了后续更直观方便地进行测试使用。

9.3.1 初始化项目结构与配置

对于项目的初始化操作，在前面介绍 Spring Security 的基础使用时已经有过详细的介绍，所以对于此处的初始化项目结构，介绍的重点在于认证授权服务所选择的六个相关依赖，如图 9-6 所示。

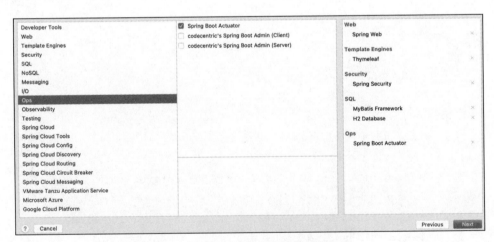

图 9-6　认证授权服务项目初始化依赖图

对于以上依赖（图 9-6 右侧），此前在自定义认证的实践中已经有过相关的介绍，所以在此就不再赘述，

除了以上依赖之外，还需要手动添加一个依赖，即 Spring Authorization Server。该

依赖是基于 Spring Security 实现的一个授权服务，在其中对于授权协议 oauth2 与认证协议 oidc 都有相关的定义与实现，可以直接拿来使用，以便于能够快速完成认证授权服务的开发实践。

　　还需要说明的是，在此前使用旧版本的 Spring Security 时，一般要实现授权服务的话，都是选用 Spring Security OAuth，在此处之所以没有选用 Spring Security OAuth，而是选用 Spring Authorization Server 的原因是 Spring Security OAuth 目前已经停止维护了，所以建议在使用新版本的 Spring Security 时，实现授权服务时直接选用最新的 Spring Authorization Server 来完成。

　　了解了认证授权服务的相关依赖后，就可以直接通过使用开发工具 IntelliJ IDEA 来生成项目的初始化结构了，在项目的初始化完成后，在 pom 的依赖中手动添加 Spring Authorization Server 即可，最终的 pom 文件内容如下：

```xml
<?xml version="1.0" encoding="UTF-8"?>
<project xmlns="http://maven.apache.org/POM/4.0.0" xmlns:xsi="http://
www.w3.org/2001/XMLSchema-instance"
        xsi:schemaLocation="http://maven.apache.org/POM/4.0.0 https://
maven.apache.org/xsd/maven-4.0.0.xsd">
    <modelVersion>4.0.0</modelVersion>
    <parent>
        <groupId>com.example</groupId>
        <artifactId>auth</artifactId>
        <version>0.0.1-SNAPSHOT</version>
    </parent>


    <artifactId>auth-server</artifactId>
    <name>auth-server</name>
    <description>Demo project for Spring Boot</description>


    <dependencyManagement>
        <dependencies>
            <dependency>
                <groupId>org.springframework.boot</groupId>
                <artifactId>spring-boot-dependencies</artifactId>
                <version>${spring-boot.version}</version>
                <type>pom</type>
                <scope>import</scope>
            </dependency>
        </dependencies>
```

```xml
    </dependencyManagement>

    <dependencies>
        <dependency>
            <groupId>org.springframework.boot</groupId>
            <artifactId>spring-boot-starter-actuator</artifactId>
        </dependency>
        <dependency>
            <groupId>org.springframework.boot</groupId>
            <artifactId>spring-boot-starter-security</artifactId>
        </dependency>
        <dependency>
            <groupId>org.springframework.boot</groupId>
            <artifactId>spring-boot-starter-thymeleaf</artifactId>
        </dependency>
        <dependency>
            <groupId>org.springframework.boot</groupId>
            <artifactId>spring-boot-starter-web</artifactId>
        </dependency>
        <dependency>
            <groupId>org.mybatis.spring.boot</groupId>
            <artifactId>mybatis-spring-boot-starter</artifactId>
            <version>${mybatis-spring-boot.version}</version>
        </dependency>
        <dependency>
            <groupId>org.thymeleaf.extras</groupId>
            <artifactId>thymeleaf-extras-springsecurity5</artifactId>
        </dependency>

        <dependency>
            <groupId>com.h2database</groupId>
            <artifactId>h2</artifactId>
            <scope>runtime</scope>
        </dependency>
        <dependency>
            <groupId>org.springframework.boot</groupId>
            <artifactId>spring-boot-starter-test</artifactId>
            <scope>test</scope>
        </dependency>
```

```xml
        <dependency>
            <groupId>org.springframework.security</groupId>
            <artifactId>spring-security-test</artifactId>
            <scope>test</scope>
        </dependency>

        <dependency>
            <groupId>org.springframework.security</groupId>
            <artifactId>spring-security-oauth2-authorization-server</artifactId>
            <version>${spring-security-oauth2-authorization-server.version}</version>
        </dependency>
    </dependencies>

    <build>
        <plugins>
            <plugin>
                <groupId>org.springframework.boot</groupId>
                <artifactId>spring-boot-maven-plugin</artifactId>
            </plugin>
            <plugin>
                <groupId>org.apache.maven.plugins</groupId>
                <artifactId>maven-compiler-plugin</artifactId>
                <configuration>
                    <source>8</source>
                    <target>8</target>
                </configuration>
            </plugin>
        </plugins>
    </build>

</project>
```

完成了以上操作后，就可以通过配置文件 application.yml 对项目进行初始化配置，具体配置内容如下：

```yaml
server:
  port: 9090

management:
```

```
server:
  port: 19090
endpoint:
  shutdown:
    enabled: true
endpoints:
  web:
    exposure:
      include: shutdown
```

以上示例内容中主要定义了认证授权服务的端口号以及相应的安全停止配置，此前对于安全停止配置已经有过相关介绍，这里不再赘述。

9.3.2　自定义授权服务的配置与实现

对于自定义授权服务的配置，主要是在项目的配置文件 application.yml 中进行数据库相关的配置，具体如下所示：

```
spring:
  datasource:
    driverClassName: org.h2.Driver
    url: jdbc:h2:mem:dbtest;database_to_upper=false
    username: sa
    password: 123456
  sql:
    init:
      platform: h2
      schema-locations:
        - classpath:org/springframework/security/oauth2/server/auth or
ization/oauth2-authorization-schema.sql
        - classpath:org/springframework/security/oauth2/server/authori
zation/oauth2-authorization-consent-schema.sql
        - classpath:org/springframework/security/oauth2/server/authoriz
ation/client/oauth2-registered-client-schema.sql
    h2:
      console:
        enabled: true
        path: /h2
```

以上配置内容主要是对项目中需要使用到的数据源、授权服务初始化表结构以及数据库控制台与访问路径进行了相关配置。需要注意的是，授权服务初始化表结构直接使用的是 Spring Authorization Server 中自带的表结构，感兴趣的话可以自行通过以上配置中的路径进行查阅了解。

　　完成了自定义授权服务的配置后，接下来看一下自定义授权服务的实现，只需新建一个 AuthServerConfiguration 配置类即可，具体实现内容如下：

```
@Configuration
public class AuthServerConfiguration {


    //定义授权过滤器链，其中需要关注的重点即自定义了授权确认页面路径与发生异常时自
定义认证路径，与此同时，开启了认证协议 oidc 中的用户信息端点
    @Order(Ordered.HIGHEST_PRECEDENCE)
    @Bean
    public SecurityFilterChain oAuth2AuthorizationServerSecurityFilter
Chain(HttpSecurity http) throws Exception {
        OAuth2AuthorizationServerConfigurer<HttpSecurity> oAuth2Authori
zationServerConfigurer = new OAuth2AuthorizationServerConfigu rer<>();
        http.apply(oAuth2AuthorizationServerConfigurer);
        oAuth2AuthorizationServerConfigurer.authorizationEndpoint(auth
orizationEndpoint ->
                authorizationEndpoint.consentPage("/consent/custom")
        );
        http
                .requestMatcher(oAuth2AuthorizationServerConfigurer.get
EndpointsMatcher())
                .authorizeHttpRequests(authorizeHttpRequests ->
                    authorizeHttpRequests.anyRequest().authenticated()
                )
                .csrf(csrf ->
                    csrf.ignoringRequestMatchers(oAuth2Authorization
ServerConfigurer.getEndpointsMatcher())
                )
                .oauth2ResourceServer(oauth2ResourceServer ->
                    oauth2ResourceServer.jwt()
                )
                .exceptionHandling(exceptionHandling ->
                    exceptionHandling.authenticationEntryPoint(new
LoginUrlAuthenticationEntryPoint("/index"))
                )
        ;
        return http.build();
    }
```

```
//定义授权服务信息，其中主要是定义了授权服务的 url 地址信息
@Bean
public ProviderSettings providerSettings() {
    return ProviderSettings
            .builder()
            .issuer("http://localhost:9090")
            .build();
}


//定义持久化的注册客户端，其中内置了一条注册客户端数据，以便于后续 API 网关作为
注册客户端使用
@Bean
public   RegisteredClientRepositoryregisteredClientRepository(Jdbc
Template jdbcTemplate) {
    JdbcRegisteredClientRepositoryjdbcRegisteredClientRepository =
new JdbcRegisteredClientRepository(jdbcTemplate);
    RegisteredClient registeredClient = RegisteredClient
            .withId("gateway")
            .authorizationGrantType(AuthorizationGrantType.AUTHORIZ
ATION_CODE)
            .authorizationGrantType(AuthorizationGrantType.REFRESH_
TOKEN)
            .clientName("client-gateway")
            .clientId("client-id-gateway")
            .clientSecret("$2a$10$JKK/GaaVcvxOVlLg6ZkUkO.43YkCIM7
piohN07jJzi.isb2E1UHMu")
            .clientAuthenticationMethod(ClientAuthenticationMethod.
CLIENT_SECRET_BASIC)
            .redirectUri("http://127.0.0.1:8080/login/oauth2/code/
client-gateway")
            .scopes(scopes ->
                    scopes.addAll(Arrays.asList(OidcScopes.OPENID,
"resource-read", "resource-write"))
            )
            .clientSettings(
                    ClientSettings
                            .builder()
                            .requireAuthorizationConsent(true)
                            .build()
```

```
            )
            .tokenSettings(
                TokenSettings
                    .builder()
                    .accessTokenTimeToLive(Duration.ofDays(30))
                    .build()
            )
            .build();
        jdbcRegisteredClientRepository.save(registeredClient);
        return jdbcRegisteredClientRepository;
    }


    //定义持久化的授权服务
    @Bean
    public      OAuth2AuthorizationServiceoAuth2AuthorizationService(Jdbc
Template jdbcTemplate, RegisteredClientRepository registeredClientReposito ry)
{
        return   new    JdbcOAuth2AuthorizationService(jdbcTemplate,
registeredClientRepository);
    }


    //定义持久化的授权确认服务
    @Bean
    public  OAuth2AuthorizationConsentServiceoAuth2AuthorizationConsent
Service(JdbcTemplate jdbcTemplate, RegisteredClientRepository registered
ClientRepository) {
        return new JdbcOAuth2AuthorizationConsentService(jdbcTemplate,
registeredClientRepository);
    }

}
```

　　通过以上内容即可使得自定义授权服务生效，至此，自定义授权服务相关内容即实现完毕，接下来就看一下自定义认证的配置与实现。

9.3.3　自定义认证的配置与实现

　　对于自定义认证的配置，主要是在项目的配置文件 application.yml 中添加自定义认证相关的自定义数据库表结构与初始化数据，同时由于自定义认证中有使用到 mybatis，因此也添加了 mybatis 的对应配置，具体如下：

```
spring:
  sql:
    init:
      platform: h2
      schema-locations:
        - classpath:db/schema.sql
      data-locations: classpath:db/data.sql

mybatis:
  mapper-locations: classpath:mybatis/*.xml
  configuration:
    map-underscore-to-camel-case: true
```

对于自定义认证的实现，主要的代码实现都是直接复用此前自定义认证实践中的代码，这主要是为了将此前的自定义认证在本章中进行串联，一方面加深对自定义认证的理解，另一方面降低认证授权服务实现的理解难度。

在接下来的自定义认证实现中，我们主要看有细微改动的两个实现类：对于 Spring Security 的配置类与自定义的身份认证对象类。

首先，看一下对于 Spring Security 的配置类 CustomAuthnHttpSecurityConfiguration，具体内容如下：

```
@Configuration
public class CustomAuthnHttpSecurityConfiguration {

    @Autowired
    private CustomAuthnService customAuthnService;

    @Bean
    public SecurityFilterChainfilterChain(HttpSecurity http) throws
Exception {
        http
            .authorizeHttpRequests(authorizeHttpRequests ->
                    authorizeHttpRequests
                            .antMatchers("/index","/actuator/**","/h2/
**").permitAll()
                            .anyRequest().authenticated()
            )
            .csrf(csrf ->
                    csrf.ignoringAntMatchers("/actuator/**","/h2/**"))
            .headers(headers ->
```

```
                         headers.frameOptions().sameOrigin())
                .formLogin(formLogin ->
                         formLogin.loginPage("/index"))
            ;
        AuthenticationManager authenticationManager = http.getSharedObj
ect(AuthenticationManager.class);
        http.addFilterBefore(customAuthnFilter(authenticationManager),
UsernamePasswordAuthenticationFilter.class);
        return http.build();
    }


    @Bean
    public  AuthenticationManagerauthenticationManager(Authentication
Configuration authConfig) throws Exception {
        return authConfig.getAuthenticationManager();
    }


    @Bean
    public   CustomAuthnFiltercustomAuthnFilter(AuthenticationManager
authenticationManager) {
        CustomAuthnFilter customAuthnFilter = new CustomAuthnFilter();
        customAuthnFilter.setAuthenticationManager(authenticationManager);
        return customAuthnFilter;
    }


    @Bean
    public BCryptPasswordEncoder passwordEncoder() {
        return new BCryptPasswordEncoder();
    }


    @Bean
    public AuthenticationProvider authenticationProvider(){
        CustomAuthnProvidercustomAuthnProvider = new CustomAuthnProvider
(passwordEncoder(), customAuthnService);
        return customAuthnProvider;
    }


}
```

与此前自定义认证实践中的内容相比，不难看出，以上代码主要是对该配置类进行了简化，仅保留了自定义认证最基础的功能实现，这么做的目的是尽量降低添加自定义认证后对于认证授权服务的理解难度。

再来看一下自定义身份认证对象类 CustomAuthnToken 的实现，具体内容如下：

```
@JsonTypeInfo(use=JsonTypeInfo.Id.CLASS, property="@class")
public class CustomAuthnToken extends UsernamePasswordAuthentication
Token {

    private static final long serialVersionUID = 1L;

    private String captcha;

    publicCustomAuthnToken(Stringusername,Stringpassword,Stringcaptcha){
        super(username, password);
        this.captcha = captcha;
    }

    public CustomAuthnToken(String username, String password, Collectio
n<? extends GrantedAuthority> authorities) {
        super(username, password, authorities);
    }

    public String getCaptcha() {
        return captcha;
    }

}
```

同样与此前自定义认证实践中的内容相比，可以看出，变化是在该实现类上添加了 JsonTypeInfo 的注解，如此变动是因为使用授权服务时该自定义身份认证对象会存在序列化的问题，而添加该注解用于解决序列化问题。

对于自定义认证的其他实现，如 Spring Security 配置类中引用的自定义认证过滤器 CustomAuthnFilter、认证提供者 CustomAuthnProvider 等都是直接复用的此前自定义认证实践中的代码，并无其他改动，不再重复进行演示。

最后需要说明的是，在用户进行自定义认证成功后，会在用户权限信息中将其能够访问的 url 路径放入其中，这一点在自定义授权实践中有过演示，主要是在 CustomAuthn Service 实现类中进行实现。

9.3.4 jwt 的配置与实现

对于 jwt 的配置与实现，主要通过两个配置类来进行完成，即 jwt 声明的配置类 Jwt Configuration 与自定义 token 实现的配置类 TokenConfiguration。

首先，看一下 jwt 声明的配置类 JwtConfiguration，具体内容如下：

```
@Configuration
public class JwtConfiguration {

    <1>
    @Bean
    public JwtDecoderjwtDecoder(JWKSource<SecurityContext> jwkSource) {
        return OAuth2AuthorizationServerConfiguration.jwtDecoder(jwkSource);
    }


    <2>
    @Bean
    public JWKSource<SecurityContext> jwkSource() throws NoSuchAlgorithm
Exception {
        KeyPairGenerator keyPairGenerator = KeyPairGenerator.getInstance
("RSA");
        keyPairGenerator.initialize(2048);
        KeyPair keyPair = keyPairGenerator.generateKeyPair();
        RSAKey rsaKey = new RSAKey
            .Builder((RSAPublicKey)keyPair.getPublic())
            .privateKey(keyPair.getPrivate())
            .build();
        return ((jwkSelector, context) -> jwkSelector.select(new JWKSet
(rsaKey)));
    }

}
```

以上代码内容中，标识<1>、<2>对应说明如下：

<1>：定义 jwt 解析对象，由于此前在授权服务配置中开启了认证协议 oidc 中的用户信息端点，所以在 jwt 的配置实现中必须声明此对象用于需要时进行令牌的解析校验；

<2>：定义 jwk 源，其实也就是 jwt 相关的密钥。

接下来看一下自定义 token 实现的配置类 TokenConfiguration，主要是对原有的 token 内容进行扩展，添加自定义的 token 内容，具体内容如下：

```
@Configuration
public class TokenConfiguration {
```

```java
    @Bean
    public OAuth2TokenCustomizer<JwtEncodingContext> oAuth2TokenCusto
mizer() {
        return context -> {
            if (OAuth2TokenType.ACCESS_TOKEN.equals(context.getTokenTyp
e())) {
                Authentication authentication = context.getPrincipal();
                List<String> authorities = authentication.getAuthorities
().stream().map(GrantedAuthority::getAuthority).collect(Collectors.toLis
t());
                context.getClaims().claim("permissions", authorities);
            }
            if (OidcParameterNames.ID_TOKEN.equals(context.getTokenType
().getValue())) {
                OidcUserInfo oidcUserInfo = OidcUserInfo
                    .builder()
                    .subject(context.getPrincipal().getName())
                    .phoneNumber("123456")
                    .build();
                context.getClaims().claims(claims -> claims.putAll(oidcUserInfo.
getClaims()));
            }
        };
    }

}
```

对于以上代码实现的具体理解，即对 token 类型进行判断，当 token 类型是 access_token 时，会在 token 内容中将自定义认证的权限添加进去；当 token 类型是认证协议 oidc 中的 id_token 时，会在 token 内容中初始化一个默认的手机号码 123456 在用户信息中。

以上即为 jwt 配置与实现的全部内容，需要注意的是，对于自定义 token 实现的配置类，在日常实际工作过程中可以根据自身实际业务情况进行扩展与修改，接下来就看一下自定义认证授权页面的实现。

9.3.5　自定义认证授权页面实现

对于自定义认证授权页面的实现，主要有两个页面的实现需要处理，一个是自定义认证的登录页面的实现，另一个是自定义授权确认页面的实现。前者直接复用自定义认证实践中的自定义登录页面代码及相应的控制器实现代码即可；我们重点看自定义授权确认页面的实现，即先在控制器中对自定义授权确认的路径映射进行实现，然后再实现相对应的前端展示页面。

在对自定义授权确认的路径映射进行实现前，需要说明的是，在此处示例中，为了减少控制器的文件数量，此处并没有额外新建一个自定义授权确认的控制器，而是直接在自定义认证页面控制器的基础上来对自定义授权确认的路径映射进行实现的，所以对于此处代码的具体实现，直接基于自定义认证页面控制器添加相应的自定义授权确认的路径映射实现即可，具体代码内容如下：

```
@Controller
public class IndexController {


    @Autowired
    private RegisteredClientRepositoryregisteredClientRepository;


    @Autowired
    privateOAuth2AuthorizationConsentServiceoAuth2AuthorizationConsent
Service;


    @GetMapping("/index")
    public String index() {
        return "index";
    }


    <1>
    @GetMapping("/consent/custom")
    public String consent(Model model, @RequestParam("client_id") String
clientId, @RequestParam("scope") String scope,
                    @RequestParam("state") String state, Principal
principal) {
        model.addAttribute("state", state);
        model.addAttribute("clientId", clientId);
        RegisteredClient registeredClient = registeredClientRepository.
findByClientId(clientId);
        String registeredClientId = registeredClient.getId();
        String principalName = principal.getName();
        OAuth2AuthorizationConsent oAuth2AuthorizationConsent =
                oAuth2AuthorizationConsentService.findById(registered
ClientId, principalName);
        Set<String> authorities = oAuth2AuthorizationConsent != null ?
oAuth2AuthorizationConsent.getScopes() : new HashSet<>();
```

```
        String[] scopeArray = scope.split(" ");
        Set<String> approvedScopes = Arrays.stream(scopeArray).filter(te
mpScope -> authorities.contains(tempScope)).collect(Collectors.toSet());
        Set<String> unApprovedScopes = Arrays.stream(scopeArray).filter
(tempScope
-> !authorities.contains(tempScope)).collect(Collectors.toSet());
        model.addAttribute("approvedScopes", approvedScopes);
        model.addAttribute("unApprovedScopes", unApprovedScopes);
        return "consent-custom";
    }


    }
```

以上代码内容中，需要关注的重点即标识<1>处，即自定义授权确认路径映射的相应实现，主要是将客户端信息以及相应的已授权未授权信息添加到前端页面上，以便于客户端用户进行授权确认的选择。

接下来，再看一下对应的自定义授权确认前端页面的实现，具体代码内容如下：

```html
<!DOCTYPE html>
<html xmlns="http://www.w3.org/1999/xhtml" xmlns:th="http://www.thym
eleaf.org">
    <head>
        <title>授权确认</title>
        <meta charset="utf-8" />
        <script>
            function confirm() {
                document.getElementById("authform").submit();
            }
            function cancel() {
                document.getElementById("authform").reset();
                confirm();
            }
        </script>
    </head>
    <body style="text-align:center;">
        <h3>授权确认</h3>
        <h5>
            应用<span th:text="${clientId}"></span>申请获得以下权限
        </h5>
        <form id="authform" th:action="@{/oauth2/authorize}" method="po st">
            <input type="hidden" name="client_id" th:value="${clientId}">
```

```
                    <input type="hidden" name="state" th:value="${state}">
                    <div th:each="unApprovedScope: ${unApprovedScopes}">
                        <input
                                type="checkbox"
                                name="scope"
                                th:value="${unApprovedScope}"
                                th:id="${unApprovedScope}">
                        <label th:text="${unApprovedScope}"></label>
                    </div>
                    <h5 th:if="${not #lists.isEmpty(approvedScopes)}">
                        已授权信息
                    </h5>
                    <div th:each="approvedScope: ${approvedScopes}">
                        <input
                                type="checkbox"
                                th:id="${approvedScope}"
                                disabled
                                checked>
                        <label th:text="${approvedScope}"></label>
                    </div>
                    <div style="margin:30px">
                        <button type="button" onclick="confirm();">
                            允许
                        </button>

                        <button type="button" onclick="cancel();">
                            取消
                        </button>
                    </div>
                </form>
            </body>
        </html>
```

　　以上代码内容即展示给客户端用户进行授权确认的页面内容,在该页面中客户端用户即会看到具体哪个客户端申请获得哪些权限,如果此前已经授予了相关权限信息也会在此页面中进行显示。

　　以上内容结合直接复用此前自定义认证实践中的对应代码即可完成自定义认证授权页面的实现,至此,认证授权服务就全部实现完毕,接下来,我们看一下 API 网关的具体实现。

9.4 API 网关

对于 API 网关的具体编码实现主要依据实现思路来进行实现处理，我们梳理一下具体的步骤。

（1）初始化项目结构与配置：建立 API 网关开发实践的基础框架以便于后续的实现处理。

（2）配置客户端信息：为了能够正常与认证授权服务进行交互处理。

（3）配置业务服务路由：为了能够将客户端用户的业务服务请求进行正常转发与响应。

（4）默认页面实现：为了后续更直观方便地进行测试使用。

9.4.1 初始化项目结构与配置

对于项目结构的初始化，主要介绍 API 网关所选择的五个相关依赖，如图 9-7 所示。

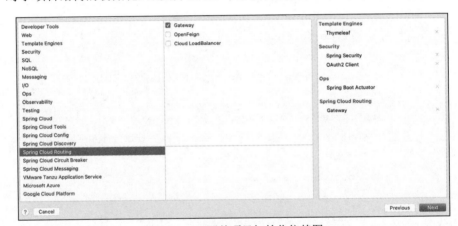

图 9-7 API 网关项目初始化依赖图

对于以上依赖，主要介绍此前未介绍过的 OAuth2 Client 与 Gateway。OAuth2 Client 依赖对应着此前介绍 Spring Security 模块内容时的 oauth2-client 模块，主要提供对 oauth2 客户端集成的功能实现与支持，而 Gateway 依赖则包含在 Spring Cloud 中的网关，在本示例中主要用于代理客户端用户的请求使用。

API 网关无须手动添加其他依赖，选择好相应的依赖后，直接通过使用开发工具 IntelliJ IDEA 来生成项目的初始化结构即可，最终的 pom 文件内容如下：

```
<?xml version="1.0" encoding="UTF-8"?>
<project xmlns="http://maven.apache.org/POM/4.0.0" xmlns:xsi="http://
www.w3.org/2001/XMLSchema-instance"
        xsi:schemaLocation="http://maven.apache.org/POM/4.0.0 https://
maven.apache.org/xsd/maven-4.0.0.xsd">
```

```xml
<modelVersion>4.0.0</modelVersion>
<parent>
    <groupId>com.example</groupId>
    <artifactId>auth</artifactId>
    <version>0.0.1-SNAPSHOT</version>
</parent>

<artifactId>gateway</artifactId>
<name>gateway</name>
<description>Demo project for Spring Boot</description>

<dependencyManagement>
    <dependencies>
        <dependency>
            <groupId>org.springframework.boot</groupId>
            <artifactId>spring-boot-dependencies</artifactId>
            <version>${spring-boot.version}</version>
            <type>pom</type>
            <scope>import</scope>
        </dependency>
        <dependency>
            <groupId>org.springframework.cloud</groupId>
            <artifactId>spring-cloud-dependencies</artifactId>
            <version>${spring-cloud.version}</version>
            <type>pom</type>
            <scope>import</scope>
        </dependency>
    </dependencies>
</dependencyManagement>

<dependencies>
    <dependency>
        <groupId>org.springframework.boot</groupId>
        <artifactId>spring-boot-starter-actuator</artifactId>
    </dependency>
    <dependency>
        <groupId>org.springframework.boot</groupId>
        <artifactId>spring-boot-starter-oauth2-client</artifactId>
    </dependency>
```

```xml
        <dependency>
            <groupId>org.springframework.boot</groupId>
            <artifactId>spring-boot-starter-security</artifactId>
        </dependency>
        <dependency>
            <groupId>org.springframework.boot</groupId>
            <artifactId>spring-boot-starter-thymeleaf</artifactId>
        </dependency>
        <dependency>
            <groupId>org.springframework.cloud</groupId>
            <artifactId>spring-cloud-starter-gateway</artifactId>
        </dependency>
        <dependency>
            <groupId>org.thymeleaf.extras</groupId>
            <artifactId>thymeleaf-extras-springsecurity5</artifactId>
        </dependency>

        <dependency>
            <groupId>org.springframework.boot</groupId>
            <artifactId>spring-boot-starter-test</artifactId>
            <scope>test</scope>
        </dependency>
        <dependency>
            <groupId>org.springframework.security</groupId>
            <artifactId>spring-security-test</artifactId>
            <scope>test</scope>
        </dependency>
    </dependencies>

    <build>
        <plugins>
            <plugin>
                <groupId>org.springframework.boot</groupId>
                <artifactId>spring-boot-maven-plugin</artifactId>
            </plugin>
        </plugins>
    </build>

</project>
```

完成以上操作后，接下来，我们就通过配置文件 application.yml 对项目进行初始化配置，具体如下：

```
server:
  port: 8080

management:
  server:
    port: 18080
  endpoint:
    shutdown:
      enabled: true
  endpoints:
    web:
      exposure:
        include: shutdown
```

以上示例内容与前面认证授权服务的项目初始化配置大致相同，唯一区别在于 API 网关的端口号及相应的安全停止管理端口号。

9.4.2　配置客户端信息

对于客户端信息的配置，最简便的办法就是通过项目的配置文件 application.yml 来进行配置，无须额外进行代码实现，具体如下：

```
spring:
  security:
    oauth2:
      client:
        registration:
          client-gateway:
            authorization-grant-type: authorization_code
            client-name: client-gateway
            client-id: client-id-gateway
            client-secret: client-secret-gateway
            client-authentication-method: client_secret_basic
            provider: provider-gateway
            redirect-uri:    "http://127.0.0.1:8080/login/oauth2/code/
client-gateway"
            scope: openid,resource-read,resource-write
        provider:
          provider-gateway:
            issuer-uri: http://localhost:9090
```

以上配置内容中主要是根据此前认证授权服务中定义的注册客户端信息与 url 地址

信息进行了相应的配置，如授权类型、客户端密钥、重定向 uri 等。这里需要注意的是，这些配置的内容一定要与认证授权服务中保持一致，不然就会导致 API 网关与认证授权服务的交互失败。

除此之外，在认证授权服务中定义注册客户端信息时密钥采用的是使用 BCrypt 加密算法加密后的字符串，在此处为了便捷显示，配置客户端信息时是直接填入的明文密钥，这一点还请读者注意。

9.4.3　配置业务服务路由

对于业务服务路由的配置，最简便的办法也是通过项目的配置文件 application.yml 进行配置，也无须额外进行代码实现，具体如下：

```
spring:
  cloud:
    gateway:
      default-filters:
        - TokenRelay=
      routes:
        - id: resource-server
          uri: http://127.0.0.1:8081
          predicates:
            - Path=/resource-server/**
          filters:
            - RewritePath=/resource-server/(?<segment>.*), /$\{segment}
```

以上配置内容中主要定义了业务服务的路由；需要注意的是，在路由的 uri 配置中由于未使用到服务注册中心，直接配置的是业务服务的 IP 地址与端口号，相当于在后续对业务服务进行具体实现时，需要将业务服务的端口号定义为以上配置的端口号。

另外，在以上配置中还配置了一个默认的过滤器 TokenRelay，这样，API 网关在转发请求时也会将令牌转发至业务服务。

9.4.4　默认页面实现

对于默认页面的实现，可以分为前端页面的实现和页面对应控制器实现两个步骤。

首先，看一下默认的前端页面的实现，主要展示给客户端用户 accessToken、refreshToken、idToken，以便于客户端用户进行相关令牌的查看，具体实现如下：

```
<!DOCTYPE html>
<html xmlns="http://www.w3.org/1999/xhtml" xmlns:th="http://www.thymeleaf.org">
    <head>
```

```
        <title>客户端</title>
        <meta charset="utf-8" />
    </head>
    <body>
        <h3>accessToken:</h3>
        <div th:text="${accessToken}"></div>
        <h3>refreshToken:</h3>
        <div th:text="${refreshToken}"></div>
        <h3>idToken:</h3>
        <div th:text="${idToken}"></div>
    </body>
</html>
```

接下来，我们看一下默认页面对应的控制器的实现，具体如下：

```
@Controller
public class InfoController {

    @GetMapping("/")
    public String info(Model model, Authentication authentication,
                    @RegisteredOAuth2AuthorizedClient OAuth2Authorized
Client oAuth2AuthorizedClient) {
        String accessToken = oAuth2AuthorizedClient.getAccessToken().get
TokenValue();
        model.addAttribute("accessToken", accessToken);
        String refreshToken = oAuth2AuthorizedClient.getRefreshToken().
getTokenValue();
        model.addAttribute("refreshToken", refreshToken);
        String idToken = "";
        Collection<? extends GrantedAuthority> authorities = authenticati
on.getAuthorities();
        for (GrantedAuthority grantedAuthority : authorities) {
            if (grantedAuthority instanceof OidcUserAuthority) {
                OidcUserAuthority oidcUserAuthority = (OidcUserAuthority)
grantedAuthority;
                idToken = oidcUserAuthority.getIdToken().getTokenValue();
                break;
            }
        }
        model.addAttribute("idToken", idToken);
        return "info";
```

```
        }

    }
```

以上代码内容中，主要做的事情是从后台获取前端页面需要展示给客户端用户的相关 token 的值，以便于前端默认页面的展示使用。

至此，API 网关就全部实现完毕，接下来，就是业务服务的具体实现。

9.5　业务服务

对于业务服务的具体编码实现主要依据实现思路来进行，我们来梳理一下具体流程。

（1）初始化项目结构与配置：建立业务服务开发实践的基础框架以便于后续的实现处理。

（2）配置资源服务：为了能够正常与认证授权服务进行交互处理。

（3）自定义授权的配置与实现：为了在业务服务中实现对客户端用户请求的访问控制。

（4）jwt 的配置与实现：为了解析转换包含在 jwt 中的相关权限信息。

（5）具体业务的实现：需要根据实际业务情况进行相应的业务实现，在本例中主要是为了便于后续测试验证使用。

9.5.1　初始化项目结构与配置

项目结构的初始化重点还在业务服务所选择的相关依赖（这里是四个），如图 9-8 所示。

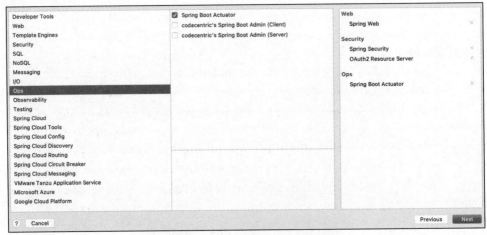

图 9-8　业务服务项目初始化依赖图

对于以上依赖，重点来看一下此前未介绍过的 OAuth2 Resource Server，该依赖即对应着此前介绍 Spring Security 模块内容时的 oauth2-resource-server 模块，主要就是提供对 oauth2 资源服务器的功能实现与支持。

业务服务无须手动添加其他依赖，在选择好了相应的依赖后，直接通过使用开发工具 IntelliJ IDEA 来生成项目的初始化结构即可，最终的 pom 文件内容如下：

```xml
<?xml version="1.0" encoding="UTF-8"?>
<project xmlns="http://maven.apache.org/POM/4.0.0" xmlns:xsi="http://
www.w3.org/2001/XMLSchema-instance"
         xsi:schemaLocation="http://maven.apache.org/POM/4.0.0 https://
maven.apache.org/xsd/maven-4.0.0.xsd">
    <modelVersion>4.0.0</modelVersion>
    <parent>
        <groupId>com.example</groupId>
        <artifactId>auth</artifactId>
        <version>0.0.1-SNAPSHOT</version>
    </parent>

    <artifactId>resource-server</artifactId>
    <name>resource-server</name>
    <description>Demo project for Spring Boot</description>

    <dependencyManagement>
        <dependencies>
            <dependency>
                <groupId>org.springframework.boot</groupId>
                <artifactId>spring-boot-dependencies</artifactId>
                <version>${spring-boot.version}</version>
                <type>pom</type>
                <scope>import</scope>
            </dependency>
        </dependencies>
    </dependencyManagement>

    <dependencies>
        <dependency>
            <groupId>org.springframework.boot</groupId>
            <artifactId>spring-boot-starter-actuator</artifactId>
        </dependency>
        <dependency>
            <groupId>org.springframework.boot</groupId>
            <artifactId>spring-boot-starter-oauth2-resource-server</a
rtifactId>
        </dependency>
```

```xml
        <dependency>
            <groupId>org.springframework.boot</groupId>
            <artifactId>spring-boot-starter-security</artifactId>
        </dependency>
        <dependency>
            <groupId>org.springframework.boot</groupId>
            <artifactId>spring-boot-starter-web</artifactId>
        </dependency>

        <dependency>
            <groupId>org.springframework.boot</groupId>
            <artifactId>spring-boot-starter-test</artifactId>
            <scope>test</scope>
        </dependency>
        <dependency>
            <groupId>org.springframework.security</groupId>
            <artifactId>spring-security-test</artifactId>
            <scope>test</scope>
        </dependency>
    </dependencies>

    <build>
        <plugins>
            <plugin>
                <groupId>org.springframework.boot</groupId>
                <artifactId>spring-boot-maven-plugin</artifactId>
            </plugin>
            <plugin>
                <groupId>org.apache.maven.plugins</groupId>
                <artifactId>maven-compiler-plugin</artifactId>
                <configuration>
                    <source>8</source>
                    <target>8</target>
                </configuration>
            </plugin>
        </plugins>
    </build>

</project>
```

完成以上操作后，接下来，就通过配置文件 application.yml 对项目进行初始化配置，这里的配置与前面认证授权服务、API 网关的项目初始化配置几乎一样，唯一的区别在于端口号及相应的安全停止管理端口号，具体如下：

```
server:
  port: 8081


management:
  server:
    port: 18081
  endpoint:
    shutdown:
      enabled: true
  endpoints:
    web:
      exposure:
        include: shutdown
```

需要注意的是，在以上配置中，业务服务的端口号与此前在 API 网关中定义业务服务的路由时的端口号是保持一致的。

9.5.2　配置资源服务

对于资源服务的配置，最简便的办法是通过项目的配置文件 application.yml 来进行配置，具体如下：

```
spring:
  security:
    oauth2:
      resourceserver:
        jwt:
          issuer-uri: http://localhost:9090
```

以上配置内容主要是将此前认证授权服务中的 url 地址信息进行关联配置，便于业务服务作为资源服务与认证授权服务的正常交互。

9.5.3　自定义授权的配置与实现

对于自定义授权的配置与实现，主要通过配置类 ResourceServer Configuration、自定义授权管理接口 CustomAuthzAuthorizationManager 以及自定义授权错误处理 CustomAuthzAccessDeniedHandler 来进行完成；而后面两个类其实就是直接复用的此前自定义授权实践中的代码实现，所以不再重复演示。我们只看一下配置类 ResourceServerConfiguration 即可，具体内容如下：

```java
@Configuration
public class ResourceServerConfiguration {

    //定义/resource路径下 read、write 路径的不同访问权限，同时设置自定义授权管理
接口与自定义授权错误处理
    @Bean
    public  SecurityFilterChainfilterChain(HttpSecurity  http)  throws
Exception {
        http
                .authorizeHttpRequests(authorizeHttpRequests ->
                    authorizeHttpRequests
                            .antMatchers("/resource/read/**").hasAutho
rity("resource-read")
                            .antMatchers("/resource/write/**").hasAuth
ority("resource-write")
                            .anyRequest().access(customAuthzAuthorizat
ionManager())
                )
        ;
        http.exceptionHandling(exceptionHandling -> exceptionHandling
            .accessDeniedHandler(customAuthzAccessDeniedHandler()));
        return http.build();
    }

    //进行自定义授权错误处理 CustomAuthzAccessDeniedHandler 的声明
    @Bean
    public  CustomAuthzAccessDeniedHandlercustomAuthzAccessDeniedHand
ler() {
        return new CustomAuthzAccessDeniedHandler();
    }

    //进行自定义授权管理接口 CustomAuthzAuthorizationManager 的声明
    @Bean
    public  CustomAuthzAuthorizationManagercustomAuthzAuthorizationMan
ager() {
        return new CustomAuthzAuthorizationManager();
    }

}
```

9.5.4　jwt 的配置与实现

对于 jwt 的配置与实现，主要通过配置类 ResourceServer Configuration 与自定义 jwt 解析转换类 CustomJwtGrantedAuthoritiesConverter 来进行完成。

首先，在上一小节配置类 ResourceServerConfiguration 的基础上进行自定义 jwt 解析转换类的设置，具体内容如下：

```
@Configuration
public class ResourceServerConfiguration {


    @Bean
    public  SecurityFilterChainfilterChain(HttpSecurity  http)  throws
Exception {
        http
                .authorizeHttpRequests(authorizeHttpRequests ->
                        authorizeHttpRequests
                                .antMatchers("/resource/read/**").hasAutho
rity("resource-read")
                                .antMatchers("/resource/write/**").hasAuth
ority("resource-write")
                                .anyRequest().access(customAuthzAuthorizat
ionManager())
                )
                //进行自定义 jwt 解析转换设置
                .oauth2ResourceServer(oauth2ResourceServer ->
                        oauth2ResourceServer
                                .jwt(jwt ->
                                        jwt.jwtAuthenticationConverter
(CustomJwtAuthenticationConverter())
                                )
                )
        ;
        http.exceptionHandling(exceptionHandling -> exceptionHandling
                .accessDeniedHandler(customAuthzAccessDeniedHandler()));
        return http.build();
    }


    ...


    //对自定义 jwt 解析转换进行实例化
```

```
      private Converter<Jwt,? extends AbstractAuthenticationToken> Custom
JwtAuthenticationConverter() {
        JwtAuthenticationConverter jwtAuthenticationConverter = new Jwt
AuthenticationConverter();
        jwtAuthenticationConverter.setJwtGrantedAuthoritiesConverter(new
CustomJwtGrantedAuthoritiesConverter());
        return jwtAuthenticationConverter;
    }


    }
```

接下来，看一下自定义 jwt 解析转换类 CustomJwtGrantedAuthoritiesConverter 的具体实现，具体内容如下：

```
    publicclassCustomJwtGrantedAuthoritiesConverter              implements
Converter<Jwt, Collection<GrantedAuthority>> {

    @Override
    public Collection<GrantedAuthority> convert(Jwt source) {
        Collection<GrantedAuthority> authorities = new ArrayList<>();
        Collection<String> roles = (Collection<String>) source.getClaims().
getOrDefault("permissions", Collections.emptyList());
        Collection<GrantedAuthority>    roleAuthorities    =    roles.
stream().map(SimpleGrantedAuthority::new).collect(Collectors.toList());
        authorities.addAll(roleAuthorities);
        Collection<String>    scope    =    (Collection<String>)
source.getClaims().getOrDefault("scope", Collections.emptyList());
        Collection<GrantedAuthority> scopeAuthorities = scope.stream().
map(SimpleGrantedAuthority::new).collect(Collectors.toList());
        authorities.addAll(scopeAuthorities);
        return authorities;
    }


    }
```

以上代码中，实现操作具体为获取包含在 jwt 中的 permissions、scope 相关信息，并将这些信息全部添加至权限集合中。

此处需要注意的是，包含在 jwt 中的 permissions 相关信息为此前在认证授权服务中自定义设置的信息，也就是说，此处的解析转换操作与此前认证授权服务中的自定义设置操作相互对应。

另外，如果在日常工作过程中，在认证授权服务中对 jwt 还进行了其他的扩展与实现的话，也可以通过以上方式来进行相关的自定义 jwt 解析转换。

9.5.5　具体业务的实现

在本示例项目中，对于具体业务的实现其实并没有包含具体的业务操作，主要是为了便于后续的测试验证使用，所以在具体业务的实现中，主要是定义一个控制器，并在其中定义几个路径映射。

对于具体业务的实现，具体内容如下：

```
@RestController
public class TestController {

    @GetMapping("/resource/read/service1")
    public String service1() {
        return "service1";
    }


    @GetMapping("/resource/write/service2")
    public String service2() {
        return "service2";
    }


    @GetMapping("/test")
    public Map<String, Object>test(@AuthenticationPrincipal Jwt jwt,
Authentication authentication) {
        Map<String, Object> result = new HashMap<String, Object>() {
            {
                put("jwt", jwt);
                put("authentication", authentication);
            }
        };
        return result;
    }


    @GetMapping("/admin")
    public String admin() {
        return "admin";
    }


}
```

以上代码内容中，主要是定义了四个不同的路径映射，其中/resource/read/service1 与

/resource/write/service2 是为了匹配业务服务配置类中的 resource-read 与 resource-write 访问权限，而/test 与/admin 则是为了匹配自定义授权用户 test、admin 对应的不同访问权限。

至此，业务服务就全部实现完毕。接下来，基于以上实现的认证授权服务、API 网关以及业务服务来进行测试验证。

9.6 项目启动测试

在进行项目的测试验证前，需要依次对认证授权服务、API 网关以及业务服务进行启动，与此前自定义认证、自定义授权启动方式一样，直接在开发工具 IntelliJ IDEA 中进行启动即可，这里不再赘述。

整体项目的测试验证主要是按照整体解决方案中的业务交互流程来进行测试验证，即使用浏览器通过 API 网关来访问业务服务，不过当首次访问业务服务时，由于此前并没有进行过认证授权，所以测试验证的步骤会从跳转至认证授权服务开始，也就是先在认证授权服务中进行自定义的身份认证与授权确认后，再对业务服务的响应进行获取，另外，在测试验证的过程中，除了对正常的访问进行测试之外，还会对异常的访问进行测试，也就是针对已认证但未授权的情况进行测试验证，最后，还会进行通过访问 API 网关来查看 token 信息的测试，以便于加强对业务交互过程中令牌的认知。

在成功启动项目后，使用浏览器通过 API 网关来访问业务服务的 service1 接口，即访问 http://127.0.0.1:8080/resource-server/resource/read/service1 来进行测试，再访问该接口后，会出现图 9-9 所示的界面。

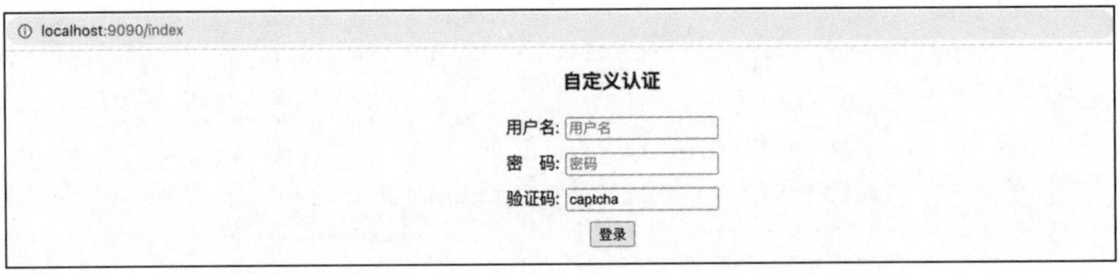

图 9-9 首次通过 API 网关访问业务服务接口测试图

通过图 9-9 可以看到，首次通过 API 网关来访问业务服务的相应接口时，并没有直接返回相应的业务服务接口响应，而是先跳转到了认证授权服务中实现的自定义认证界面，此时需要先进行用户身份认证。通过默认初始化的 test 用户（密码为 123456）进行身份认证后，会出现图 9-10 所示的界面。

这里我们就可以看到，进行身份认证后，浏览器会跳转至认证授权服务中实现的自定义授权确认界面，勾选相应权限来进行授权的确认，本次测试中勾选的权限为 openid 与 resource-read，在勾选相应权限后，单击允许即会出现图 9-11 所示的界面。

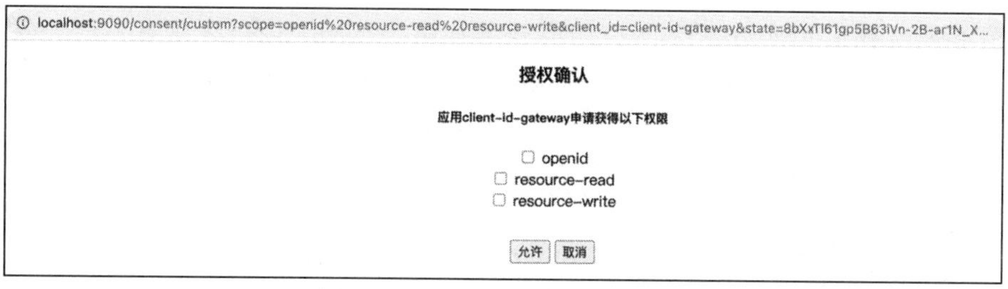

图 9-10　进行身份认证后测试图

图 9-11　进行用户授权确认后测试图

通过图 9-11 可以看到，在使用 test 用户进行了相关的授权确认后，浏览器的访问路径跳转到了此前通过 API 网关访问业务服务接口的地址，并且成功返回了相应的接口响应内容。

接下来，再通过 API 网关访问业务服务其他接口，如访问 test 接口，即访问 http://127.0.0. 1:8080/resource-server/test，测试界面如图 9-12 所示。

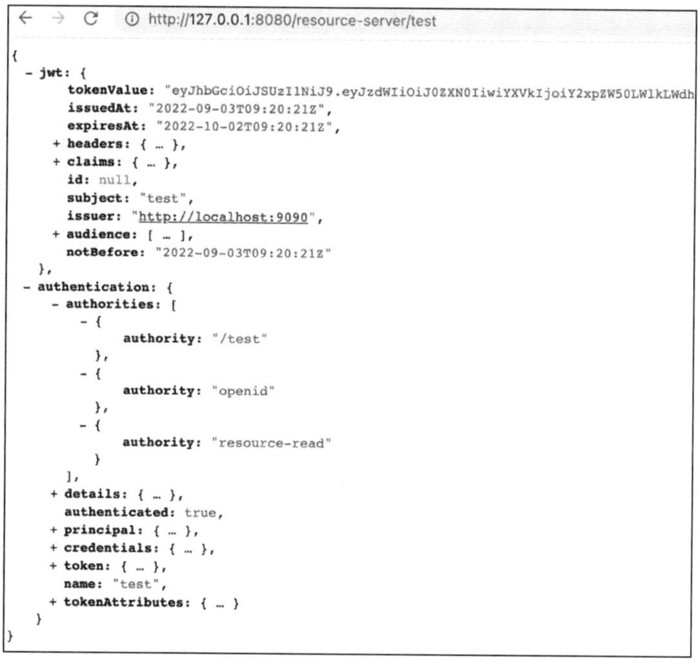

图 9-12　通过 API 网关访问业务服务 test 接口测试图

由于此前已经使用 test 用户进行了身份认证与授权确认，且 test 用户具有 test 接口的访问权限，所以，在通过 API 网关访问业务服务 test 接口时即可直接获取到相应的响应，而 test 接口的响应内容即 jwt 对象与身份认证 authentication 对象。

接下来，我们再通过 API 网关访问业务服务 service2 接口来进行测试，即访问 http://127.0.0.1:8080/resource-server/resource/write/service2，如图 9-13 所示。

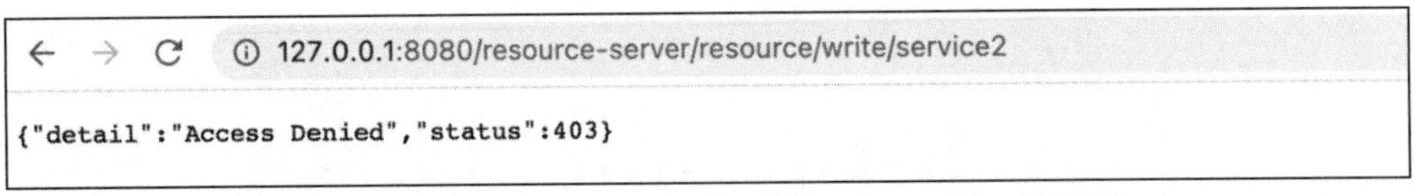

图 9-13　通过 API 网关访问业务服务 service2 接口测试图

通过图 9-13 可以看到，由于在使用 test 用户进行授权确认时未选择 resource-write 权限，而访问业务服务 service2 接口又需要 resource-write 权限，所以在访问业务服务 service2 接口时会进入自定义授权错误处理中进行相应响应。

此时，如果访问业务服务 admin 接口，也会返回与 service2 接口一样的响应内容，原因则是由于在自定义初始化的用户权限数据中 test 用户自身只具有 test 接口访问权限，所以无法正常访问 admin 接口。

最后，通过直接访问 API 网关来查看一下相关的 token 内容信息，即访问 http://127.0.0.1:8080，可以看到，相关的 token 信息展示在实现的 API 网关默认页面中，如图 9-14 所示。

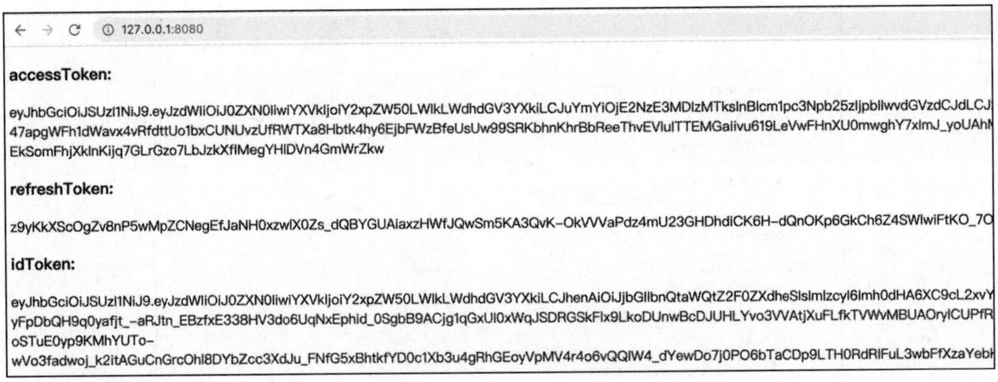

图 9-14　直接访问 API 网关查看 token 信息测试图

需要注意的是，在日常实际工作过程中不要轻易暴露这些 token 信息，这可能会造成软件应用的安全风险，此处只是为了测试示例展示。对于以上 token 信息中包含的具体内容，可以参考前面 jwt 章节中的相关介绍来进行查看。

至此，基于 Spring Security 整体构建安全可靠的微服务即全部介绍完毕。

——本章小结——

本章主要介绍如何基于 Spring Security 来构建安全可靠的微服务的相关整体解决方案，以及针对整体解决方案的相应开发实践。与此同时，还对开发实践内容进行了相应的项目测试。在此过程中，需要关注的重点即整体解决方案的设计思路与实现思路，针对示例中的简易代码实现内容仅做参考即可,在日常实际工作过程中需要根据实际业务情况来进行相应地开发实现。

另外,在本章中的开发实践有特意融合前面自定义认证实践与自定义授权实践的部分核心代码内容,以期将前面 Spring Security 的相关介绍在最后章节中进行串联,这有助于增加对 Spring Security 的理解与实践认知。

在最后,还需要说明的是,在日常实际工作过程中,当使用 Spring Security 来构建安全可靠的微服务时,对于需要使用到的功能一定要有所了解,除了要知道如何使用之外,还需要明白为什么要使用,这一点对于技术来说也是必不可少的。

后 记

回首本书的创作过程，从最初的构思到一遍遍的推翻，再到与编辑荆波老师的反复沟通，重新再构思与推翻，最后确定版本开始动笔，以及中间与后期的反复精心打磨，其间过往，受益匪浅且难以忘怀。

本书创作起源于日常工作过程中对于微服务安全日益增加的需求，以及周边对于安全框架 Spring Security 使用过程中遇到与提出的相关使用问题，为了能够解决相关软件需求安全问题，笔者在基于老版本 Spring Security 的经验基础之上，重新系统、全面地开始了对新版本 Spring Security 的相关了解与梳理，在此过程中，也有过碰到相关问题和存在疑惑的情况，这个时候往往采用的方式是通过深入分析源码进行相关解疑。

另外，在本书创作过程中，也经历了由于工作、生活等各种因素导致本书写作过程临时停滞的状态，再次开始继续写作时，往往会先陷入无法静下心来的情况，对于此种情况，一般会花费大量时间让自己继续沉浸进来，继续完成整体的创作，与此同时，为了确保内容完美呈现也会在进入状态后反复对书写的内容进行检查与修改打磨。

最后，最想说的就是感谢。

首先，感谢编辑荆波老师对于本书写作过程中临时停滞的理解与包容，为本书内容质量的把关与指导，正因为有您的理解与帮助，才使得本书能够顺利完成且出版。

其次，感谢我的妻子，在特殊时期对于我的生活照顾，正因为有你的支持与照料，才使得本书没有出现完成时间的延误。

再次，感谢我的父母、岳父母，在日常生活中的默默付出，才使得有充足的时间与精力进行本书的构思与创作。

最后，感谢我的亲人朋友们，对于我的关心、支持与鼓励，才使得能够剔除浮躁，不断前行。

最后的最后，还想说的是，由于此时此刻思绪凌乱，还有太多的人需要感谢，虽然此处没有明确列出，但是我会记在心中，感谢你们，感恩一路上有你们！

邹 炎

2022 年 9 月